KB246453

DMZ 이야기

DMZ 이야기

지구촌 땅끝 마을
비무장지대 답사기

글·사진 이해용

눈빛

이해용은 1968년 중동부전선 비무장지대(DMZ)인
강원도 양구에서 태어나 분단의 비극이 빚어낸 풍경 속에서 성장했다.
연합뉴스 강원 취재본부 기자로 중동부전선 DMZ를 10년 이상
출입하고 있다. 비무장지대가 '생태계 보고'라는 등
도시민의 욕망의 관점에서 다뤄지는 현실을 안타깝게 생각하고
DMZ를 바로 알리는 일에 몰두하고 있다.
이러한 'DMZ 바로 알기'의 첫번째 작업으로
『비무장지대를 찾아서』(눈빛, 2003)를 출간한 바 있다.
http://blog.yonhapnews.co.kr/dmzlife
dmzlife@naver.com

DMZ 이야기

－지구촌 땅끝 마을 비무장지대 답사기

글·사진 이해용

초판 1쇄 발행일 —— 2008년 9월 1일
발행인 —— 이규상
발행처 —— 눈빛출판사
　　　　　서울시 마포구 상암동 1653 이안상암 2단지 506호
　　　　　전화 336-2167 팩스 324-8273
등록번호 —— 제1-839호
등록일 —— 1988년 11월 16일
편집 —— 정계화·고성희·박보경
출력 —— DTP하우스
인쇄 —— 예림인쇄
제책 —— 일광문화사
값 15,000원

ISBN 978-89-7409-606-9

* 이 책은 삼성언론재단으로부터 제작비의 일부를 지원받았습니다.

DMZ는 아름다운 별 지구의 끝자락입니다. 지구의 땅끝이라고 하면 북극이나 남극을 떠올릴 수 있지만 현실적으로는 한반도 비무장지대(DMZ)가 땅끝입니다. 왜냐하면 남극과 북극을 관광하는 시대가 됐어도 철조망으로 가로막힌 DMZ는 사람들이 자유롭게 오갈 수 없는 마지막 남은 땅이기 때문입니다.

지정학적으로 DMZ는 한반도 허리에 위치한 아주 작은 특수지역에 불과하지만 오늘날 지구촌은 이곳을 중심으로 단절돼 있습니다. 유라시아 대륙에서 내려오다가 끊어진 길이 DMZ이며, 태평양에서 한반도로 올라가다 가로막힌 철의 장벽도 DMZ입니다. 게다가 폭 1-4킬로미터에 불과한 DMZ는 반세기 동안 헤어진 가족들의 생사조차 알 수 없게 차단하고 있습니다. 가까이 두고도 가장 멀리 떨어진 나라처럼 지내야 하는 슬픈 현실이 DMZ를 지구촌의 땅끝으로 느끼게 하는 것이 아닐까요.

가끔씩 야생동물 다큐멘터리를 찍는 사람들이 DMZ 주변이나 안보관광지를 구경하고 돌아갑니다만 저는 이곳을 찾아다닌 지 10년이 넘었습니다. 저의 DMZ 여정은 야생동물보다는 사람과 자연을 만나기 위한 길이었습니다. 하지만 DMZ는 지구촌에서 가장 긴장된 땅이어서 일주여행은 애당초 불가능했습니다. 길은 모두 단절돼 있었고, DMZ 너머는 갈 수조차 없었습니다. 그것은 차라리 '점 여행'이었습니다. 점을 모아 선으로 만들기 위해서는 단절된 구간이 선으로 연결될 때까지 찾아다니는 방법밖에 없었습니다. 하지만 안타깝게도 눈으로 보고도 카메라로 담지 못했던 것들이 너무 많습니다. 남북 대치 상황에서 군사적으로 민감한 시설들은 그저 마음에 담는 것으로 만족할 수밖에 없었습니다. 이게 한반도 DMZ의 현실입니다.

저는 우리 삶 속의 DMZ를 이야기하고 싶었습니다. 단순히 야생동물과 같은 생태적 수준에서 맴도는 것이 아니라 분단된 한반도에 사는 사람들의 마음을 이어 주는 인문적인 가치를 발견하고 싶었습니다. 이를 위해서 허구의 세계가 아닌 현장에서 살아 움직이는 가치를 찾고 싶었습니다. '소설'이 아닌 진실의 힘을 믿기 때문이죠.

저의 DMZ 기록은 궁극적으로는 지구촌의 땅끝 마을에서 희망을 찾는 작업입니다. 전쟁을 통해 진화해 온 인류가 가장 최근에 남긴 전쟁유물인 DMZ에서 전쟁을 종식하고 평화와 공존으로 나아가는 열쇠를 찾고 싶었습니다. 저는 무슨 대단한 이론으로 중무장하거나 기존의 논문 자료들을 영리하게 꿰어 맞추기보다는 분단현장에서 마주치는 아주 작은 것에서 길을 찾으려고 했습니다.

이 글을 쓰면서 감사해야 할 분들이 있습니다. 포성이 교실 창문을 요란하게 때리던 최전방 학교에서 토끼처럼 깜짝깜짝 놀라며 김유정의 「동백꽃」과 같은 작품을 읽어 주시던 미술선생님이 계십니다. 최전방 산골 학교에서 '한국의 모파상' 김유정의 단편을 접했던 경험은 주변을 새롭게 보는 밑거름이 됐습니다. 사람이란 가끔 길을 잃고 헤매어도 궁극적으로는 처음 가슴에 품었던 길을 찾아가는 것 같습니다.

가족의 도움은 참으로 컸습니다. 이산가족인 부모님은 분단현장의 산증인이셨습니다. 전기가 미처 들어오지 않았던 초등학교 시절, '반공방첩'이라는 리본을 만들어 오라는 숙제 때문에 어두컴컴한 밤에 몰래 천을 오린 적이 있었습니다. 나중에 알고 보니 그것은 어머니가 제일 아끼던 내복이었습니다. 철없던 자식 때문에 추운 겨울을 보냈을 어머니를 생각하면 지금도 죄송한 마음을 금할 수 없습니다. 사랑하는 아내 장미숙과 두 '보석' 지우와 은우는 이 작업을 해 나가는 데 든든한 후원자였습니다. 아내는 저의 어깨가 축 처질 때마다 마음의 힘을 실어 주었고, 두 딸은 '가장이 그러면 되겠느냐'며 편지를 써 주었습니다.

이들은 주말과 휴일, 비무장지대 주변을 찾아가는 고단한 여정에 늘 함께했습니다.

무엇보다 소중한 증언을 남기고 세상을 떠난 분들께 머리 숙여 감사드립니다. 제가 좀더 부지런했더라면 역사로 남기지 못한 그분들의 아픈 사연들을 더 많이 기록했을 텐데 하는 아쉬움이 많습니다. 눈빛출판사 이규상 대표와 편집진에게 또 신세를 졌습니다.

한반도 남북한 동포와 분쟁으로 고통 받는 지구촌 이웃들에게 저의 이 작은 기록을 바칩니다.

DMZ 설치 55주년이 되는 2008년 여름,
중부전선에서
이해용

차례

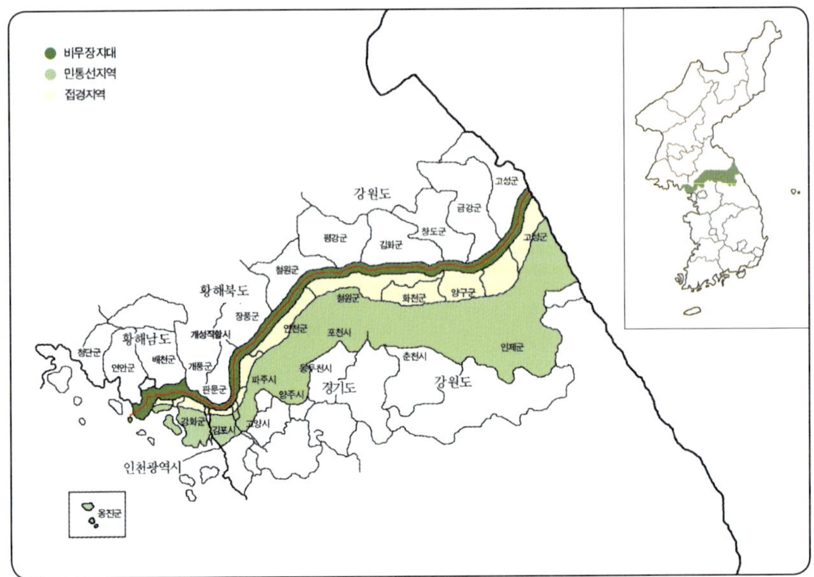

● 일러두기

— DMZ(Demilitarized Zone, 비무장지대): 1953년 7월 27일 6·25전쟁의 포성이 멈추면서 적대적 세력 간의 무력 충돌을 방지하기 위해 군사분계선 주변에 설정한 완충지대다. 정전협정 체결 당시 서로 대치하고 있던 서해안부터 동해안까지 총 1,292개의 표지판을 세워 군사분계선(MDL, Military Dividing Line)의 경계를 구분했다. 군사분계선에서 남북으로 각각 2킬로미터씩 후퇴해 주둔하는 지역이 남방한계선과 북방한계선이다. 하지만 남북한이 서로 정전협정을 위반해 남방한계선과 북방한계선을 전진시키면서 폭 4킬로미터의 비무장지대는 사실상 절반 이하로 줄어들었다. 휴전선이라고 부르는 곳이 남방한계선이다. 일반적으로 파주와 연천 지역은 서부전선, 철원은 중부전선, 화천과 양구·인제는 중동부전선, 고성은 동부전선으로 구분한다. 남방한계선에 설치된 소초를 GOP(General Out Post, 일반 전초)로, 남방한계선에서 비무장지대 안에 설치한 소초를 OP(Out Post, 전초, 前哨)로 각각 부른다. 관광객이 제한적으로 접근할 수 있는 곳이 평화안보관광지로 개발된 GOP 지역이며, OP는 유엔사가 관할해 일반인들의 출입은 사실상 불가능하다.

— 민통선(民統線): 민간인출입통제선(CCA, Civilian Control Area)의 준말이다. 6·25전쟁이 끝난 뒤인 1954년 2월 비무장지대 주변에 민간인들이 접근하지 못하도록 미8군사령관이 직권으로 설정했다. 처음에는 농사를 짓기 위한 농민들이 비무장지대까지 북상하지 못하도록 설치해 귀농선으로 부르기도 했다. 정부는 출몰하는 북한 간첩을 색출하고 버려진 황무지를 개간하기 위해 1960년대 말부터 제대 군인이나 후방의 민간인을 입주시켜 통일촌과 같은 전략촌을 만들었다. 당초 민통선은 남방한계선 5-20킬로미터 범위에 설치했으나 군사시설보호법이 엄격하게 적용되는 등 주민에게 불편을 주는 문제 때문에 최근 북상하는 추세다. 민통선에서는 건물과 창고를 지을 때 군당국으로부터 승인을 받아야 하는 불편이 따른다. 건축법의 각종 규정을 충족시켰어도 최종 단계에서 군당국이 '부동의'로 처리하면 건축 행위가 수포로 돌아간다. 주민들이 생활에 각종 고통을 겪기 때문에 '민통선(民痛線)'으로 불리기도 한다.

— 접경지역: 국경과 접하고 있다는 의미로, 남북으로 분단된 한반도에서는 주로 비무장지대 주변을 접경지역으로 부른다. 과거에는 적과 인접하고 있다는 의미로 접적 지역이라고 부르기도 했다. 휴전선 인근의 국회의원들이 민통선이남 20킬로미터 이내의 열악한 사회간접자본을 확충하기 위해 접경지역지원법을 제정하면서 정부와 지방자치단체 등 관공서에서 주로 사용하는 용어다.

I

지구촌 마지막 냉전의 현장을 가다

총칼로 싸우던 전쟁은 1953년 멈췄다.
하지만 20세기 마지막 냉전 현장인
비무장지대의 전쟁은 아직 끝나지 않았다.
지구촌의 땅끝으로 전락한 DMZ에서는
오늘도 힘겨운 싸움이 벌어지고 있다.

냉전을 상징하는 멸공 OP로 가는 길.

1. 지뢰밭이 보금자리인 사람들

마을잔치의 내빈은 권총을 찬 군인들이었다. 그리고 여성들이 벌이는 경기는 비료 포대 오래 들기였다. 강원도 철원읍 대마리 비무장지대 주변에서 매년 8월 30일 열리는 입주기념 마을잔치는 이질적인 풍경들의 집합체 같았다. 마을 잔치에 군인들이 이렇게 대거 참여하는 것은 5공화국 이전에나 볼 수 있었던 풍속도가 아닌가? 게다가 여성들이 20킬로그램짜리 비료 포대를 머리 위로 들어 올려 오래 버티는 시합을 벌이다니….

입주기념식은 백마고지 아래의 묘장초등학교에서 열렸다. 철원에는 6·25전쟁 이전까지 묘장면이라는 행정구역이 존재했었지만, 지금은 비무장지대로 사라지고 이 초등학교 이름에 그 흔적이 남아 있을 뿐이다. 권총을 찬 군인들이 연단 옆에 자리를 잡고 앉자 주민들이 운동장으로 들어섰다.

“입주 3세대가 1세대와 2세대에게 절을 올리겠습니다.”

방송이 끝나자 옆으로 길게 늘어선 초등학생들이 땅바닥에 엎드려 일제히 큰절을 세 번 올렸다. 6·25전쟁 이후 입주해 농경지를 일구고 처음으로 집을 지었던 할아버지들이 1세대라면 그 자식은 2세대, 손자·손녀가 3세대가 된다. 요즘에는 설날에도 부모에게 세배하지 않는 어린이들이 많다는데, 마을잔치에서 수십 명의 초등학생들이 할아버지와 할머니, 마을 주민들에게 절을 올리는 모습은 다른 지역에서는 쉽게 찾아볼 수 없는 진풍경이었다.

그 다음 순서는 비료 포대 오래 들기였다. 마을 아낙네들이 호루라기 소리와 함께 비료 포대를 머리 위로 번쩍 들어 올렸다. 경기는 단순했다. 비료 포대를 가장 오래 들고 있는 사람이 승리하는 방식이었고, 자전거가 경품으로 걸려 있

대마리 입주 기념식에서 할아버지, 할머니에게 절을 올리는 묘장초등학교 어린이들.

었다. 요즘 환경미화원을 지원하는 사람들이 많아지면서 변별력을 높이기 위해 체력시험을 실시하는 지방자치단체가 늘고 있다. 이 체력시험에 등장하는 모래자루의 무게는 보통 10킬로그램이다. 이것을 들어 올리면 3분 정도만 지나도 손에 힘이 빠지기 시작한다는데 대마리의 아낙네들은 20킬로그램짜리 비료 포대를 가볍게 들어 올렸다. 5분이 지나자 한두 명씩 비료 포대를 땅에 내려놓기 시작했다. 2-3명이 남아 마지막까지 경합을 벌였다. 마을 여성들의 힘이 특별히 세기보다는 삶의 희망을 내려놓고 싶지 않은 것이 아니었을까.

점심시간 이후에는 할아버지들의 축구경기가 열렸다. 70-80세 어르신들이 모여 축구를 한다니 그저 놀라울 뿐이다. 공을 힘껏 차 네트를 가른 할아버지의 연세가 궁금해졌다.

"허허, 내 나이 말이야? 스물셋이야."

"…"

"거참. 마이너스 스물셋. 백 살에서 스물세 살이 빠진다니까."

"그럼 일흔일곱 살이시네요."

"그렇지!"

이 동네 어르신들은 1백 세를 나이의 기준으로 삼으시나 보다.

땀을 흘리고 나니 푸짐한 경품들이 대기하고 있었다. 트로피같이 겉모습만

비료 포대 오래 들기 시합 중인 철원 대마리 아낙네들.

번지르르한 물건보다는 농사지을 때 필요한 삽과 쇠스랑, 갈퀴 같은 농기구가 대부분이었다.

할아버지, 할머니와 손자, 손녀가 함께하는 이어달리기에서 1등을 놓친 팀의 손녀가 몸이 불편해 힘껏 뛰지 못한 할머니에게 "괜찮아"라며 격려하는 모습도 아름다웠다.

마을을 이해하려면 주민들의 프런티어 정신을 먼저 알아야 한다. 6·25전쟁 중 서로 밀고 밀리는 '철의삼각전투'가 벌어졌던 이곳은 정전협정이 맺어진 뒤 폭발물이 널린 황무지로 버려졌다. 전쟁으로 전국의 농경지가 줄어들어 보릿고개를 넘기기 힘든 시절이었다. 게다가 띄엄띄엄 떨어져 있는 초소 사이로 북의 간첩이 침투하는 것도 문제였다. 정부로서는 국민들의 굶주림과 취약한 안보문제를 함께 해결하는 것이 고민이었다.

그 대안이 비무장지대 인근 민통선 지역에 '전략촌'을 만드는 것이었다. 제대한 군인 가운데 엄격한 심사를 거쳐 반공정신이 투철한 젊은이들을 선발해 입주시켰다. 이들은 삽과 곡괭이·도끼로 버드나무와 쑥대밭을 개간했다. 폭발물이 터져 목숨을 잃는 사고도 비일비재했다. 생명과 맞바꿔 가며 정착한 마을이기에 매년 입주기념식을 갖고, 입주 1세대들의 개척정신을 기리고 있다.

2. 삼대에 걸친 지뢰 수난

"내가 병신이 되고 보니 나라가 원망스러워. 나쁜 사람 망가지라고 묻었는데 애꿎은 사람만 다리가 절단됐으니…."

지뢰 피해의 산증인 박춘영(82) 할머니. 이 '지뢰 할머니'는 펀치볼(Punch Bowl)에 살고 있다. 이곳의 행정 명칭은 강원도 양구군 해안(亥安)면이지만 '펀치볼'이라는 영어 명칭이 더 널리 통용되고 있다.

박 할머니가 뱀이 우글거리던 마을에 돼지를 풀어 놓았더니 뱀을 잡아 먹어 편안해졌다는 전설이 내려오는 해안면과 인연을 맺은 것은 전쟁 직후였다. 6·25전쟁 이후 먹을 것이 없어 배를 곯던 박 할머니는 전쟁으로 황폐해진 땅을 개간해 농사를 지어도 좋다는 정부의 말을 철석같이 믿고 입주했다.

"나 혼자 밭 옆에 있는 고사리를 한 옴큼 뜨려고 하니까 '꽝' 소리가 나더구면. 순간 정신을 잃었다 깨어났지. 혼자 울기만 하면 뭐 하겠느냐는 생각에 창피했지만 신작로로 막 기어 나왔어. 길바닥에 엎드려 울고 있는데 여러 대의 차가 오는 소리가 났어. 군인들이었는데 대뜸 '왜 혼자 와서 사고를 당했느냐'며 인제군 천도리 군인병원으로 데려갔어. 거기서 응급치료를 받은 뒤 옛 춘천도립병원으로 옮겼지."

전쟁에 참가하지도 않았던 박 할머니는 청천벽력 같은 사고를 통해 다리가 잘려 나가면서 지뢰에 대해 알게 되었다.

"춘천도립병원에서 한 달간 치료를 받아도 뼈 밑으로 계속 고름이 질질 흘러 나왔지."

박 할머니는 당시 중학생이었던 큰아들을 데리고 병원에 다녔다. 큰아들은 여름 내내 어머니의 대소변을 받아 냈다.

"치료비는 나라에서 부담했나요?"

"그때는 누가 알까 봐 지뢰사고를 당했다는 말도 제대로 할 수 없었어. 담배 가게를 하면서 영세민들에게 나오는 돈을 보태 근근이 살아왔지. 나라에서 돌봐 주지는 않았지만 동네 사람 신세는 많이 졌어."

남편마저 일찍 세상을 떠나 혼자서 아들 넷을 키우기가 쉽지 않았다. 박 할머니는 해안면 오유리에서 최전방 군인들을 상대로 동동주를 빚어 팔았고, 남의 집 허드렛일이나 농사일도 가리지 않고 닥치는 대로 했다.

지뢰사고를 당한 할머니에게는 먹고사는 것도 문제였지만 가장 고통스러웠던 것은 다리의 통증이었다. 앉았다 일어날 때마다 잘린 다리의 통증이 몸으로 올라왔고, 날씨가 더우면 뼈마디가 쑤셔 왔다.

"혹시 나라를 상대로 소송을 해보셨나요?"

"내가 배운 게 없어서 보상이라는 말은 들어 보지도 못했어. 그리고 변호사를 사는 데 3백만 원이나 들어가거든. 논이나 밭 한 평도 없는 형편에 소송은 하고 싶어도 못하는 거지."

안타깝게도 박 할머니가 당한 지뢰사고는 시작에 불과했다. 큰아들 오종식 씨가 41살이 되던 해, 음력설을 일주일 앞둔 어느 날, 12살짜리 조카를 데리고 토끼를 잡으러 나갔는데 해가 져도 돌아오지 않았다. 가족들이 애타게 찾았지만 눈이 내려 두 사람의 행방을 종잡을 수가 없었다. 군부대에서 헬기까지 동원해 수색한 결과 실종된 지 나흘 만에 지뢰밭에서 숨겨 있는 두 사람을 발견했나. 박 할머니는 너무 기가 막혀 그만 까무러치고 말았다.

그러나 사고는 여기서 끝나지 않았다. 1984년, 당시 37살이던 둘째 아들 흥식 씨가 여름날 밭 주변으로 들어갔다가 지뢰사고를 당했다.

삼대에 걸친 지뢰사고로 박 할머니 가족은 이제 지쳤다. 찾아오는 사람마다 똑같은 이야기를 물어보기 때문에 힘에 부쳐 더 이상 말하고 싶지도 않다고 했다. 할머니의 아들은 찾아오는 사람들에게 화풀이를 했다. 그는 대인지뢰피해 보상법에 무관심한 정부와 국회의원들에게 잔뜩 화가 나 있었다.

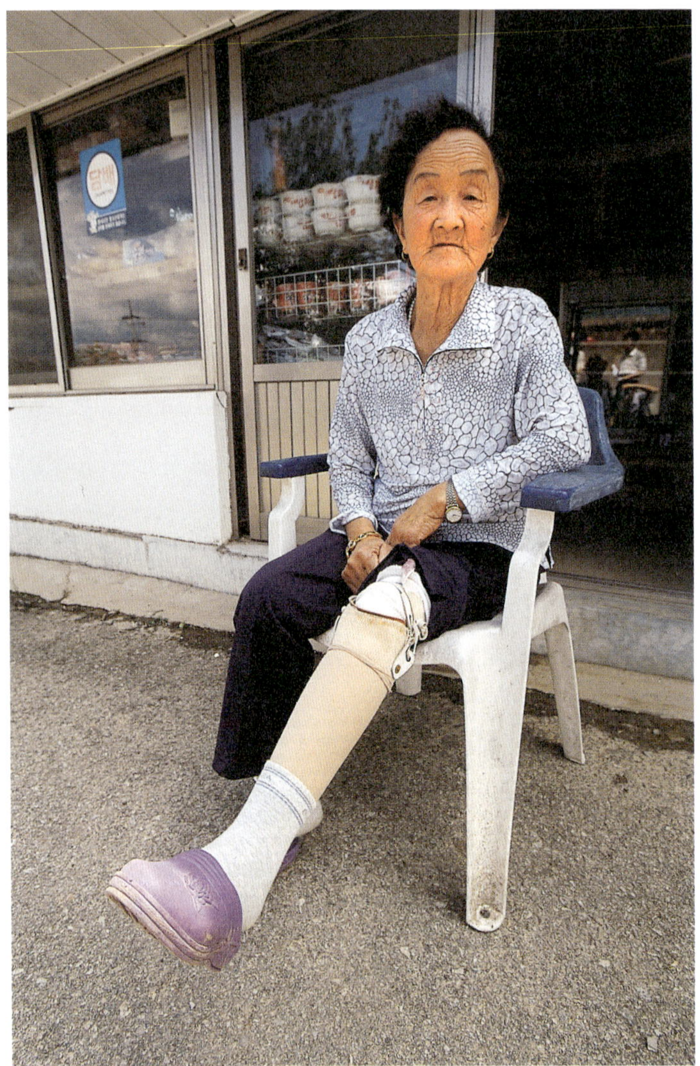

지뢰사고로 다리를 잃은 박춘영 할머니는 평생 6·25전쟁이 남긴 고통과 싸워야 했다.

"제가 한 살 때 여기에 들어왔어요. 군부대에서 사고가 날 경우 책임을 묻지 않겠다고 각서를 쓰게 했는데 그게 문제였어요. 사고를 당해도 문제를 제기하지 못하게 만들었거든요. 그 당시 분위기가 얼마나 험악했는가 하면, 마을 안에 군부대가 있었는데 말을 잘 듣지 않는다고 주민들을 붙잡아 한겨울에 도라무깡(드럼통)을 굴리는 기합을 줬어요!"

"법(대인지뢰 피해보상법)을 만든다고 하는데 진짜 만들어야 만드나 보다 하죠. 죽기 전에 조금이라도 잘살게 해줘야 하지 않겠어요. 당장 휠체어가 필요해요. 만약 보상이 이뤄진다면 찔끔찔끔 주지 말고 한꺼번에 줬으면 좋겠어요."

먹고살 것이 없어 폭발물이 널려 있던 최전방으로 들어왔던 박 할머니는 사고 이후에도 다친 다리를 이끌고 산나물을 뜯으러 다녀야 했다. 마을 주변이 지뢰밭인 것은 알고 있었지만 후방에서도 보릿고개로 힘들던 시절이었기에 눈앞의 산나물과 약초를 보고 그냥 지나칠 수가 없었다.

가게 앞에서 지뢰가 한 집안을 망쳐 놓은 사연을 어렵게 들려주던 할머니는 더 이상 이야기를 이어 나가기 힘들었는지 가게 안으로 들어가 버렸다. 컴컴한 가게 안은 물건이 많지 않아 허전해 보였다.

또다른 지뢰 피해자 가족이 학교 일을 도우며 생활하고 있다는 소식을 듣고 해안중학교를 찾아갔다. 정문 인근 등나무 아래서 더위를 잠시 식히는 사이에 이창식 씨가 나왔다. 그는 아버지의 지뢰사고를 덤덤하게 회상했다.

"지금도 사고 당시를 기억하고 있어요. 점심시간 전이니까 오전 11시 정도였던 것 같아요. 만대리 '물골'로 혼자 나무를 하러 나간 아버지를 찾아 나섰어요. 가 보니 잘린 아버지의 손이 아카시아 나무 위에 설려 있었어요. 동네 어른들이 대인지뢰사고 같다며 지뢰탐지기를 가져왔어요. 당시에는 민간인들이 고물을 캐서 생활했기 때문에 금속탐지기가 있었거든요. 지뢰밭 사이에서 시체를 찾아 바로 장례를 지냈어요."

"저는 여기서 태어나 지뢰가 어디에 있는지 잘 알아요. 아직도 이 지역은 미확인 지뢰지역이 많아 위험에 노출돼 있어요. 정부가 철조망을 잘 치거나 식별이 잘되게 하면 사고를 줄일 수 있어요."

이 마을의 지뢰사고는 결국 분단이 빚어낸 '생계형 안보재해'였다. 그러나 한국대인지뢰대책회의가 주축이 돼 마련한 대인지뢰 피해보상법은 정치권의 무관심 때문에 현재까지 법률로 제정되지 못하고 있다. 주민들의 지뢰와의 전쟁은 지금도 계속되고 있다.

3. 지뢰밭 사이로 난 내금강 단풍길

지뢰와 단풍이 어울릴 수 있을까. 지뢰는 인간이 만든 살상 무기이고, 단풍은 한 해를 마무리하는 대자연의 아름다운 피부가 아닌가. 아무 연관이 없어 보이는 지뢰밭과 단풍이 아름다운 풍경으로 공존하는 곳이 있다. 분단 이전까지만 해도 도시락을 싸 가지고 소풍을 가던 강원도 양구군 중동부전선 최전방의 금강산 내금강 가는 길이 바로 그곳이다. 155마일 휴전선 가운데 가장 오지이다.

북한 금강산에서 시작된 단풍이 지리산으로 남진하며 산행의 즐거움을 더해 주지만 비무장지대의 단풍은 금단의 구역에 은밀하게 숨어 있다. 다행히 얼마 전부터는 안보관광 코스에 포함돼 통제하에 출입이 가능하다.

휴대폰조차 터지지 않는 내금강 가는 길은 도로가 포장되어 있지 않아 오지를 걷는 기분을 고스란히 느낄 수 있다. 아스팔트와 콘크리트에 질식되지 않은 도로를 찾기 힘든 오늘날 여기서는 먼지가 폴폴 날리던 신작로를 추억할 수 있다. 10여 년 전에는 지금보다 더 오지다운 풍경을 유지하고 있었다고 한다.

이 길을 걸어 보려면 DMZ 관광상품을 이용하는 것도 좋지만, 양구군이 매년 지역축제(양록제) 기간 중 하루를 잡아 추억의 길을 걸어 보는 등반대회가 무난하다. 이 길의 초입에 영화 「태극기 휘날리며」의 진태(장동건 역)가 죽은 비득고개가 있다.

비득고개를 넘어 내려가는 사태리 주변은 원시림처럼 사람의 발길을 허용하지 않지만 6·25전쟁 이전까지만 해도 산골 농민들이 옹기종기 모여 촌락을 이루었던 곳이다. 물길 주변으로는 제법 큰 마을이 있었을 것이고, 개울가에서는 아낙네들의 이야기가 물소리에 섞여 들렸을 텐데, 지금은 물안개만 자욱하게

내금강으로 가던 아름다운 옛길은 지구촌에서 가장 위험한 곳이 됐다.

퍼져 있었다.

"사변 나기 전에는 걸어서 내금강까지 소풍을 다녀왔어. 국민학교 학생들인데도 걸어서 그날 도착해 내금강 주변 여관에서 잠을 자고 다음 날 다시 걸어왔지."

예전에 내금강 길을 걸어가 보았다는 어르신들이 지뢰밭 주변에 주저앉아 막걸리 잔을 기울이고 있었다. 어릴 적 그 소풍 길은 이제 비무장지대라는 특수지역에 갇히면서 아무도 갈 수 없게 됐다. 내일이면 돌아올 수 있을 줄 알고 떠난 땅이 50년 이상 갈 수 없는 금단의 땅이 될 줄은 아무도 몰랐다. 통일의 날은 아득한데 여든 살이 넘은 옛날의 '국민학생'들은 이 길을 다시 걸을 수 없을 것 같아 안타까워했다.

이 골짜기에서 살던 주민들은 전쟁이 끝나자 고향으로 돌아갈 꿈을 꾸었다. 이들은 지뢰밭 사이에 숨은 길을 따라 손자, 손녀를 이끌고 옛 집터를 찾아가고 싶었다. 그들이 전해 주는 옛 마을은 지뢰와 잡목이 우거진 DMZ가 아니라 동무들과 뛰놀던 추억 속의 마을이었다.

옛 도로의 귀퉁이를 돌아설 때마다 아무도 보아 주지 않은 곳에서 수십 년을 자라 온 단풍나무가 어르신들의 발걸음을 붙잡았다. 젊은이들은 지뢰밭 너머로 물든 단풍을 배경으로 기념사진을 찍었다. 철조망에는 지뢰주의 경고문이 있어 절대로 넘어가서는 안 된다. 사실 예전에는 지뢰 표지판이 이렇게 많지 않았다. 그때는 미처 지뢰 표지판을 설치하지 못했던 것일까, 아니면 관광객들이 샛길로 빠지는 것을 막기 위해 요즘 들어 일부러 설치한 것일까. 지뢰 표지판이 없는 곳으로 발을 들여놓자 군인들이 정색을 하고 쫓아와 빨리 나오라고 손짓을 했다. 길이 아니면 가지 말라는 말은 지뢰밭이 널려 있는 비무장지대에서 지켜야 할 제1원칙이다.

내금강은 비무장지대 북쪽으로 계속 올라가야 하지만 사람은 더 이상 갈 수가 없다. 답사자들은 북쪽에서 내려오는 수입천 물줄기가 보이는 지점에서 발걸음을 멈췄다. 수입천은 지뢰밭 주변을 따라 계속 흘렸고, 사람들은 단풍길 속으로 다시 발걸음을 재촉했다.

가을 단풍이 아름다운 내금강 옛길을 따라 걷는 안보관광객들.

두타연에 도착할 무렵 등반대회에 참가한 한 할머니가 소녀처럼 꽃을 따서 모자에 꽂고 있었다. 할머니와 모자에 꽂힌 꽃은 정말 잘 어울렸다.

"할머니와 꽃이 너무 잘 어울리네요."

"에이. 이런 걸 가지고 뭐. 일 년에 한 번씩 오니까 너무 좋아. 걸어서 단풍이 예쁜 내금강까지 갔으면 얼마나 좋겠어."

그러고 보니 다른 분의 손에도 가을꽃이 한 송이씩 들려 있었다.

안타깝게도 이 길을 찾아오는 도시민들의 시선은 절벽이나 벼랑 끝에 고정된다. 산양에만 눈독을 들이기 때문이다. 천연기념물인 산양을 한두 장 찍어 가 생태계의 보고로 숭배하는 것이 과연 가치 있는 일일까. 도시에서 만든 기준과 탐욕의 잣대를 시간이 멈춘 길에 들어서서도 버리지 못하는 것이다. 훈련장에 피어난 억새의 자태에서 무슨 욕심의 근거를 찾을 수 있을까. 바위틈에 핀 구절초에는 우아함과 꼿꼿함이 깃들어 있었다.

지뢰밭 사이로 난 길이 아름다운 것은 사람과 잘 어울리기 때문이다. 길은 사람들에게 걸어온 길을 되돌아보게 하고 걸어갈 길을 묻고 있었다.

4. 지뢰를 껴안은 중대장, 부하들이 껴안다

슬픔이 안개처럼 흐르는 가곡 「비목」은 강원도 화천군 비무장지대의 백암산 기슭에서 태어났다. 「비목」은 이곳에서 초급장교로 근무했던 한명희 씨가 6·25전쟁 당시 숨진 어느 무명 용사의 유택을 마주하고 받은 영감을 훗날 노랫말로 옮긴 것이다.

백암산 기슭에 부하들을 사랑했던 어느 중대장의 순직비와 아름다운 공원이 숨어 있다는 사실을 아는 사람은 별로 없다. 1977년 6월 21일 오전, 육군 7사단 5연대 3중대의 중대장 정경화 대위는 중대원 22명과 함께 비무장지대에서 수색 정찰과 지뢰 제거 작전을 지휘하고 있었다. 북쪽에서 땅굴을 파 내려오는 징후가 있다는 첩보에 따라 비무장지대에서 지뢰를 제거하는 작전이 시작된 것이었다. 지뢰 제거 작업은 아침식사를 마치자마자 곧바로 시작됐다.

정 대위는 지뢰가 탐지되면 부하들을 모두 후방으로 대피시킨 뒤 혼자서 땅속에 묻힌 지뢰를 캐내는 작업을 반복했다. 지뢰 폭발사고가 발생할 경우 부하들을 보호하기 위해서였다. 그런데 그가 23번째 지뢰를 제거하던 중 안전핀이 뚝 부러졌다. 6·25전쟁 당시 매설했던 지뢰의 안전핀이 노후해 부식됐던 덧이었다. 정 대위는 부하들에게 "피하라!"는 명령과 함께 몸으로 지뢰를 덮쳤다. 안타깝게도 정 대위는 앰뷸런스로 후송되던 중 숨졌다. 정 대위는 시간이 흐르면서 점차 잊혀지는 듯했다. 그러나 중대장을 잃은 대원들이 제대 후 하나 둘 자연스럽게 동작동 국립묘지로 모여들었다. 육사 27기였던 정 대위는 훈련을 할 때에는 엄격했지만, 내무반에서는 친형처럼 대원들을 대해 주었기 때문에 부하들은 그를 잊을 수가 없었다.

중대장의 순직비를 찾은 백암산 패밀리 회원들.

　"인품이 남달랐어요. 지긋지긋한 군생활, 마치고 제대하면 그만이지 누가 옛날 중대장을 찾아가겠어요. 사실 군대의 높은 사람들도 별로 관심이 없었어요. 중대장님의 육사 동기생들도 마찬가지였고요."

　정 대위의 부하들은 그가 묻혀 있는 국립묘지를 찾으면서 '백암산 패밀리'라는 모임을 결성했다. 당시 소대장이었던 박노영 씨는 5년간의 군복무를 마친 뒤 매년 정 대위의 순직비를 찾아 제사를 지냈다. 그리고 정 대위가 지뢰를 끌어안고 숨질 당시 이등병이었던 정문식 씨는 1988년 2월 정 대위와의 병영생활 추억을 담은 『백암산 접동새-그때 그곳 그 자리에』를 발간했다. 이 책을 정 대위의 동기 1백여 명에게 1백 권씩 팔고, 육사 27기 동기회의 도움을 얻어 1988년 12월 정 대위의 동상을 세울 수 있었다. 정 대위가 숨진 지 11년 만의 일이었다.

　"저는 당시 문제사병이었어요. 부모님이 일찍 돌아가셔서 방황을 했거든요. 그런데 중대장님이 저를 친동생처럼 대해 줬고, 성당에도 같이 가곤 했어요."

　정 대위의 동상을 세우는 데 앞장섰던 정문식 백암산 패밀리 회장은 살벌한 최전방에서도 형님처럼 챙겨 주었던 정 중대장에게 인간적으로 매료되었다. 그는 한겨울에 자기 회사 직원들을 데리고 와 일주일 동안 지내면서 정 중대장의 동상을 세울 터를 닦았다. 휴전선과 전국 곳곳에 세워진 군인들의 동상은 모두 국가가 건립한 것이었지만 이 동상은 중대장을 잊지 못하는 부하들의 정성으로 세워졌다.

부하들은 뒤늦게 놀라운 사실을 하나 더 발견했다. 지뢰를 캐내는 작업을 하다 숨졌기 때문에 당연히 순직 처리된 것으로 알고 있었는데 정 대위의 사고 원인은 단순한 안전사고로 기재돼 있었다. 이들은 국방부와 육군에 수차례 진상규명을 요구하는 탄원서를 제출하였고, 마침내 육군합동수사본부는 재조사단을 편성해 사실 파악에 나섰다. 조사 대상은 당시 중대원들이었으며, 중대원들은 목격한 사실을 그대로 진술했다. 조사 결과 정 대위는 15년 만에 순직한 것으로 밝혀져 일 계급 특진하게 됐다. 숨진 중대장을 부하들이 15년 만에 진급시킨 일은 대한민국에서 처음 있는 일이었다. 중대장의 명예를 회복한 부하들은 마침내 1992년 10월 22일, 경화공원에서 추서 진급식을 거행했다.

백암산 패밀리는 매년 6월이면 비무장지대에 있는 정 대위의 순직비를 찾는다. 순직비는 휴전선 바로 앞에 자리 잡고 있다. 올해도 어김없이 부하들은 정성스럽게 상을 차린 뒤 6월의 햇볕 아래 달아오르는 순직비를 만지며 한 바퀴씩 돌았다.

그가 순직한 지 벌써 30년이 지났다. 순직비로 오르는 도로 주변에는 아직도 이런 표어가 자리를 지키고 있었다.

'제5땅굴은 우리가 찾지'

땅굴 징후가 있다는 첩보에 따라 지뢰 제거 작업에 나섰다 목숨을 잃는 시대는 이미 지났지만 비무장지대의 상황은 그때나 지금이나 변함이 없다.

정 중대장의 이야기가 이 골짜기에서 오래도록 살아 있는 것은 그가 희생으로 부하들을 지켰고, 부하들은 그를 사랑으로 껴안았기 때문일 것이다.

5. 6·25전쟁 50돌 되던 날

해마다 6월은 어김없이 찾아온다. 6·25전쟁이 일어난 날은 분단현장에서 남다른 느낌으로 다가온다. 한반도 포성이 멎은 지 꼭 50년이 되던 날 중동부전선의 한 부대가 '6·25전쟁 기념행사'를 개최했다. 그날 기념행사의 사전 시나리오는 다음과 같이 짜여져 있었다.

전투현장에 나가는 상황을 가정해 마지막 편지를 쓰고 있는 중동부전선의 한 병사.

6·25전쟁이 새벽에 발발했으므로 내무반에서 병사들이 잠을 잔다. 머리 위에 해가 떠 있는 대낮이건만 창문을 가리는 등화관제 도구를 이용해 새벽 분위기를 내는 것은 어렵지 않다.

"비상!"

예견된 명령에 병사들은 부리나케 일어나 개인 소총을 챙겨 내무반 앞으로 뛰어나온다. 그러나 이것만으로는 그림이 부족하다는 말이 나오기 때문에 준비해야 할 게 또 있다. 부모님께 편지를 쓰는 것이다. 평소에도 쓰지 않았던 편지가 군대라고 해서 쉽게 써지는 것은 아니다. 군대 시절에 편지를 써

중동부전선의 병사들이 인민군으로 분장한 상대를 백병전 끝에 제압하고 진지를 탈환하는 장면을 재연하고 있다.

본 사람은 알겠지만 별 내용은 없다. 자주 편지를 하려고 했으나 워낙 바빠서 힘들었다는 핑계를 대고, 좀더 내용을 채우려면 날씨 이야기를 빠뜨려서는 안 된다. 추우면 춥다, 더우면 덥다, 비가 오다 그쳤다는 식으로 첨가해야 한 장을 겨우 채울 수 있다.

유품을 남기는 비장한 의식이 이어진다. 머리카락이나 손톱을 잘라 놓는 것이다. 병사들은 별 생각 없이 손톱을 자르지만 만약 현실이라면 슬픈 의식이다. 전장으로 떠난 사람이 남긴 물품은 가족들에게는 슬픔 그 자체다. 군대 간 자식이 훈련소에서 옷과 신발을 모두 벗어 소포로 부치면 어머니들의 마음은 침울해진다고 한다. 6·25전쟁 당시 전사자들의 유골을 전달하는 임무를 부여받았던 필자의 부친은 이를 가족들에게 전달할 때 인간으로서 무척 힘들었다고 토로했다. 끔찍한 자식이 한줌의 재로 돌아왔는데 쓰러지지 않을 부모가 이 세상에 어디 있을까. 병사들이 머리카락과 손톱을 유품으로 남기고 전쟁터로 떠나는 일이 다시 일어나서는 안 되리라.

다음은 적군과 아군 간의 백병전을 재연하는 것이다. 주먹밥을 먹은 뒤 적군의 옷으로 분장해 참호에서 백병전을 벌인다. 연막탄을 몇 개 터트려 보니 실제 전쟁터 같은 분위기가 연출됐다. 적군을 총검술로 제압한 아군은 마치 영화의 한 장면처럼 태극기를 막 흔들어 댄다.

준비된 것이 또 있다. 무명용사의 무덤을 찾아 합동차례를 올리는 장면이다. 무명용사의 무덤인지, 아닌지는 모르지만 그 동안 관리가 무척 잘된 것 같은 묘에 차례 상이 차려졌다.

준비된 장면이 더 있다. 육탄용사가 수류탄을 집어넣어 탱크를 잡는 장면이다. 6·25전쟁의 포성이 멎은 지 50년이 흘렀건만 아직도 적의 탱크를 잡는 데에는 탱크에 뛰어올라 해치를 열고 수류탄을 넣는 고전적인 방법이 필요한 것일까.

다음 해 6·25전쟁 기념일에는 대규모 사격훈련이 벌어졌다. 군당국은 비무장지대 너머로 북한의 무산이 보이는 중동부전선 최전방 사격장에서 화력시범을 선보였다. 산 뒤쪽에서 공기를 가르는 '슈-웅' 소리와 함께 표적물에서는 일제히 연기가 피어올랐다. 기관총은 적군을 가정한 표적판과 고무풍선을 가격했다. 중간중간 예광탄이 들어 있어 날아가는 총탄이 눈으로 보였다. 마치 반딧불이 숲으로 빨려 들어가는 것 같았다.

중부전선 사격장으로 오르는 길은 현재 군사작전도로로 이용되고 있지만 전쟁 이전까지는 사람들이 다니는 도로였다. 사격훈련은 이 도로를 통해 적이 침입하는 것을 가정해 실시했다. 도로 옆으로 사격장이 들어섰으니 당분간 민간인들이 왕래하기는 힘들 것 같다.

포성이 멈추자 관측장교가 쌍안경으로 표적지 주변을 살폈다. 6월의 산하는 건강하고 파릇파릇하다. 대자연의 주인공인 꽃과 풀은 여기저기서 고개를 들었다.

6. 다이너마이트로 얼음판을 날려라

"긴급, 북한강에 모래준설선 침몰!"

꽃샘추위가 기승을 부리던 날, 모래준설선이 가라앉았다는 긴급 연락이 들어왔다. 북한강이라면 북한 금강산의 옥밭봉에서 발원해 금성천의 물줄기를 합친 뒤 비무장지대를 관통해 내려오는 물줄기이다.

항상 제자리에 있던 85톤 모래준설선이 어느 날 저녁 흔적조차 없이 사라졌다. 얼음판이 북한강을 가득 덮고 있는 이 계절에 누가 끌고 갔을 리는 없었다. 준설선이 사라진 곳은 물속이었다. 날이 밝자 기름띠가 보이는 물속에서 준설선을 인양하는 작업이 벌어졌다. 그 현장에 제일 먼저 도착한 사람들은 경기도청 소속 공무원들이었다.

"우리가 먹는 수도권 식수원에 혹시 무슨 문제가 있을까 해서요."

기름띠를 제거하기 위해 흡착포를 수면에 펼치던 지역 공무원들은 발 빠른 대처에 혀를 내두르면서도 오직 기름띠가 수도권으로 유입되는 문제만 걱정하는 데에 기가 차다는 표정이었다.

"생각해 보세요. 이렇게 두껍게 얼음이 얼어 있으면 물에 뜨는 기름이 멀리 가지 못해요. 수도권까지 가는 데 댐이 몇 개나 있잖아요. 같은 공무원으로서 이런 말하면 안 되지만 현장에 왔으면 인양작업을 도울 생각을 해야지, 서울 사람들이 마시는 물에만 신경 쓰면 되겠어요!"

북한강이 대한민국의 수도인 서울로 직결되는 것이 문제였다. 북한강은 화천과 춘천·가평·청평을 지나 양수리에서 남한강과 합쳐져 서울 시민들에게 물을 공급하기 때문이다. 산골에 장비가 없다 보니 군부대에 도움을 요청했다. 최전방 지역에서 뾰족한 방법이 없을 때는 일단 군부대와 협의하면 문제가 대강 풀린다. 자치단체보다 더 많은 장비와 인력을 보유한 곳이 군부대다.

마침내 육군 2군단 공병대가 팔을 걷고 나섰다. 현장에 지휘본부가 꾸려지고 침몰한 모래준설선에 쇠줄(와이어로프)을 걸어 탱크로 끌어내자는 작전계획이 수립됐다.

작전은 즉각 실행됐다. 좁은 화천대교로 탱크가 건널 수 없어 도하용 문교에 싣고 왔다. 얼음의 두께는 40센티미터 가량이며 준설선은 수중 18미터 아래로 가라앉아 있었다. 그러나 얼음이 덮여 있는 강에서는 와이어로프로 준설선을 끌어낼 수 없다는 사실을 깨닫게 되자 먼저 얼음을 제거하기로 했다.

"전시 작전을 제외하고 이렇게 고성능폭약(TNT)으로 얼음을 폭파하는 것은 대한민국 공병대 창설 이후 처음입니다."

이럴 때 등장하는 단골 질문이 있다.

"이 폭약이라면 아파트 몇 채나 날릴 수 있는 위력이지요?"

"그거야 설치 방법에 따라 다르지요."

"그래도 몇 채나 파괴할 수 있는 힘이 있다는 것인지 쉽게 알려줘야 하잖아요."

"…."

바위나 건축물을 폭파시키기 위한 다이너마이트가 얼음판으로 옮겨졌다. 그와 동시에 공병대원들은 350미터에 이르는 얼음판에 구멍 2백 개를 뚫고 570파운드의 TNT를 장착했다.

얼음판을 폭파하기 위해 TNT를 설치하는 공병대원들.

TNT로 얼음판을 폭파하다.

폭파 준비가 모두 끝나자 공병대장이 얼음판의 모든 사람을 대피시킨 뒤 발파 명령을 내렸다. 병사들은 '하나, 둘, 셋' 구호에 맞춰 스위치를 눌렀다. 얼음과 물기둥이 물속에서 하늘로 치솟았다. 장관이었다. 하지만 K1 전차 3대를 동원해 와이어로프를 걸자 고무줄처럼 끊어지면서 첫날 작업은 중단됐다. 다음날도 똑같은 방식으로 인양작업을 진행했으나 역시 와이어로프가 끊어져 작업을 중단해야 했다.

그 사이 가슴을 쓸어내릴 일이 있었다. 민간인 수중 다이버가 침몰한 모래준설선을 살펴보기 위해 물속으로 들어간 사이 공병대가 TNT를 시험 폭파했다. 물속에서 TNT 폭발시험을 하면 물고기가 기절해 수면으로 떠오를 정도이다. 물속에서 나온 민간 잠수부들은 "죽을 뻔했다"라면서 화를 내며 떠나 버렸다.

사흘째 쇠줄을 걸어 당겼으나 끊어지기를 반복했다. 모래준설선을 인양하기 위해 동원된 전차는 15년 전 내가 군생활을 했던 부대에서 나왔다. 제대 이후

보고 싶었던 적은 없었지만 예전의 전차를 보니 감회가 남달랐고, 고생하는 후배 병사들이 대견스러웠다.

TNT로 폭파한 얼음이 북한강 추위에 아침마다 얼어붙자 '인간 쇄빙선'이 등장했다. 무동력 알루미늄 보트에 올라탄 병사들이 얼음을 눌러 깨 나가는 방식이었다. 북한강에서는 아침마다 병사들이 얼음을 맨몸으로 깨는 진풍경이 벌어졌다.

인양작업이 진척을 보이지 않자 군 수뇌부가 작전을 확대하기로 했다. 육군이 작전에 한계를 보이자 국방부가 해군을 투입한 것이다. 바다에서 배가 가라앉았을 때 투입되는 해난구조대(SSU)가 동원되었다. 서해에 가라앉았던 페리호와 충주호 유람선도 SSU가 끌어올렸다.

경남 진해에서 고속도로를 타고 북상한 SSU는 다음 날 오전 북한강변에 장비를 부렸다. SSU는 며칠간 준설선에 대형 공기주머니를 설치하는 작업을 물속에서 벌였다. 대형 공기주머니에 바람을 불어 넣어 수면으로 띄우기 위해서였다. 하지만 바다에 가라앉은 페리호를 끌어냈던 SSU에게도 중부전선의 물속에 침몰한 준설선에 20톤짜리 공기 주머니 8개를 매다는 일은 예상보다 힘들었다. 준설선이 강바닥에 비스듬하게 처박힌 데다 수중 다이버에게 산소를 공급하는 장치(레귤레이터)는 찬바람에 얼어붙기 일쑤였다. 이렇게 며칠 동안 반복하다 인양작전은 슬그머니 종료되었다. 준설선은 봄에 얼음이 녹은 뒤 끌어내기로 하고 육군과 해군의 합동작전팀은 철수했다.

북한강 모래준설선 인양작전은 공병대 창설 이래 최대 규모였다. TNT로 얼음판을 폭파한 뒤 SSU까지 투입해 합동작전을 벌였으나 성공하지 못했다. 침몰한 모래준설선을 인양하기 위해 얼음판을 TNT로 폭파하는 방식은 분단시대 우리 땅에서나 볼 수 있는 풍경이었다.

당시 준설선 인양작업이 차질을 빚는다는 뉴스가 타전되는 것을 막기 위해 새벽마다 얼음판으로 출근했던 정훈공보 장교들의 긴장된 얼굴이 떠오른다. 알루미늄 보트를 전진시키며 맨몸으로 얼음을 깼던 공병대원들은 모두 전역해 우리 사회를 한 걸음씩 전진시키고 있을 것이다.

7. 울음산은 오늘도 전쟁터

1.

후삼국시대 철원에 태봉국을 세웠던 궁예가 최후를 마친 것으로 전해지는 명성산은 그 슬픈 전설 때문에 '울음산'이라고도 불린다. 명성산의 정상은 고원처럼 넓게 펼쳐져 있으며, 갈대숲 사이의 활주로 같은 전차 기동로가 육군의 승진훈련장이다. 그곳의 길은 수십 년간 탱크와 장갑차가 돌아다니면서 거미줄처럼 얽혀 버렸다.

1952년 철의삼각전투 지역과 인접해 있는 경기도 포천시 영북면 530만 평 부지에 국내 최대 규모의 종합훈련장이 들어섰다. 통제탑 왼쪽으로는 나라를 잃은 궁예가 슬픔에 통곡했다는 명성산 정면으로는 약사령 고개와 각슬봉이 병풍처럼 자리 잡고 있어 사격장으로서는 최적의 조건을 갖췄다.

승진훈련장에서는 1년 동안 쉴 새 없이 사격훈련이 이어진다. 6·25전쟁 이후 하늘과 땅에서 각종 포탄을 퍼부었다. 언덕길을 숨 가쁘게 올라온 전차들은 표적지에 포신을 정조준하고 땅을 가르듯이 앞으로 돌진했다. 50년간 이 같은 대규모 화력시범훈련과 기동훈련이 모두 '히늘 훈련장'인 이곳에서 이뤄졌다. 50톤짜리 탱크가 갑자기 멈추거나 방향을 바꿀 때마다 땅에서는 흙먼지가 자욱하게 일어났다. 반세기 이상 전차 바퀴에 흙이 깔리면서 밀가루처럼 고운 입자로 변한 것이다.

이런 흙가루는 장마철이면 빗물을 따라 산정호수로 유입됐다. 산정호수 하나 바라보고 사는 주민들로서는 흙탕물 때문에 생계가 위협받기에 이르렀다. 주민들은 밤낮을 가리지 않고 이뤄지는 탱크의 이동과 사격으로 불면증과 정

탱크가 망가뜨린 옹달샘을 복원하자 생명이 깃들기 시작했다.

서불안에 시달려 왔다. 집은 탱크의 진동에 금이 가고 가축은 포탄 소리에 놀라 낙태를 하는 마당에 국내 최대 훈련장이 배출하는 흙탕물은 국민관광지 이미지까지 실추시키기에 이르렀다. 상수도가 공급되지 않는 이 지역에 흙탕물이 내려오면 영업뿐만 아니라 당장 먹을 물도 구하기 어려웠다. 급기야 주민들이 군부대 사격장 이전을 촉구하자 군당국이 팔을 걷고 나섰다.

군당국은 95대의 중장비와 병력을 투입해 흙탕물을 발생시키는 전차 기동로의 토사를 모두 걷어 내고 배수로를 설치했다. 탱크와 장갑차가 달리는 곳은 고속도로를 만들 듯이 바닥에 자갈을 깔고, 마사토로 2-3미터 높였다. 한겨울의 4개월 동안 마치 전투와 같은 공사가 실시됐다. 고속도로처럼 쭉 뻗은 전차 기동로 주변에는 풀까지 심었다. 이제 전차들은 신기루 같은 흙먼지를 더 이상 일으키지 않으며 훈련을 할 수 있다.

포탄세례를 받는 훈련장이 들어서기 전까지 이곳은 평화로웠다. 산 정상 주변에서는 사시사철 샘물이 흘러나왔고, 사람들은 샘물을 논으로 끌어들여 논농사를 지었다. 논농사를 짓지 않는 곳에는 가축을 방목하는 목장이 만들어졌다. 하지만 논과 목장은 탱크가 휘젓고 다니면서 모두 사라졌다. 1970년대까지만 해도 이곳 사람들은 미군의 훈련이 없는 날에는 마사이족처럼 소 떼를 몰고 유유자적하게 돌아다녔다.

군당국은 훈련장으로 변하면서 흔적조차 찾을 수 없을 정도로 망가진 샘물을 함께 복원하기로 했다. 샘물은 탱크 궤도에 깔려 오래전에 사라졌다. 주민들의 추억에서만 존재했던 옹달샘의 명맥은 다행히 끊어지지 않았다. 전차 기동로에서 70여 미터 가량 떨어진 양지바른 지점에 옹달샘은 아직도 물줄기를 간직하고 있었다. 무시무시한 사격훈련이 진행되고 지축을 뒤흔드는 탱크들이 50년 이상 돌아다녔지만 생명의 근원인 물은 변함없이 제자리를 지켰다. 물이 스며 나오는 땅을 파헤치고 주변에 돌을 쌓자 어엿한 옹달샘이 탄생했다. 샘물에는 어느새 개구리가 들어와 알을 낳았다. 봄을 앞두고 옹달샘 주변에는 버들강아지도 모습을 드러냈다.

'하늘 훈련장'은 흙탕물과 함께 산불을 발생시키는 불씨와 다름없다. 남쪽에서 이륙한 공군기가 포탄을 쏟아 부을 때 돌이나 바위에 맞으면서 불꽃이 튀었고, 불꽃은 산불로 번져 숲과 나무를 초토화시켰다. 가을 햇살에 눈부시게 빛나던 명성산의 억새밭은 사격장에서 발생한 산불이 지나가면서 만든 대자연의 또 다른 모습이었다. 억새들이 산 아래에서 불어오는 바람에 몸을 맡기면 그 사이로 궁예의 병사들이 금방이라도 창검을 들고 뛰어나올 것 같다.

환경의 시대를 맞아 승진훈련장은 총탄의 파편이 튀는 것을 막기 위해 황토 더미를 쌓고 그 앞에 표적지를 설치했다. 천으로 만든 표적지는 총탄세례에 금세 벌집이 됐다. 사격이 끝나자 병사들이 불발탄을 수거하기 위해 모여들었다.

하늘과 땅에서 쏘아 대는 폭발물에 상처투성이가 된 훈련장은 우물까지 복원돼 생명이 피어날 가능성을 열었다. 소 떼를 몰고 억새밭을 오르는 사람들은 언제 다시 만날 수 있을까.

2.

추석 명절을 며칠 앞둔 어느 해 가을, 하늘에서 시꺼먼 물체가 경기도 포천시 영북면 냉정리 앞 논바닥에 떨어졌다. 동시에 마을 위로는 흙과 돌덩이 같은 파편들이 일제히 날아들었다. 마른하늘에 날벼락이었다. 160가구 4백여 명이 사는 마을은 전쟁이 일어난 줄 알고 깜짝 놀랐다. 냉정리는 행정구역으로는 경기도였지만 강원도 철원군과 마주하고 있어 사실상 중부전선 최전방이었다. 마을을 흔드는 진동과 함께 비닐하우스에 구멍이 뚫렸다. 폭음이 멈추자 주민들은 살며시 문을 열고 나왔다. 하늘에서 날아든 물체는 폭 6미터, 깊이 1미터 크기의 웅덩이를 만들었다. 그 안에는 포탄이 비스듬하게 누워 있었다. 주민들은 포탄의 형체가 남아 있어 미처 터지지 않은 불발탄이라고 걱정했다.

주민들은 최전방에 주둔하는 군부대가 그날 훈련을 했는지 따졌다. 마을 주변의 군부대에서는 사격훈련을 하지 않았다고 답변했다. 하늘에서 떨어진 물체는 연습용 다목적 투하탄으로 밝혀졌다. 전폭기에서 지상을 융단폭격할 때 쓰는 포탄과 비슷했다.

주민들은 그날 비행기를 직접 보지 못했다. 그렇다면 중부전선에서 항공포탄을 투하할 곳은 명성산 승진훈련장밖에 없었다. 명성산은 마을로부터 8킬로

폭발물 처리반이 움푹 팬 사격장에서 불발탄을 처리하고 있다.

미터 떨어져 있었다. 저녁 무렵 하늘색 페인트가 칠해진 군부대 차량이 여러 대 마을로 진입했다. 공군 폭발물처리반(EOD)이었다. 그들은 논바닥에 처박힌 포탄을 찾아냈다. 중장비로 끌어 올려진 포탄은 트럭의 뒷자리에 길게 누었다.

"포탄이 떨어질 당시의 상황을 말씀해 주세요."

"우리야 최전방에 사니까 '꽝' 소리가 나서 전쟁이 일어난 줄 알았지. 돌과 흙이 30미터 이상 튀어 올랐거든. 노인들과 임신부들이 특히 놀랐지. 불발탄이 언제 폭발할지 모르기 때문에 대피하자는 말도 나왔어."

"갑자기 하늘이 시꺼멓게 뒤덮여 논바닥에서 철새들이 날아오르는 줄 알았어"라고 말하는 주민도 있었다. 마을 옆에는 철새들의 보금자리와 다름없는 냉정저수지가 있다. 여름에는 백로와 같은 철새들이 소나무 둥지에서 새끼를 낳아 기르고, 겨울에는 시베리아에서 날아온 쇠기러기들이 추수가 끝난 논에서 먹이를 찾았다. 주민들은 쇠기러기들이 수만 마리씩 몰려왔다가 일제히 하늘로 날아오르는 모습을 보아 왔기 때문에 전투기(F15K)에서 투하한 항공포탄이 떨어지면서 흙과 돌이 튀어 오르는 모습을 새들에 비유한 것이다.

“오인 폭격인가요?”

“M1K 계열의 항공 연습탄이라서 실제로 폭발하지는 않습니다. 겉은 쇠로 뒤덮여 있지만 속은 콘크리트로 메워져 있거든요.”

“조종사의 실수인가요. 전투기에 문제가 있습니까?”

“조사해 봐야 압니다. 파손된 비닐하우스는 보상해 드리겠어요.”

“폭발하는 것이 아니었으니까 다행이지 실제 항공포탄이 떨어졌으면 우리 마을은 어떻게 됐겠어요?”

주민들은 폭발력이 강한 실제 항공포탄이 아니었다는 사실에 가슴을 쓸어내렸다. 마을에서는 그날 밤늦게까지 불이 꺼지지 않았다.

“‘따다닥’ 하는 소리가 서너 번 들렸어!”

명성산 승진훈련장 아래인 강원도 철원군 갈말읍 신철원리에 사는 이영진(67) 씨는 놀란 눈으로 필자를 맞이했다. 노인의 모습은 조선시대 이곳에 은둔지를 마련한 선비를 닮았다.

민가에 총알이 날아들었다는 소식을 듣고 수소문해 찾아간 마을의 진입로는 동굴처럼 생겼다. 삼부연폭포 바로 앞으로 뚫린 동굴은 요즘 터널과는 달리 암석 파편이 삐죽삐죽 튀어나온 자연동굴의 모습과 닮았다.

빗줄기가 굵어지기 시작했다. 한 음식점 앞에 군부대 지프차가 비를 맞고 서 있었다. 식당을 열기 위해 그릇을 씻고 있던 종업원과 주인으로 보이는 남자에게 물었다.

“이 동네에 총알이 날아들었다고 하던데요?”

“글쎄. 무슨 소리가 들린 것 같은데….”

“총알이 문을 관통한 곳이 어디입니까?”

“별일은 없었던 것 같은데….”

가만 보니 군부대 관계자가 옆

명성산 사격장 아래인 강원도 철원군 갈말읍 신철원리의 민가 부엌문을 기관총탄이 관통했다.

에 서 있어 제대로 말을 하지 못하는 것 같았다. 장대처럼 쏟아지는 빗속에서 인근의 다른 집을 찾아보는 수밖에 없다. 이씨는 언덕 위에 놓인 컨테이너에서 얼굴을 내밀었다.

"총알이 철판을 맞는 소리가 나서 놀라 버렸지. 난 이 앞에서 쏜 줄 알았어. 워매 징한 것…."

총알은 그의 부엌문을 꿰뚫었다. 총알이 부엌문을 관통했을 때 그는 3미터 가량 떨어진 지점에서 개에게 먹이를 주고 있었다. 부엌에 있었더라면 화를 당했을 것이다. 총알은 산 너머에서 "따다닥" 소리와 동시에 집으로 날아와 컨테이너를 뚫고 밭에 떨어졌다. 옥수수는 한 뼘 정도 자랐고 줄기에는 물방울이 미끄러질 듯이 매달려 있었다. 총알은 군부대에서 회수해 갔다. 총알은 5킬로미터 가량 떨어진 앞산(명성산) 승진훈련장에서 날아들었다.

"몇 년 전에는 포탄이 날아와 밭이 파였고, 또 2년 전에는 실탄이 지붕으로 날아와 군부대에서 앞으로 그런 일이 없을 거라고 약속까지 했는데…."

전라도 사투리를 쓰는 그가 중부전선 최전방 산골까지 온 사연이 궁금해 물었다.

"뭐, 그냥 수양하러 왔지."

이씨의 고향은 전라도 나주이다. 서울로 올라와 18년 동안 장사를 하며 돈을 벌었지만 폐가 나빠져 병원에 9개월간 입원해야 할 정도로 건강이 악화됐다. 그는 아내와 공기 좋은 곳을 찾아 3년 전 이곳으로 올라왔다. 처음에는 월세를 7만 원씩 주고 남의 집을 썼으나 이마저 부담이 되자 딸이 5백만 원짜리 컨테이너 한 동을 사 주었다.

"병 고치려고 왔다가 총알 맞을 뻔했어!"

그는 러닝셔츠 차림으로 놀란 가슴을 몇 번이나 쓸어내렸다.

"뻐꾹- 뻐꾹-"

구름이 걷히기 시작한 울음산 기슭에서는 뻐꾸기가 총소리를 밀어내려는 듯 목 놓아 울었다.

8. 광복군의 후손 '백골할머니'

'백골할머니'는 오금손 할머니의 별명이다. 많은 별명 가운데 무시무시한 백골할머니로 불리게 된 것은 한반도의 아픈 역사와 관련이 있다.

오 할머니는 우리나라가 일제에게 나라를 빼앗겼던 시절 중국 베이징에서 독립군의 딸로 태어났다. 아버지는 독립운동을 하다 일본군의 포로가 돼 숨졌다. 어머니는 오 할머니가 태어난 지 일주일 만에 일본군에 의해 사살됐다. 부모의 얼굴조차 기억하지 못하는 영아는 중국인의 손에 길러졌다. 부모를 모두 일제에 빼앗긴 할머니는 15살이 되던 해 광복군 3지대에 자원해 독립군 생활을 시작했다.

일본의 패망으로 광복을 맞은 오 할머니는 귀국해 개성간호전문학교를 졸업했다. 그 뒤 간호사로 안정된 삶을 시작하려는 순간에 6·25전쟁이 터졌다. 이때 할머니는 수도사단 백골부대 간호장교로 자진 입대해 전쟁터에 뛰어들었다. 오 할머니는 중공군의 개입으로 후퇴를 하던 1952년 4월 파로호 인근 전투에서 인민군에게 포로로 붙잡혀 고초를 당하다 혼란한 틈을 타 탈출을 시도했다. 그 와중에 할머니는 오른쪽 다리에 관통상을 당했다. 허리

아기 때 일본군의 손에 부모를 잃은 오금손 할머니는 광복군으로 독립군 생활을 하다 6·25전쟁으로 다시 아픔을 겪었다. 할머니는 평생 나라 사랑의 정신을 강조했다.

에 파편이 박히는 부상을 당해 중공군 시체 더미 속에서 10일간 꼼짝하지 못하고 버티다가 마침내 국군에 의해 구조됐다. 오 할머니는 정전협정이 체결된 뒤 23살의 나이에 2계급 특진해 대위로 전역했다.

할머니는 시간이 날 때마다 손수 준비한 떡과 먹을거리를 싸 가지고 자신이 간호장교로 군대 생활을 시작한 백골부대를 찾아갔고, 백골부대 병사들은 그녀를 백골할머니라고 부르게 됐다.

민간인으로 돌아온 오 할머니는 1961년 길가에서 싸우던 군인들을 말리다가 한 시간 동안 훈계를 하게 됐다. 이 나라가 어떻게 되찾은 나라인데 나라를 지키겠다고 나선 군인들이 서로 싸우면 되겠느냐고 나무랐다. 이를 지켜보던 소대장이 안보강연을 요청해 할머니는 안보강연 연사로 새로운 생활을 시작했다. 강연은 1961년 7사단 예하의 선박부대를 시작으로 40년 이상 일선 부대에서 계속됐다.

오 할머니를 만난 것은 안보강연이 5천 회를 맞던 날이었다. 오 할머니는 인연이 깊은 백골부대를 찾아가 5천 회 강연 자리를 마련했다.

할머니는 5천 회 강연 자리에서 볼펜을 챙겨 와 병사들에게 하나씩 나눠 줬다. 요즘 시대에 볼펜이 없는 병사가 있을 리 없지만 손자 같은 병사들에 대한 각별한 애정으로 마련해 왔을 것이다. 나에게도 기념이라며 한 자루를 주셨다. 밤에도 불이 들어오는 신기한 형광볼펜이라는 설명도 덧붙이셨다. 그 볼펜은 백골할머니가 매달 나오는 연금을 조금씩 모아 구입한 것이었다.

할머니가 강연을 마친 역사관에는 인민군복이 적군 피복 코너에 전시돼 있었다. 북한의 어느 젊은이가 입었던 것인지는 몰라도 모자와 옷 테두리가 낡아서 떨어져 있었다. 남북으로 갈라진 한반도에서는 어떤 옷을 입는가에 따라 피아가 구분된다. 두 옷은 서로 공존할 수 없는 적대적인 관계였다.

백골할머니는 어린 초병들에게 줄 과자와 음료수를 함께 챙겨 비무장지대와 접하고 있는 최전방 초소를 찾았다. 할머니는 50년 가량 차이가 나는 병사들의 내무반으로 들어가 말을 나눴다. 전쟁을 경험한 당사자와 전쟁을 모르는 신세대 병사들 사이에 공통 관심사가 많지 않아 대화는 오래 가지 않았다.

요즘 수색대 병사들이 어떻게 사는지 내무반을 이리저리 둘러봤다. 신세대 병사들의 사물함에는 저마다의 생활신조와 가족사진이 깔끔하게 정리돼 있다. 인상적인 것은 '한 놈 잡자'라는 구호였다. 조금 전 보았던 인민군복을 입은 저쪽 사람들을 잡아야 한다는 의미가 아닐까. '한 놈 잡자'라는 구호 옆에는 수화기를 들고 있는 귀여운 여자 친구의 사진이 붙어 있다. 병사가 이 시대에 한 놈을 잡을 수 있는 날이 올 수 있을지는 알 수 없었다.

할머니는 눈앞에 펼쳐지는 비무장지대를 가리켰다. 수많은 포격 속에 몸을 숨길 곳이 없었지만 포탄이 떨어지면서 생긴 물웅덩이 덕분에 목숨을 건졌다고 추억했다.

광복군 출신으로 현대사의 산증인이었던 백골할머니는 5013회의 안보강연을 마치고 2004년 11월 74세로 타계했다.

9. 트럭에서 잠든 인민군

강원도 철원군 대마리는 6·25전쟁 당시 격전지였던 백마고지 바로 아래에 자리 잡은 산골마을이다. 바람과 구름은 백마고지 전적비가 세워져 있는 마을 뒤 언덕을 넘어 평화스럽게 남북으로 넘나들었다.

이곳은 몇 해 전까지만 해도 민간인출입통제선 지역으로 묶여 있을 정도로 최전선 지역이었다. 군부대가 24시간 경계작전을 벌이는 마을에서 인민군이 휴전선을 뚫고 내려오는 어이없는 사건이 벌어졌다. 1년 전에는 누군가가 휴전선을 뚫고 북으로 간 것으로 보이는 '철책선 절단 사건'도 발생했다.

마을에 사는 남충우(64) 씨는 2005년 6월 17일 새벽 5시 50분 창고 앞마당에 세워 놓았던 4.5톤 트럭 옆을 지나가다 부스럭거리는 소리를 들었다. 그는 화물차의 짐칸에 새가 들어온 줄 알고 들여다보았다. 하지만 그곳에는 새가 아닌 '거동수상자' 한 명이 웅크리고 누워 있었다.

"너 누군데 여기서 자니?"

"저 집이 없어요! 평양에서 왔습네다."

"그럼 이남에 일가붙이가 있이?"

"전혀 없습네다!"

인민군복과 김일성 주석의 배지를 단 이 북한 인민군은 창고 앞에 세워져 있던 트럭에서 벌써 며칠째 잠을 잤다. 트럭 안에는 라면 15봉지와 초코파이가 널려 있었다. 그는 신고를 받고 출동한 군인들에게 넘겨졌다.

군당국의 조사결과 북한 인민군은 평강군 방공포병사령부 예하 862부대 122밀리 포수 리용수(20) 초급병사로 밝혀졌다. 그는 2002년 3월 29일 입대해 북한 최남단 철책선 주변에 배치됐는데 배고픔과 구타 등으로 고생이 많았다. 리용수는 5일 전인 12일 오전 8시께 나무를 하러 간다고 속이고 소속 부대를 이탈했다. 그는 이날 오후 8시께 고압전류가 흐르는 북한군의 북방철책선 하단부를 통과한 뒤 우리 군 철책선 전방 3백 미터 전방까지 이동해 하룻밤을 보냈다.

13일 밤에는 남측 휴전선에 접근, 14일 새벽 동이 틀 무렵 철책을 넘었다. 리용수는 3중 철책선 가운데 첫번째 철책은 물이 흐르는 철책 하단부의 돌을 파내고 통과했다. 중간 철책은 경계병들의 출입을 위해 설치했으나 사용하지 않는 철문의 틈을 이용했으며, 세 번째 철책은 철책을 지탱하고 있는 쇠기둥을 타고 올라가 뛰어넘었다. 비무장지대에 세 겹으로 설치한 철책선을 순식간에 통과했다는 것이 처음에는 이해되지 않았다. 아무리 몸이 작아도 철책선 사이로 빠져나간다는 것은 영화에서나 가능할 만한 일이기 때문이다. 하지만 리용수는 키가 155센티미터, 몸무게는 45킬로그램의 아주 작은 체격이었다. 이 체격은 대한민국의 초등학교 어린이 수준에 불과했다. 그는 철책선을 통과한 뒤 대마리에 주차돼 있던 차량과 창고에서 음식물 등을 가져다 먹었으며, 잠은 화물차 안

인민군이 3중 철책선을 뚫고 내려와 며칠 동안 잠을 자다 발각됐던 대마리의 농장.

인민군이 3중 철책선을 뚫고 내려와 며칠 동안 잠을 자다 발각됐던 대마리의 농장에서 무장한 군인이 경계 근무를 서고 있다.

에서 해결했다. 그가 라면과 초코파이를 어디서 마련했는지 궁금해 구멍가게 를 찾아갔다. 모내기를 마친 50대 초반의 농민 한 명이 구석에서 목을 축일 음 료수를 고르고 있었다.

"개미 새끼가 기어 다니는 것까지 훤히 볼 수 있도록 불이 켜져 있는 철책선 을 인민군이 뚫고 내려왔다는 게 말이 된다고 생각해!"

그는 철통 경계를 자랑하는 철책선이 뚫렸다는 사실에 뼈 있는 말을 던졌다.

옆에서 듣고 있던 아주머니는 "마을에서 인민군이 발견되고 나서 창고에 들 어갈 때도 확인하는 버릇이 생겼어. 철책선이 두 번이나 뚫렸다는 말은 마치 누 군가 군부대를 모함하기 위해 지어낸 거짓말처럼 믿겨지지가 않아. 어떻게 24 시간 군인들이 지키는 최전선의 철책선이 뚫릴 수가 있어"라며 개탄했다.

"도대체 누가 넘어오지 못하도록 휴전선을 지키는 것인지, 잘 넘어오도록 지 키는 것인지 도통 모르겠어. 경계근무를 강화하면 민통선 농경지로 드나드는 우리 농민들만 불편해질 것 같아 걱정이야."

그러나 마을 주민들은 휴전선을 뚫고 인민군이 월남한 사실에 대해 어이 없어 하면서도 과거처럼 불안해 하지는 않았다.

"지금 이 순간 우리 관광객이 북한 금강산에 가 있는데 인민군 하나 넘어 왔다고 겁을 먹을 필요는 없어!"

DMZ의 귀순자 유도 시나리오.

리용수가 잠시 머물렀던 트럭 주변으로는 대공 용의점을 조사하기 위해 무장병력이 투입됐다. 마을버스가 들어오는 길목과 마늘밭으로는 총을 든 군인들이 경계태세를 늦추지 않아 전시나 계엄 상황을 방불케 했다.

그늘 하나 없이 햇볕에 노출된 농가 앞에서 병사는 얼굴에 위장 크림을 덕지덕지 바르고 트럭 주변을 감시하고 있었다. 땅에 부딪쳤다 반사되는 뜨거운 햇살에 병사는 눈을 감았다 떴다 하며 고통스러워했다. 위장 크림 위로는 땀방울이 흘러내렸다. 이 병사는 월남한 인민군 리용수 또래였다.

소년병 티가 남아 있는 리용수의 얼굴을 어렴풋하게 마주한 것은 그로부터 몇 개월이 지나서였다. 최전방의 한 초소에는 그가 웅크리고 앉아 있는 사진이 한 장 붙어 있었다. 사진 속의 리용수는 음료수 잔을 앞에 놓은 채 긴장된 모습이었다. 짧은 머리의 그는 얼굴이 말라 보였고 체구도 작았다. 그 초소에는 무장간첩을 잡아 포상휴가를 가자는 격려문도 있었다. 그리고 귀순자 대응요령이 일목요연하게 설명돼 있었다. 북한 인민군이 귀순의사를 밝혔을 때 이를 확인하는 방법, 초소로 안전하게 유인하는 방법 등이 단계별로 적혀 있었다.

10. DMZ, 남북한 풍경을 가르다

이렇게 극단적으로 다른 세계가 공존하는 곳이 또 있을까. 한반도 비무장지대를 찾을 때마다 수수께끼처럼 다가오는 풍경을 어떻게 풀이해야 할지 고민이다.

비무장지대를 마주하고 있는 남북한의 최전방 마을은 봄부터 표정이 확연하게 구분된다. 북쪽에서는 아프리카 원주민의 마을처럼 늘 연기가 피어오른다. 봄기운이 유영하는 산골짜기에서는 연기 기둥이 하늘로 솟아오른다. 그곳에 사는 사람들은 한 해 농사를 준비하면서 불을 놓아 밭을 개간하기 때문이다. 연기가 피어오르는 주변에는 대개 작은 마을이 형성돼 있다. 그들은 아직도 화전 방식으로 농사를 짓는다. 화전 밭은 북한의 최남단 초소 주변까지 내려와 있다. 아침에 피어나기 시작한 연기는 해가 저문 뒤에도 모락모락 피어오른다.

"여기서 4킬로미터 전방 정도 될 것입니다. 저쪽은 대개 군인들이 자급자족을 해야 하기 때문에 직접 농사를 짓습니다. 군인 농부들인 셈이죠."

이런 연기는 최전방 GOP 초소에서 늘 대면하는 익숙한 풍경이다. 연기는 몇 곳에서 계속 이어졌지만 초병들은 별로 신경을 쓰지 않는다. 북쪽의 최남단 지역에는 군인들이 푸성귀 같은 것을 직접 가꾸는 모습도 보인다. 갈 수 없는 저 땅에서도 봄이 오면 군인 농부들은 한 해의 씨를 뿌렸다. 힘써 일한다고 해도 많은 소출이 나올 만한 땅은 아니어서 삶이 넉넉하지는 않을 것이다.

화전 밭을 일구기 위해 야산에 놓는 불은 연기를 발산하다 대개 자연적으로 소멸한다. 그러나 바람이 불면 문제가 달라진다. 남쪽에서 북쪽으로 바람이 불기 때문에 불이 남하할 가능성이 적긴 하지만, 저녁 무렵에 갑자기 바람의 방향

DMZ 남쪽 풍경. 쌀농사 대신에 채소를 재배하기 위한 비닐하우스가 들어서고 있다.

DMZ 북쪽 풍경.

이 바뀌면 어디로 번질지 종잡을 수 없다.

보랏빛 얼레지가 신갈나무 낙엽 사이로 고개를 내밀던 어느 봄날, 비무장지대 북방한계선 주변에서 시작한 연기가 방향을 바꾸더니 남방한계선을 위협하기에 이르렀다. 초병들은 긴급 대피하고, 최전방 주민들은 두려움에 떨어야 했다. 다행히 불길은 자정 무렵 바람이 잦아지면서 소멸됐다. 큰 나무가 전혀 없는 비무장지대에서는 바람이 불씨를 나르지 않는 한 제자리에서 오래 탈 수는 없다.

화전 밭을 일구면서 발생하는 연기는 초여름인 6월까지 계속된다. 비무장지대를 평화생명의 고장으로 만들자는 요란한 행사가 몇 해 전에 열렸다. 전쟁과 폭력의 대명사인 비무장지대를 평화와 생명의 1번지로 만들자고 목소리를 높이는 중에도 북쪽 지역에서는 파란 연기가 봉화처럼 하늘로 상승하고 있었다. 이쪽에서는 '생태계' 걱정인데, 저쪽은 '생계'를 걱정해야 하는 상황이 비무장지대를 사이에 두고 벌어지고 있었다. 비무장지대는 사람들이 살아가는 가치판단의 척도마저 다르게 만들었다.

이곳에서 고개를 180도 돌려 내려다본 남쪽 마을은 녹색과 흰색이 씨줄과 날줄처럼 엮여 있었다. 논은 바둑판처럼 경지정리 작업이 끝나고 트랙터 몇 대가 써레질과 농사일을 도맡았다. 벼농사를 포기하는 농가가 늘어나면서 논이 다시 밭으로 변하고 있다. 밭으로 바뀐 논에는 오이와 토마토를 재배하기 위한 비닐하우스가 세워져 눈이 부셨다. 농사를 짓기 위한 시설보다는 땅의 상처를 감싸고 있는 대지미술 같았다. 비닐하우스는 대지의 상처를 붕대로 감싼 거대한 예술작품으로 비춰졌다.

"이북에서도 내려다보면 놀랄 걸?"

대지미술 같은 비닐하우스 안에서 남쪽의 농민들은 요즘 예술가로 변신을 시도했다. 이 농촌에서는 '청춘을 돌려다오-, 내 젊음을 돌려다오-' 하는 음악 소리가 끊이지 않았다.

바쁜 시기에 농사일은 안 하고 춤을 추는 것일까. 최전방 청정 지역에서는 오이의 상품성을 높이기 위해서 음악을 틀 수 있는 시설과 앰프를 설치했다.

"오이도 사람과 같아요. 음악을 틀어 놔야 더 잘 자란대요. 여름에는 무더운 비닐하우스 안에서 스트레스를 받는데 이때 음악을 틀어 놓으면 오이가 곧게 자라 상품성이 높아지거든요."

최전방 주민들이 오이를 재배하는 데 음악을 틀어 놓는다는 이야기에 귀가 번쩍 뜨였다. 한 농민은 음악 효과에 대해 극찬을 했다.

"음악을 틀어 놓으면 오이도 춤을 추는지 성장이 더 빨라져요. 노랫소리에 즐거워하거든요. 처음에는 음악이 무슨 소용이 있나 생각했어요. 그래서 스트레스를 받는 여름철에 음악을 꺼 놓거나 밤새도록 틀어 놓는 실험을 해봤지요. 음악을 틀어 놓으면 성장이 빠르고 예쁜 오이가 나옵니다."

"음악을 꺼 버리면 어때요?"

"성장이 느려지고, 오이 모양이 구불구불해져요. 자기 마음대로 크거든요. 그린 음악이 좋다고 하지만 다른 노래도 효과가 있어요. 저는 태진아 씨 노래를 좋아해서 그의 노래를 틀어 놓지요. 테이프를 반복할 수 없으면 라디오의 음악 프로그램을 켜 놓고, 어떤 때는 일기예보를 틀어 줄 때도 있어요. 결론은 음악 없이는 오이가 잘 자랄 수 없어요. 맛과 색깔에 음악이 결정적으로 작용하니까요."

"어떻게 이런 아이디어를 짜냈어요?"

"정부가 농산물 시장까지 개방해 버렸는데 벼농사 가지고는 살 수가 없잖아요. 비무장지대 앞까지 비닐하우스가 들어서게 된 것은 농사가 막다른 골목까지 왔다는 말이죠."

농민은 고민 끝에 '뮤직 오이'를 선택한 것이었다. 그후 전쟁과 살육의 비무장지대와 최전방 지뢰밭 주변에서는 영농철에 노랫소리가 끊이지 않았다. 비닐하우스로 대지를 감싼 곳에서 농민들은 하루 종일 음악을 틀어 놓았고, 오이는 하루가 다르게 쑥쑥 자랐다.

11. 폴러첸의 풍선작전과 '삐라의 추억'

노베르트 폴러첸(Norbert Vollertsen). 그는 독일인으로 의사이며 탈북지원활동을 벌이면서 남북한뿐만 아니라 지구촌에서 명성을 얻고 있는 인권운동가이다.

옛 북한 철원노동당사 앞에 세워져 있던 검은색 경찰 지휘차가 철원읍 대마리 방향으로 쏜살같이 달리기 시작했다. 시위현장에서 전투경찰들을 지휘하던 차량이었다. 조금 전까지 폴러첸이 어느 방향으로 올지 저울질을 하던 지휘차량이 드디어 감을 잡은 모양이었다. 폴러첸 일행은 서울에서 신철원 방면의 국도를 이용하는 것이 아니라 대마리 방향으로 오는 게 확실했다.

며칠 전 첩보를 입수한 경찰은 그가 올 것에 대비해 비상 상태를 유지했다. 얼마 전 폴러첸은 미녀들로 구성된 대구 유니버시아드 대회 북측 응원단이 빼어난 자태로 관중들을 사로잡을 때 기습시위를 벌이기도 했다. 북한의 기자들이 "김정일 타도하여 북한 주민 구출하자"는 플래카드를 보고 거세게 항의했음은 물론이다. 경찰은 폴러첸의 기습시위가 중부전선 비무장지대 주변에서 재발하면 남북화해 분위기에 찬물을 끼얹는 셈이어서 원천봉쇄해야 했다. 경찰의 지휘차량은 지뢰 표지판이 걸려 있는 대마리 철조망 사이로 질주했다.

폴러첸 일행이 타고 온 차량은 비무장대로 들어가는 대마삼거리 앞에서 저지당했다. 폴러첸은 북한 주민들이 남한 방송을 들을 수 있도록 풍선 안에 소형 라디오를 넣어 비무장지대 위로 띄울 작정이었다. 폴러첸의 계획대로 풍선이 비무장지대 위를 훨훨 날아 북녘 땅에 내려앉기 위해서는 가능한 한 휴전선과 가까워야 했다.

전세버스를 타고 온 폴러첸을 경찰의 바리케이드가 가로막았다. 폴러첸 일

행은 경찰과 얼굴을 맞대고 대치했다. 풍선을 띄울 헬륨가스통을 실은 트럭도
바로 앞에서 경찰에 붙잡혔다.

"우리는 가야 합니다!"

"사전에 신고하지 않은 집회이기 때문에 허용할 수 없습니다!"

"저쪽 경찰서에 집회신고를 하지 않았습니까?"

"관할 지역에 집회신고를 해야 합니다!"

경찰은 폴러첸의 시위를 막기 위해 고민하던 중 관할 지역에 집회신고를 하
지 않았다는 그럴 듯한 이유를 찾아냈다.

경찰의 바리케이드를 뚫기 어렵다고 판단한 폴러첸은 나침반을 꺼내 들었
다. 그는 쇼맨십도 뛰어났다. 나침반 바늘은 이리저리 흔들리더니 정북 방향에
서 멈췄다. 풍선을 날리기 위해서는 북쪽 방향을 알아야 하기 때문이다. 바람은
북쪽으로 솔솔 불고 있었다. 풍선을 날릴 수 있는 기본적인 조건은 완비됐다.
폴러첸은 정북을 가리키는 나침반 바늘 위로 철원평야의 하늘을 바라봤다.

그때 갑자기 폴러첸이 비닐봉지를 꺼내 들었다. 경찰이 이를 뺏기 위해 달려
들었다. 폴러첸은 아스팔트 포장도로 위에 쓰러진 뒤에도 헬륨가스를 넣어 풍

독일인 의사 노베르트 폴러첸이 철원 DMZ 주변에서 헬륨가스를 풍선에 넣기 위해 가스 배관줄을 잡고 경
찰과 대치하고 있다.

선으로 사용할 예정이던 비닐봉지를 빼앗기지 않으려고 저항했다. 하지만 비닐봉지는 폴러첸의 손아귀에서 빠져나가 경찰로 넘어갔다.

대마리 주민들은 넓은 바위에 '백마고지'라는 마을 입구 안내 표지판 아래에서 이 광경을 재미있게 구경하고 있었다. 비무장지대 진입로에서 파란 눈의 외국인과 경찰이 함께 땅바닥에서 나뒹굴고 있었기 때문이었다. 마을 주민들의 볼거리는 그뿐이 아니었다. AP통신, VOA(미국의 소리) 같은 외신기자들이 이렇게 많이 나타난 것은 처음 있는 일이었다.

폴러첸 일행은 풍선에 라디오를 넣어 북한에 보내겠다는 '풍선작전'을 포기하고 버스에 올랐다. 풍선을 날리지는 못했지만 수많은 외신들이 취재했으니 '풍선작전'의 취지는 지구촌에 알린 셈이었다. 벌써 폴러첸의 풍선작전 이야기를 담은 AP통신의 기사가 타전됐다는 데스크의 다급한 목소리가 들려왔다.

폴러첸의 풍선작전은 최전방 주민들에게 오래전에 잊혀진 '삐라의 추억'을 떠올리게 했다. 1980년대를 전후로 바람이 북쪽으로 부는 밤마다 커다란 풍선이 떠올랐다. 풍선은 155마일 휴전선 인근 곳곳에서 북쪽으로 띄워졌는데 속옷이나 과자·껌 같은 것이 들어 있었다. 북한도 바람이 남쪽으로 부는 날이면 풍선 안에 삐라를 넣어 살포했다. 풍선이 공중에서 터지면서 삐라는 돈다발처럼 쏟아져 내렸다.

냉전의 찬바람이 한반도를 강타하던 시절에는 국가 차원에서 풍선 속에 체제를 선전하거나 생활수준을 자랑하는 물건들을 넣어 띄웠다. 우리나라에서 띄운 풍선이 북쪽 방향으로 가지 못하고 도중에 남쪽에 떨어지는 경우도 많아 주민들은 이를 통해 냉전시절 은밀하게 비무장지대 너머 북으로 보내졌던 물건들이 어떤 것이었는지 알 수 있었다.

"어느 날 밤 집 앞에 무언가가 쿵하고 떨어졌지. 커다란 풍선이었어. 풍선을 잡으니까 사람이 달려 하늘로 올라갈 정도였어. 간신히 풍선을 뜯어 열어 보았더니 국산 라디오와 치약 등 별것이 다 들어 있었지. 이런 것들은 주민들에게 다 나눠 줬어. 북한으로 가지 못하고 마을에 떨어졌던 라디오는 아직도 내가 갖고 있어."

비무장지대 주변에 사는 주민들은 오래전에 사라져 버린 '남북 풍선작전'을 아직도 이렇게 기억하고 있었다.

"풍선 차량을 잡아라!"

봄이 다시 찾아온 철원 비무장지대 주변에는 최근 비상이 걸렸다. 민간인출입통제선 이북 지역(민북 지역)으로 들어가는 용의 차량들을 찾아내기 위해서다. 용의 차량은 최근 최전방 지역에 들어가 몰래 삐라를 살포했던 차들이다. 수배자들의 사진과 죄명이 적힌 수배전단처럼 최전방 군부대 검문소에는 용의 차량들의 차번호가 수배됐다.

"요즘도 풍선을 날리는 사람들이 있어요?"

"가끔 있다고 해요."

민통선 검문소에 근무하는 앳된 군인들에게 풍선 차량을 걸러 내라는 또 하나의 임무가 주어졌다. 초병은 풍선의 정체에 대해서는 더 이상 말하지 않았다.

"도대체 어찌 된 것인지 종이가 찢어지지도 앉아. 종이가 비닐 같아서 물에 젖어도 아주 멀쩡해. 밭이나 논에 떨어져 골치가 아파 죽겠어."

지뢰밭 옆에서 일을 하던 농부는 요즘 밭 주변에 살포되는 삐라 때문에 신경이 쓰인다고 했다.

사회단체들이 정부 몰래 북쪽으로 날려 보냈던 삐라. 요즘에 날리는 삐라는 특수비닐로 만들어져 찢어지거나 물에 젖지 않고 논밭을 어지럽힌다.

"저것 때문에 주민과 군부대 사이가 멀어졌어."

외지인들이 일부 주민의 도움으로 휴전선 인근까지 잠입해 몰래 북쪽으로 풍선을 날렸던 것이다. 그중 일부가 비무장지대를 넘지 못하고 인근 마을로 돌아와 터지면서 잘 찢어지지도 않는 요상한 정체가 드러났다. 농민들은 남측에서 살포하려고 했던 삐라들이 논밭을 어지럽히고 있다고 하소연했다.

"남북한이 이런 짓을 하지 않기로 합의하지 않았습니까? 이런 것을 풍선에 넣어 북으로 보내도록 우리 마을은 허용하지 않을 것입니다."

기독교 관련 단체들이 날렸던 삐라는 비닐종이에 단조로운 검은 글씨들이 가득했다. 삐라의 내용은 대략 이렇다.

"사랑하는 북녘 동포 여러분!

10만 평방인 남조선은, 12만 평방인 북조선보다 면적과 지하자원도 적고, 인구는 5천만 명으로 2천만 명인 북조선보다 2.5배 이상 많지만 경제력은 100배로서 국민소득 1인당 1만6천 딸라(달러), 선박건조 1위(2위 일본), 철강 생산 5위, 자동차 생산 5위(미국, 일본, 독일, 중국, 남조선), 휴대폰 1위(2위 미국), 컴퓨터 보급률 1위, 인터넷 사용 2위(1위 핀란드), 반도체 생산 2위(1위 일본)로서 가장 급성장한 세계 10위 경제와 민주정치! 그 위상으로 세계 대통령과 같은 유엔사무총장에 남조선 외교부장 반기문 장관이 선출! 남조선 매 집에(집집마다) 텔레비죤(텔레비전), 라디오, 녹음기, 랭장고(냉장고), 세탁기, 전화기, 핸드폰, 컴퓨터는 물론 자동차 1대 이상씩 있다고 하면 도무지 믿지 않을까 봐, 비교적 외국인으로 만날 수 있는 중국 조선족에게 물어보라고 권고합니다.

수령이 만든 '태양절'과 '주체년' 역서를 쓰는 나라가 어디에 또 있겠습니까? 수령을 신격화하고 받들면 반드시 독재가 되고 백성은 매우 가난해지고 망국의 길로 갑니다. 공산주의는 공상주의! 너무 잘 먹어 '살 빼기 운동'을 한다면 믿지 않을까 봐, 외국인들에게 물어보라고 권고할 수밖에 없습니다. 빈부격차가 가장 심한 유일 나라!"

삐라의 표현은 갈수록 비난의 강도가 높아지며 북한 체제를 비난하고 있었다. 냉전시대에는 군당국이 삐라를 보냈는데 최근에는 종교·사회단체가 삐라는 띄우는 시대로 바뀌었다. 과거 밤마다 북쪽으로 삐라를 날려 보냈던 군당국은 요즘 민간인들의 '몰래 풍선작전'을 저지하기 위해 안간힘을 쓰고 있었다.

12. 두루미의 이동로에는 휴전선이 없다

6·25전쟁터에서 휴머니즘을 승화시킨 수작으로 황순원의 「학」을 꼽을 수 있다.

삼팔선 접경 마을에서 살아온 성삼이와 덕재는 단짝 친구이다. 어느 날 농민 동맹 부위원장을 지낸 덕재가 붙잡혀 오고, 남한의 치안대장인 성삼이는 그를 단독으로 호송하는 일을 맡는다. 성삼이는 덕재가 옛날에 같이 놀려 주었던 꼬맹이와 혼인한 사실도 알게 되고, 혹부리 할아버지의 밤을 함께 훔치던 어린 시절도 회상한다. 성삼이가 남쪽에서 밀고 올라오면 붙잡힐 것이 뻔한데 남아 있었던 사연을 묻자 덕재는 농사를 버리고 떠나지 않으려는 아버지 때문에 죽을 줄 알면서도 북송대열에서 빠져나왔다고 대답한다. 성삼이는 삼팔선 완충지대에 이르자 열두어 살 때 같이 학을 잡던 일을 생각하고, 학 사냥이나 한 번 하자며 덕재의 포승을 풀어 준다. 성삼이는 어서 학을 몰아오라고 재촉하고 덕재는 '느낌'을 받고 수풀 사이로 사라진다. 때마침 단정학(丹頂鶴) 두세 마리가 높고 푸른 가을 하늘을 유유히 날아간다.

덕재가 목숨을 구하는 것은 단정학이 날아가는 모습에 암시돼 있다. 단편소설 「학」에는 미사여구로 화려하게 포장하지 않았지만 화약 냄새 속에서 아름다운 우정이 피어나고 있다.

소설에 등장하는 단정학이 바로 두루미다. 가끔 두루미와 학을 다른 새로 보는 사람들을 만나는데 이 작품에 등장하는 학과 두루미는 같은 새다. 단정학은 정수리 부분이 붉은 학이라는 의미이다. 영어 명칭(Red-crowned Crane)으로도 알 수 있다.

이 학이 현재 가장 많이 찾아오는 곳이 한반도 비무장지대와 그 주변인 철원

북녘 땅이 뒤로 보이는 철원평야를 찾은 재두루미들.

평야다. 지금은 논으로 개간되고 바둑판처럼 경지정리가 됐지만 6·25전쟁 이전에는 두루미가 살 수 있는 공간이 많았으리라. 매년 시베리아에서 내려오는 초겨울 진객 두루미를 보러 가는 길이면 성삼이와 덕재가 학 사냥을 했던 풍경을 그려 본다. 두 사람에게 학은 천연기념물 제202호와 같은 무미건조하고 딱딱한 숫자가 붙은 새가 아니라 우정과 자유였다.

요즘은 학 사냥을 하다 적발되면 밀렵꾼으로 형사처벌까지 받지만, 예전에는 마치 닭고기를 먹듯이 학고기를 먹었다는 주민들도 더러 있었다. 키가 120센티미터에 이르는 학은 커다란 가마솥에 넣어 삶아 먹을 정도로 고기가 푸짐했다. 과거에 비무장지대에서 근무했던 군인들은 이른 아침 얼음판에 숨겨 있는 두루미를 발견하곤 했다. 그런 날에는 이들도 학고기로 파티를 벌였을 것이다.

하지만 단편소설과 현실이 너무나 다른 것일까. 최근 축산당국은 러시아 등에서 내려오는 겨울 철새가 무시무시한 조류독감의 매개체가 될 수 있다고 경고한다. 아름다운 학(두루미)이 조류독감을 옮긴다는 그들의 주장은 성삼이가 어릴 적 친구인 덕재를 증오하는 것처럼 끔찍하다.

두루미들이 정말 조류독감의 매개체가 될 수 있을까 의심하며 비무장지대 철원평야를 벗어나려는 순간 1백여 마리의 두루미들이 눈에 들어왔다. 두루미들은 인간은 절대 갈 수 없는 북한의 고암산 방면에서 비무장지대 남쪽으로 진입하더니 억새풀 사이에 착륙했다. 겨울 철새가 조류독감을 옮긴다는 주장과 상관없이 매년 분단의 땅을 찾는 두루미는 영락없이 흰옷을 입은 우리 민족의 모습이다. 더구나 올해는 선발대로 간 것 치고는 참으로 많은 두루미를 만났으니 행운이 아닐 수 없다. 두루미는 무병장수와 복을 상징하는 새다. 이방인의 출현에 신경을 곤두세우던 두루미들은 다시 날아올라 DMZ 너머 북녘 산하로 자취를 감춰 버렸다.

철원군 한탄강 상류에는 전선휴게소가 있다. 휴게소라고 하지만 고속도로나 국도 주변 휴게소처럼 쉽게 접근할 수 있는 곳은 아니다. 민통선 검문소에서 행선지와 용무, 신원 확인 과정을 거쳐 지뢰 표지판이 주렁주렁 매달린 오솔길을 지나야 도착할 수 있다. 휴게소 북쪽으로는 휴전선 철책선과 비무장지대가 펼쳐진다. 바로 앞에는 흰색 페인트로 '끊어진 철길! 금강산 90km'라고 적힌 금강산 철교가 외롭게 서 있다.

이번 겨울에는 그 동안 간과했던 것들과 마주치게 됐다. 급한 일 때문에 야외 화장실 뒤로 슬그머니 돌아가니 학이라고 불리는 두루미 편대가 "뚜르르, 뚜르르" 소리와 함께 날아와 우아하게 논에 내려앉았다. 시원하게 일을 보며 손에 잡힐 듯이 머리 위로 펼쳐지는 두루미의 착륙 광경을 구경하는 기분은 말로 표현하기가 힘들다. 두루미가 내려앉은 옆으로는 금강산 철교와 비행금지판이 함께 서 있었다. 비행금지판 위로는 남측의 비행기가 넘어갈 수 없으니 이곳에서는 육로만 막힌 게 아니라 하늘 길까지 막힌 현실을 보여주고 있었다.

두루미들은 다시 비행금지판을 넘어 비무장지대로 유유히 사라졌다. 두루미의 이동로에는 휴전선이 없었다.

13. 철책선 돌멩이

김영선 당시 한나라당 대표가 중부전선 최전방 GOP를 찾았다. 최전방 부대장으로부터 브리핑을 받고, 철책선 도보순찰에 나선 자리에서 그가 관심을 보인 물체는 돌멩이였다. 그냥 돌멩이가 아니고 페인트를 칠한 돌멩이였으니 한쪽은 흰색, 다른 쪽은 붉은색이었다. 이 돌멩이는 철책선 곳곳에 박혀 있었다.

"이 돌멩이는 뭐죠?"

사단장과 함께 북한과 대치하고 있는 최전방 휴전선을 도보로 답사하던 그가 질문을 던졌다. 처음 본 사람으로서 신기할 법도 하다.

"적이 휴전선을 넘으면서 건드리면 바닥에 떨어져서 소리가 나도록 설치해 놓은 청음석입니다."

그는 최전방 사단장의 친절한 설명에 만족스러워하면서도 신기한 표정이었다. 휴전선에 돌멩이를 꽂아 놓은 이러한 풍경은 지구촌 어느 나라에서도 찾아보기 힘든 독특한 풍경이었다.

"하하하, 원시인들이 쓰던 돌멩이 같네요."

20세기 냉전시대의 유물인 이 돌멩이를 그녀는 원시시대 유물과 연관시켰다. 김 대표는 쌍안경으로 비무장지대에 들어서 있는 군사시설에 대해 계속 질문을 던졌다.

"저 시설들이 무엇입니까?"

"아군의 최전방 방어시설 GP(경계소초)입니다!"

"요즘 시대에 저런 것들이 필요한가요. 최첨단 무기 한 방이면 날아가 버릴 텐데…."

"그래도 아직까지는 필요하다는 판단에…."

보수적인 한나라당의 대표 입에서 나온 이야기여서 흥미로웠다. 지금까지 보수당의 주요 인사들은 그런 시설에 대한 브리핑을 받으면 흡족한 표정으로 고개를 끄덕거리고는 더 이상 묻지 않았는데 그는 무용지물이라는 주장을 펴고 있었다.

휴전선 도보행진을 마치는 종점에 도착해 보니 야외에 맛있게 차려 놓은 점심상이 대기하고 있었다. 방문객을 위해 병사들의 손길이 몇 번 더 오고 갔을 생각을 하니 미안하기도 하고 고맙다. 그녀는 점심식사에 앞서 즉석연설을 했다. 또 무슨 이야기가 나올지 궁금했다.

"젊은 장병들을 만나 기쁩니다. 대한민국이 어제오늘 생긴 것이 아닙니다. 일제하 항일운동을 하신 분들 덕분입니다. 해방 후 이가 드글드글하던 대한민국이 가난을 이겨 내고 중진국으로 올라섰습니다. IMF를 이겨 내서 다른 나라의 부러움을 샀습니다. 지금은 자주국방·선진한국·자존심 있는 나라로 가기 위

휴전선의 청음석. 침투하는 적을 탐지하기 위해 돌멩이를 꽂아 두는 풍경은 DMZ에서나 볼 수 있는 풍경이다. 가운데 여성은 중부전선을 도보 답사하는 한나라당 김영선 대표.

한 과정에 있습니다. 월드컵 16강에 오른 것은 수비와 공격을 함께했기 때문입니다. 당당한 나라로 변하는 전환기를 여러분이 맡고 있습니다. 영웅이 따로 없습니다. 사명감으로 이 나라를 지키는 여러분이 바로 미래의 영웅입니다."

그의 연설은 계속됐다.

"6·25전쟁은 아픈 기억이었습니다. 하지만 지나간 사건이 아니라 진행 중인 사건입니다. 6·25전쟁이 더 이상의 전쟁 없이 마무리되기 위해 여러분이 지키고 있는 것입니다. 이제 정치인도 GOP를 지키는 자세로 임해야겠습니다. 북한의 핵 위협도 여러분의 국방 의지라면 문제가 없습니다. 이 나라가 장병들 없이 뭐가 제대로 돌아가겠습니까?"

이곳 철책선 돌멩이들은 머지않아 최첨단 감시 장비에게 자리를 내줄 것이다. 무더운 날씨에 흘러내린 땀방울 때문에 눈이 따갑다. 뛰어넘을 수 없는 철책선 너머로는 눈부신 푸른 하늘이 펼쳐졌다.

14. 전쟁은 아직 끝나지 않았다

철조망 사이로 소녀의 피부 같은 찔레꽃이 얼굴을 내밀었다. 나도 모르게 ‘찔레꽃 붉게 피는 남쪽 나라 내 고향~’ 이라는 노래 가사를 흥얼거려 보았다. 이 노래가 특별히 좋아서가 아니라 찔레꽃에 낙인 찍힌 분단의 이미지가 떠올랐기 때문이다.

냉전시대에는 북한이 이 노래를 남한의 적화통일을 위해 퍼뜨렸다는 확인되지 않는 이야기가 떠돈 적도 있었다. 찔레꽃은 하얗게 피는데 붉게 핀다는 노랫말은 북한의 적화통일 의지가 숨어 있다는 논리였다. 분단된 이 땅의 사람들이 꽃의 색깔에도 이데올로기를 적용시킨 것이다. 그 가운데 붉은색은 빨갱이를 연상시키는 무서운 색상이었다. 빨간 물이 들었다는 말은 감시와 검열의 대상이었다. 열정과 같은 본래의 뜻은 사라지고 공산주의의 대명사로 사용했던 빨간색은 2002년 한·일 월드컵이 열리는 시기가 돼서야 붉은 악마에 의해서 극복될 수 있었다.

한탄강 최북단에는 철원평야가 시원스럽게 펼쳐지고 있었다. 차는 한탄강 위로 놓인 다리를 단숨에 건너 모퉁이를 돌더니 야트막한 고시로 접어들었디. 기아를 변속하기 위해 지프차는 언덕 아래서 잠시 멈칫거렸다. 커브 길을 조심스럽게 돌아가자 민들레 벌판이 두 팔을 벌리듯이 맞이한다. 이 민들레 벌판은 20킬로미터에 걸쳐 펼쳐지는 중부전선의 최북단 벌판이다.

이 고지에는 군사시설 용도로 지어진 건물이 하나 있다. 이름은 멸공 OP. 우리 시대 대표적인 분단 건축물로 꼽고 싶은 대상이다. 냉전시대 흔적인 멸공이라는 용어는 남북교류시대를 맞아 종적을 감춘 지 오래지만 이 건물에서 아직도 고유명사로 기세를 떨치고 있었다. 계단을 몇 걸음 옮기다 마주치는 문구는 평화와 전쟁에 대한 철학이다. '평화를 원하거든 전쟁에 대비하라'

휴전선 앞으로 보이는 한탄강을 따라 올라가면 비무장지대 너머로 북한의 마을이 있다. 하지만 오늘 따라 중국에서 시작된 황사가 피아간의 경계를 허물고 시야를 흐리게 만들었다.

봄을 맞아 양지바른 언덕의 벙커는 할미꽃이 차지했다. 할미꽃은 이미 지고 할머니의 머리카락 같은 흰색 털만 뒤집어쓰고 있었다. 할미꽃에는 멀리 시집 간 손녀의 집을 찾아 길을 나선 할머니가 허기와 추위로 얼어 죽어 피어났다는 슬픈 전설이 담겨 있다.

멸공 OP 한쪽에는 미니 전시관이 자리 잡고 있다. 보이는 비무장지대에서 발견된 각종 유물을 모아 놓은 곳이다. 농기구인 호미는 DMZ 험석동에서 발견됐고, 녹슨 작두는 통일촌에서 수거됐다. 쟁기(바깥날)는 비무장지대 은하계곡을 흐르는 은하천에서, 공병삽은 DMZ 상진리에서 각각 수집됐다.

전쟁 장비가 이곳에서 빠질 수 없다. 60밀리 박격포탄과 대인지뢰가 농기구

6·25전쟁 때 사용하던 비행기 아래서 휴식을 취하는 중부전선 철원 주민들.

전쟁 중에 버려진 DMZ 주전자.

옆을 차지해 머리를 쭈뼛하게 만들었다. 오늘날 비무장지대 안에 갇힌 김화군 백덕리에서 수거된 구멍 뚫린 철모도 있었다.

최전선 미니 전쟁박물관의 걸작은 무쇠 솥뚜껑과 주전자다. 민들레 벌판에 살던 어느 아낙네가 사용했을 무쇠솥은 전쟁으로 주인을 잃은 것 같다. 무쇠 솥단지는 전쟁 중 어디론가 사라졌고, 솥뚜껑만 훗날 군인들에 의해 수거돼 이곳으로 왔다. 아낙네와 가족들의 운명은 어찌 됐을까. 민들레 벌판은 불도저가 과거의 흔적을 쓸어버리고 만든 바둑판 형태의 논들이 차지해 버렸다.

전시된 주전자를 보고서는 한참 말문이 막혔다. 세상에 이런 주전자도 있나 하는 생각 때문이었다. 주전자 몸통은 모두 세월에 낡아 대부분 사라지고 손잡이만 달랑 붙어 있다. 민들레 벌판에서 수거된 주전자는 예상보다 가벼웠다. 아무것도 들어 있지 않아 쓸쓸함이 뚝뚝 떨어지는 것 같았다.

주전자 너머 창가로는 라일락꽃이 한창 피어나 꽃향기를 침투시키고 있었다. 호랑나비 한 쌍은 꽃을 부지런하게 누비며 숨바꼭질을 했다. 멸공 OP 안에서 한반도의 상황을 말해 주는 문구와 눈이 마주쳤다.

'아직도 전쟁은 끝나지 않았다'

II

DMZ, 상처 받아도 아름다운 땅

DMZ에서는 꽃들이 주인공이다.
그곳의 자연과 사람은 분단현장을
운명처럼 서로 껴안고 살아간다.
비무장지대 주변에 보화처럼 숨어 있는
아름다운 풍경을 훔쳐보았다.

중부전선 DMZ의 청명한 가을 하늘.

1. DMZ의 봄

1) DMZ의 늦봄

DMZ는 봄이 가장 늦게 찾아오는 곳이다. 남쪽 사람들이 봄을 배웅하고 나서야 중부전선 최전방 고지에서 봄기운이 감지된다. 한겨울 전국에서 기온이 가장 많이 떨어졌다며 일기예보에 등장하는 휴전선의 사람들이 맞는 봄은 특별나다. 이들에게 봄은 다시 살아갈 수 있다는 힘을 확인시켜 주는 삶의 에너지원이다.

버섯 모양으로 지어진 비무장지대 벙커에 봄이 찾아왔다. 아직 코끝에 찬바람이 맴돌고 새싹은 겨울잠에서 깨어나지 못했지만 봄볕이 양지에 고이기 시작했다.

벙커 위에는 아주 작은 노란 꽃이 고개를 내밀었다. 이 꽃이 언제 여기에 자리를 잡았는지는 알 수 없지만 아마 벙커의 탄생 시기와 비슷할 것이다. 군인들이 지뢰밭 주변에서 흙을 몇 삽 떠 왔을 때 함께 옮겨 오지 않았을까. 조금 떨어진 곳에서 보면 노란 꽃이 피어난 벙커는 철모에 꽃을 꽂은 병사의 머리를 닮았다. 벙커 바로 앞은 비무장지대이다. 이 벙커도 한반도 비부상시내에 봄바람이 불어오기를 오랫동안 기다려 왔는지도 모르겠다.

봄이 오기 직전 벙커 앞에서는 초병들이 철조망 사이로 눈을 치우느라 바빴다. 병사들은 빗자루로 눈을 쓸어 비무장지대로 버렸다. 그때 초병의 머리 뒤로 보이는 북한의 초소가 초현실적으로 보였다.

봄이 오면서 무너지고 사라져야 할 것들이 있다. 얼어붙었던 것은 가고, 찬바람이 자취를 감춰야 마침내 봄이 온다. 이곳에는 김선일 귀순비가 있다. 이라크에서 납치됐던 한국인 김선일과 이름이 같아 방문객들은 그 사람 기념비가 왜 여기에 있느냐고 물어보기도 한다. 하지만 여기의 김선일 씨는 귀순한 북한 인민군 하사를 말한다.

재미있는 것은 귀순비의 위상이 그 동안 많이 달라졌다는 것이다. 냉전의 바람이 거세던 시절 귀순비는 모두가 우러러보는 광장의 중간에 서 있었다. 해마다 연말이면 기독교 신자들이 귀순비 앞에서 십자탑 점등식을 가졌다. 그 시절은 따뜻한 남쪽 나라를 찾아 귀순하도록 유도하는 것이 중요했던 모양이다.

비무장지대에 '안보관광' 바람이 불기 시작했다. 전쟁이 그치지 않은 삼엄한 현장이 관광지가 된 것은 봄바람이 여기까지 불었다는 증거이다. 다만 일반 관광지가 아니고 안보관광이라는 특수관광지가 된 것이 특징이다. 관광객들은 휴전선 고지에 세워진 전망대에 5백 원짜리 동전을 넣고 북한 땅을 코앞에 있는 것처럼 가깝게 볼 수 있게 되었다.

냉전 시절 최전방 소초가 자리 잡고 있었던 곳에 안보관광객을 위한 전망대가 들어섰다. 공사과정에서 북한 인민군 김선일 하사의 귀순비는 현장에서 밀려나 아예 울타리 밖으로 버려졌다. 사람뿐만 아니라 돌덩이도 세월에 따라 평가와 위치가 달라지는 것 같다. 10년 이상 이곳을 찾아오다 보니 좌대 위에서 호령했던 냉전의 상징물이 땅바닥으로 떨어진 변화를 실감할 수 있었다.

요즘 이곳은 안보관광객들의 웃음소리가 이어진다. '치즈-'와 '김치-' 소리가 섞여 있는 것으로 봐서 멋진 단체사진을 박는 모양이다. 비무장지대는 대부분이 촬영금지 구역이다. 군부대의 사전 승인을 받지 않으면 사진 촬영은 거의 불가능하다고 보면 되는데 일부 예외가 안보관광지다. 이곳도 '촬영금지'라는 안내문구가 곳곳에 걸려 있는데 김선일 귀순비 앞은 '사진촬영구역'이라는 안내문이 아스팔트 바닥에 씌어 있다. 사진 촬영을 통제하면서도 허용하는 일종의 포토존이다. 아무튼 비무장지대에 포토존을 만든 발상이 기발하다. 숭배해야 했던 육중한 돌덩이가 땅바닥으로 떨어지고 최전방에서 관광객들이 포토라인에서 기념사진 촬영에 몰두하게 된 것은 모두 봄바람의 영향일 것이다.

봄바람은 강물도 푸르게 만들었다. 비무장지대 북방한계선을 지난 남대천의

DMZ 관광지에서만 볼 수 있는 포토존.

물줄기는 비무장지대의 광삼평야가 보일 듯 말 듯 돌아 남방한계선으로 나아
간다. 강물의 흐름은 계절의 변화, 시국의 혼미와 상관없이 유유히 흘러간다.

비무장지대는 상처투성이다. 6·25전쟁이 잠시 멈추었지만 남과 북이 서로를
감시하느라 나무가 자랄 틈조차 주지 않았다. 적이 접근해 숨을 수 있는 나무
와 숲은 모두 잘라 버리는 시계청소를 봄마다 실시해 왔다. 그것도 부족해 대지
의 생명을 태우는 화공작전을 병행했다. 저쪽에서 불을 놓으면 이쪽에서도 맞
불을 놓아 비무장지대를 태우는 방식이다. 초병의 눈앞을 가리는 대상을 불태
우는 데는 남북이 마치 약속이라도 한 듯했다. 몇 해 전부터 비무장지대에서 화
공작전을 벌이지 않기로 합의했는데 아직도 가끔 대형 산불이 비무장지대 안
에서 발생한다. 2007년에도 철원 비무장지대에서는 북쪽에서 내려온 불길이 한
해 자란 초목들을 잿더미로 만들었다.

봄이 깊어 가면 비무장지대는 녹음이 짙어진다. 산불이 지나가면서 검게 그
을린 비무장지대 야산에는 새싹들이 고개를 내밀기 시작한다. 그 싹들이 거무
칙칙한 민둥산을 덮으면 초여름인 6월이다.

봄은 북녘 마을인 아침리에도 찾아왔다. '선군정치'라는 선전간판 너머의 아

봄이 온 중부전선 DMZ.

침리 마을은 360여 가구 1천 명이 사는 최남단 마을이다. 마을 앞에는 인민학교도 있다. 남쪽의 신병훈련소에 해당되는 하전사교육장 앞의 협동농장은 자급자족 마을로 불리고 있다. 마을에서는 소를 끌고 밭을 가는 모습도 목격됐다. 의정부에서 철원을 거쳐 북으로 가던 43번 국도는 비무장지대 앞에서 끊어졌지만 북한 마을 앞으로는 아직 옛 도로의 흔적이 남아 있다.

봄철 남측 농부들은 비닐하우스를 세워 오이와 토마토를 심지만 망원경으로 북쪽을 들여다보니 주민들이 허리를 굽혀 모를 심고 있었다. 기계로 농사를 짓는 남측에서는 손으로 심는 모를 내는 풍경이 추억 속으로 사라졌지만 북측에서는 아직도 대대적인 연례행사이다.

2) 한반도 냉전이 남긴 지하 벙커 전투수칙

아카시아 아래 애기똥풀 꽃 한 송이가 손짓을 했다. 내일모레면 벌써 6월이어서 녹음은 연둣빛에서 녹색으로 변하기 시작했다. 수풀 아래로 발을 디딜 곳을 찾아보니 폐타이어를 이용해 누군가 지하로 내려가는 계단을 만들어 놓았다. 몇 걸음을 옮기는 순간 괴뢰군이란 글자가 등장했다. 애기똥풀 꽃 너머 콘크리트 벽이었다. 애기똥풀이 자라는 곳은 어느 지하 벙커의 입구였다. 벙커는 오랫동안 사용하지 않아 수풀에 묻혀 가고 있었다.

그렇다면 이 벙커를 축조한 사람들은 누구였을까. 전투수칙에 북괴군이라는 단어가 들어 있는 것으로 미뤄 이곳에서 군복무 중이던 젊은이들이 참여했으리라. 남북관계는 달라지고 있는데 냉전시절에 만든 이 벙커는 고분을 연상케 했다. 지하 벙커에는 이런 전투수칙이 나열돼 있었다.

1. 나의 임무는 북괴군 격멸에 있다
2. 나는 초전에 적을 박살 낼 수 있다
3. 나는 공격전에 선봉이 되겠다
4. 나는 끝까지 진지를 사수하겠다
5. 나는 야간전투의 승리자가 되겠다
6. 나는 단 한 발의 탄약도 아끼겠다

어둠 속에 서늘한 기운이 서려 있다고 해서 지하 벙커가 고분처럼 그 기능을

냉전시절 북한군 격멸을 최우선으로 하던 어느 벙커의 전투수칙.

상실한 것은 아니었다. 유사시에는 언제든지 병력을 투입할 수 있으니 이 구조물은 아직 생명력을 자랑하고 있었다.

전쟁의 기억은 아카시아 꽃향기에 묻혀 잠시 사라진 것 같지만 반세기 이상 남북이 대치하고 있는 현실은 아카시아 가시처럼 마음을 아프게 만들었다. 벙커를 되돌아 나오자 5월의 무더위에 벌들은 아카시아 꽃과 찔레꽃 사이를 오가며 꿀을 물어 나르기에 바빴다.

3) 조팝나무 숲 속의 어떤 스케치

봄비는 소녀의 재잘거림 같다. 여름의 장맛비가 성숙한 여인의 당찬 주장이라면 봄비는 소녀의 미소처럼 소리가 없다. 그래서 봄의 빗방울은 간지럽다.

한반도 비무장지대의 오지인 양구 수입천에 봄비가 내린다. 아버지와 어머니, 아내, 두 딸과 함께 수입천 상류에 있는 숯불오리집을 찾아 나서는 길이다. 봄비와 물안개가 수입천 계곡을 따라 독특한 분위기를 만들어냈다. 봄비는 늘 우산을 찾아야 할지 말아야 할지 고민하게 한다. 우산을 쓸 정도는 아니지만, 가랑비에 옷이 젖는다는 말을 실감하게 한다.

숯불오리집에서 기대하지 못했던 즐거움은 고기 맛보다 빗방울이었다. 도심의 주차장과는 달리 포장을 한 흔적이 없는 마당 주변으로는 새싹들이 솟아오르고 있어 수입천의 한파를 이긴 생명의 경이로움이 느껴진다. 새싹에 맺힌 이슬은 매혹적이다. 꽃망울에 맺힌 이슬의 아름다움을 미처 몰랐다.

바위 옆에는 금낭화가 꽃망울을 터트렸다. 금낭화의 크기는 아주 작은 것부터 활짝 핀 것까지 다양했다. 꽃망울 끝에 맺힌 이슬방울은 봄의 느낌을 반올림했다. 그리고 봄비에 추락한 배나무 꽃잎은 청징했다.

비가 그치면서 수입천에는 엷은 물안개가 흐르기 시작했다. 강변의 꽃들은 봄비에 젖거나 물방울을 매달고 있었다. 물방울에는 꽃들의 눈망울이 숨어 있다. 꽃들은 이렇게 사람의 발길을 놓아 주지 않았다. 담겠다고 욕심을 부려도

① 금낭화 꽃망울에 맺힌 빗방울. ② 중부전선 들풀 위로 내리는 봄비. ③ 조팝나무 꽃망울에 맺힌 빗방울.

담을 수 없는 꽃망울과 물방울에게 눈짓으로 인사를 하고 돌아섰다. 나무의 연한 순이 고개를 내민 강 건너 산기슭으로는 다시 빗방울이 떨어지고 있었다.

군인들이 폐타이어와 돌·흙을 쌓아 만든 전투용 교통호에서도 새싹들은 봄을 열었다. 냉전의 그림자가 완전히 걷히지 않은 이 땅의 봄은 슬프다. 전쟁이 터지면 대포들이 차지할 참호 주변으로는 자작나무의 새싹들이 봄비와 봄바람에 몸을 흔들어 댔다.

봄을 화사하게 만드는 존재는 단연 조팝나무다. 조팝나무는 봄의 신부다. 조팝나무들은 어린 시절 밭일을 하기 위해 다니던 길가에 군락을 이루고 있었다. 조팝나무 꽃에는 봄비가 만든 물방울이 유리구슬처럼 매달려 있다. 조팝나무 군락은 옆으로 줄을 선 것처럼 대열을 갖추고 있었다. 조팝나무들이 이렇게 도열하듯 서 있는 까닭은 조금 뒤 알게 됐다. 조팝나무들이 늘어선 곳은 군인들이 방어태세를 갖추기 위해 만든 참호였다. 참호가 무너져 내리지 않도록 조팝나무들을 심은 것이다. 참호 사이를 잇는 교통호는 한동안 손을 보지 않아 떨어진 곳도 있었지만 꽃이 핀 작은 토성을 떠올리게 했다. 연한 줄기를 내밀고 있는 사초들의 몸에도 이슬방울이 맺혔다.

그때 조팝나무 군락에서 그림을 하나 발견했다. 흰색 페인트로 칠한 합판 위에 그려 놓은 스케치였다. 소재가 낯설지 않았다. 그림에는 개울이 유유자적하게 흘러가고 그 위로 교량이 보였다. 길은 그 교량을 지나 그림을 바라보는 내 앞으로 올라왔다. 그림은 다름 아닌 교통호에서 바라다본 전경이었다. 이 참호에서 총을 들고 바라보면 저 그림과 같은 풍경이 눈 아래로 펼쳐진다. 그림은 강 위에 설치한 교량으로 침입해 오는 적을 상정해 그렸고 방어태세를 쉽게 풀이해 놓은 것이었다. 그러니까 그림은 적이 침입해 오면 총알을 퍼부어야 하는 일종의 사격 방향을 담고 있었다. 그림의 길은 어린 시절에 걸어 다니거나 자전거를 타던 곳이었다. 그림을 보면서 물고기와 다슬기를 잡던 기억을 떠올렸다.

전쟁이 스쳐 간 계곡을 아름답게 만드는 조팝나무처럼 살아 있는 순간 행복한 추억을 남기고 싶어졌다. 조팝나무 끝에 맺힌 이슬이 총소리에 떨어지는 일이 없기를 빌었다.

4) 민들레는 철조망 아래서 꽃을 피운다

비무장지대를 상징하는 꽃은 무엇일까. 어떤 이는 왜솜다리나 대암산 용늪에 자라는 개통발·끈끈이주걱·금강초롱 같은 것을 거론하지만 이 꽃들은 천연기념물만을 숭배하는 사람들에게나 가치가 있을 뿐이다. 환경부 관료나 생태계를 연구하는 이에게 대암산 용늪은 마치 앞마당 같아도 주민들은 평생 발조차 들여놓지 못하는 금단의 지역이기 때문에 뜬구름 같은 이야기이다. 이런 부류를 애써 강조하는 사람들은 햇볕이 쨍쨍한 날에 분무기로 물을 뿌리며 '야생의 미'를 강조하는데 스튜디오에서 조명등을 켜 놓고 찍은 것처럼 생명력이 느껴지지 않는다. 야생의 식물은 그렇게 설정된 겉모습으로 사람을 유혹하는 것이 아니라 향기나 온몸으로 손짓을 하지 않을까.

조팝나무 숲 속의 전투 상황도.

껍데기를 유독 강조하는 대한민국에서는 아직 이런 게 환경 분야에서 주류를 이루고 있다. '생태계의 보고'라는 말은 정부 관계부처나 용역비에 관심이 많은 교수들 그리고 이들의 말을 토씨 하나 틀리지 않고 그대로 베끼는 언론이 이구동성으로 만들어내는 허상이라는 느낌을 지울 수 없다.

비무장지대의 꽃은 민들레다. 민들레는 황량한 비무장지대의 들판을 노랗게 물들인다. 천연기념물이나 미확인종 등 보물찾기와 흥밋거리에 혈안이 돼 있는 대학교수나 정부 관료들은 이를 기껏해야 토종 민들레나 서양 민들레로 분류할 뿐이다. 천연기념물만 유독 강조하는 것은 인간의 보이지 않은 의도가 개입된 결과다. 세상의 모든 식물과 동물에는 다 존재 가치가 있다. 다만 인간이 자신들의 이해관계에 도움을 주는 종류만 관심을 기울여 식물들도 억울한 면이 많을 것이다. 누구에게도 피해를 주지 않고 세상을 밝히는 민들레야말로 비무장지대에서 가치가 있다.

민들레는 비무장지대 사람들을 닮았다. 6·25전쟁으로 집이 부서지고 농경지가 황무지로 변한 이 땅에 억척스럽게 자리를 잡은 비무장지대 주변의 사람들은 민들레와 비슷하다. 민들레가 사람들의 발길에 채이면서도 꽃을 피우고 홀씨를 더 멀리 퍼뜨리듯이 비무장지대 주변의 사람들은 긴장과 통제 속에서도 삶의 꽃을 피우고 있다. 길가에 홀씨를 머금고 있는 민들레에는 활짝 꿈을 펴고 싶은 이곳 최전방 민초들의 꿈이 담겨 있다. 하지만 생태계숭배론자들의 맹목적인 주장처럼 통일의 꿈이라는 낙인을 찍고 싶지는 않다. 민초들의 삶은 그들의 거창한 구호와는 별로 관련이 없다.

민들레는 철책선과 잘 어울린다. 비무장지대 주변의 민들레는 강함과 부드러움의 조화다. 살을 파고들 것 같은 철책선 아래에서 노란 얼굴을 활짝 펴는 민들레는 부조화의 조화다. 철조망을 넘어가는 민들레 홀씨의 모습은 철조망에 갇혀 있는 인간의 꿈을 대신하는 것 같다. 사람이 자유롭게 갈 수 없는 지뢰밭과 북한 땅에도 민들레는 뿌리를 내리고 있다.

민들레는 6·25전쟁의 속성을 닮았다. 과거 토종 민들레의 땅이었던 비무장지대에 이제는 서양 민들레가 더 많이 퍼져 있다. 민들레의 영토를 인간들이 마음

민들레 홀씨가 아름다운 중부전선.

대로 조정할 수는 없을 것이다. 6·25전쟁 자체가 이 땅 토종들의 전쟁이기보다는 지구촌 강대국인 소련과 미국을 주축으로 하는 국제전이었던 것이 떠올라 씁쓸하다. 6·25전쟁의 휴전 당사자는 남북한이어야 했음에도 남쪽의 대표는 미군을 주축으로 하는 유엔군이었다.

비무장지대로 가는 초소 주변에는 언제 날아갈지 모르는 민들레들이 홀씨를 머금고 있었다. 최전방 지역에서는 모든 것을 승인받아야 하기 때문에 민들레를 담기 위해서는 군인들의 승인이 필요하다.

"민들레를 찍을 수 있을까요?"

검문소 초소장은 주변을 몇 번이나 둘러본다. 주변에 군사시설물은 하나도 없지만 혹시 문제가 있을까 점검하는 것이다. 초소장은 너그럽게 재량권을 행사했다. 사흘 전에 공문을 만들어 보내라고 고집하는 경우도 많다. 민들레가 언제 어디서 어떻게 피어 있는지도 모르는데 사전에 공문을 만들어 보낸단 말인가. 철조망 사이로 핀 민들레 홀씨들이 바람에 사라지기 전에 몇 장을 담았다. 아무도 모르는 곳에서 아무도 모르게 피었다 지면서 아름다운 세상을 만들어 내는 민들레의 모습을.

민초들을 닮은 민들레는 민초들의 생명도 맡는다. 천연기념물은 민초들이 손을 댈 수 없는 그림의 떡이지만 민들레는 최전방에서 사는 민초들의 생계 수단으로도 혜택을 베푼다.

양구 민들레영농조합은 민들레를 재배하고 있다. 꽃이 피기 전에 포공영이라는 약재로도 이용되는 민들레는 위장병과 위궤양에도 효과가 있으니 민들레를 닮은 민초들이 이를 재배하는 것은 자연과 공존하는 지혜이다. 민들레는 비무장지대를 알쏭달쏭한 '생태계 보고'로 둔갑시키며 사람의 발길을 차단하는 천연기념물과는 달리 상처 받은 자연과 사람들을 모두 껴안는다. 요즘에는 커피 대신 민들레차를 마시는 사람들도 늘어나고 있다. 민들레가 피는 비무장지대는 아름답다.

2. DMZ의 여름

1) 세상에서 제일 아름다운 고라니 수영장

더위에 지친 사람들은 물가를 찾는다. 야생동물도 더울 때는 물웅덩이로 모여든다. 물은 갈증과 열기를 식혀 주는 자연의 선물이다.

한반도 비무장지대는 고라니들의 활동무대이다. 초식동물인 고라니는 철조망에 갇힌 비무장지대 안과 인근 민간인출입통제선 지역에서 가장 많이 서식하는 야생동물이다.

후삼국시대에 궁예가 태봉국을 세웠던 풍천원은 지금 고라니들의 보금자리로 변했다. 군사분계선은 애꿎게도 궁예도성을 남북으로 가르고 지나갔다. 궁예도성의 한구석쯤에 해당되는 지역에 고라니의 수영장이 있었다. 고라니가 사람처럼 바캉스를 가는 것은 아니지만 근처에 사는 고라니들의 모여드는 연못이었다.

고라니가 연못으로 뛰어드는 모습을 보기 위해서는 불볕더위 아래서 몇 시간 기다려야 한다. 콘크리트 초소 안은 이때쯤이면 아궁이처럼 달아올라 등에서 진땀이 흐른다. 휴전선에는 고추잠자리들의 움직임만 감지될 뿐이다. 얼려 간 물은 벌써 다 녹았다. 산짐승과 들짐승을 기다릴 때 담배를 피우는 것은 금물이다. 담배 냄새는 인간이 주변에 있다는 신호이기 때문에 동물을 기다리는 사람은 담배를 피워서는 안 된다.

몇 시간 기다린 끝에 고라니 한 마리가 풀숲에서 등장해 물속으로 들어서자 근처에 있던 다른 고라니도 발을 담갔다. 고라니 어미와 새끼였다. 고개만 내밀고 물속을 가르는 고라니는 앙증맞다. 이 작은 비무장지대 연못은 고라니 가족들이 몸을 담글 때 세상에서 가장 아름다운 고라니 수영장이 된다. 고라니가 뛰어든 연못 위의 비무장지대와 평강고원에는 꿈결 같은 뭉게구름이 유영했다.

고라니들이 물에 뛰어드는 것은 사실 수영을 즐기기 위해서만은 아닐 수 있다. 고라니들은 물속에서 무언가를 찾고 있었는데 자세히 보니 연꽃잎을 뜯어 먹고 있었다. 연꽃으로 무더위에 지친 입맛을 살린 고라니는 젖은 물을 털어 내고는 다시 비무장지대로 사라졌다. 고라니의 몸에서 이탈한 물방울이 햇살에 파르르 반사됐다.

고라니가 비무장지대 숲으로 사라진 뒤 재미있는 이름들을 만났다.

'사랑·희망·초원·우정의 향기'

상업방송의 멜로드라마 제목이 아니었다. 북한과 맞대고 있는 비무장지대 GOP 초소의 이름이었다.

북한과 대치하고 있는 이곳은 매일 경계근무로 하루를 시작하고 경계근무로

DMZ에서 무더위를 식히는 고라니들.

끝내기 때문에 초소는 안방과 다름없다. 그 동안 3번 소초나 5번 소초같이 숫자로 부르던 초소 이름을 바꾼 것은 신세대 병사들의 의견이 반영됐기 때문이다.

초소 명칭은 앞에 소개한 것보다 더 많았다. 한 중대는 믿음·사랑·용기를 GOP 초소의 이름으로 따왔고, 그 옆 중대는 천리안·평온·화해·단합과 같은 명칭을 붙였다. 또 다른 중대는 추억의 향기·나들목·우정의 향기 등의 이름을 붙였다. 휴전선과 비무장지대만 바라보며 사는 병사들이 꿈꾸는 세상들이리라.

부대 측은 24시간 경계근무를 서는 최전방 초소에 밝은 이름을 붙이게 된 것은 딱딱하고 삭막한 공간을 활기찬 공간으로 만들기 위함이라고 소개했다.

"딱딱한 숫자 대신 이름을 사용하니까 병사들의 표정이 밝아집니다. 경계근무에 활력이 되기도 하고요."

수긍이 갔다. 이름은 대상에 의미를 부여하는 수단이다. '깡통초소'라고 부르면 그곳 분위기를 나도 모르게 깡통과 연결시키는 것처럼 향기 있는 이름은 그곳 사람들을 멋지게 기억하게 만든다.

"우리 부대는 정전협정 이후 한 번도 철책선이 뚫리는 일이 없었어요."

해당 부대는 부드러운 초소 명칭이 혹시 경계근무 태세에 영향을 준다고 오해할까 철통경계를 유지해 온 역사까지 소개했다.

고가소초에서 병사는 K2 소총에 실탄을 장전한 채 북녘 땅을 응시하고 있었다. 이 초소는 소망 초소였다. 소망 초소에 올라선 저 병사의 소망은 무엇일까 하는 궁금한 생각이 들었다.

고라니들이 작은 연못으로 뛰어들고, 뭉게구름이 펼쳐졌던 조금 전 초소는 조원 초소였디. 그곳 비무장지대 초소에서 바라본 풍경은 탄자니아 킬리만자로 공항에서 세렝게티 국립공원으로 가는 길목에 마주쳤던 들판과 비슷했다. 소망 초소 앞을 지나면서 쌍안경으로 비무장지대를 샅샅이 살피는 초병 대신 세계 각국의 관광객들이 찾아와 쌍안경을 들고 다니는 먼 훗날을 그려 보았다.

월정리 전망대 주변은 탱크의 남하를 막기 위해 쌓은 필승장벽이 길게 띠를 형성했다. 궁예가 태봉국을 세웠을 당시 이곳은 그의 병사들이 오고 가는 토성이 있었을 것이다.

그때 비무장지대 안으로 들어가는 통문을 따라 고라니 한 마리가 걸어가고 있었다. 내게는 철책선을 순찰하는 '고라니 중대장'쯤으로 보였다. 또 다른 고라니는 물웅덩이를 가로지르며 철조망 주변을 질주하고 있었다.

2) 펀치볼 감자꽃이 피었습니다

6·25전쟁의 격전지 펀치볼이 감자 생산지로 떠오르고 있다. 전쟁 이후 버려졌던 땅을 개간하면서 펀치볼은 초여름마다 아름다운 감자꽃밭으로 변한다.

펀치볼 감자밭은 정부가 공인한 채종단지다. 씨감자를 정부에 납품하기 위해 이곳 농민들은 가칠봉 아래에서 7년 동안 감자와 씨름하였고, 마침내 품질을 인정받아 씨감자 채종 단지로 선정되기에 이르렀다. 몇 명의 농부가 감자 채종단지를 만들겠다는 의견을 내놓았을 때 바보짓이라는 소리를 들었다. 하지만 농부들은 그런 세상의 말에는 별로 대꾸하지 않고 감자의 품질을 높이기 위해 몰두했다. 그 결과 가칠봉 주변에서 생산하는 감자를 정부에 종자로 납품할 수 있는 길이 열렸다. 부지런한 농민들의 노력으로 6·25전쟁의 격전지에서 생산된 감자가 전국으로 퍼질 수 있는 발판이 마련된 것이다.

농민들은 목적은 감자를 수확하는 것이지만 이곳의 볼거리는 단연 감자꽃밭이다. 구릉을 따라 형성된 감자밭은 초여름이면 꽃밭으로 변신한다. 감자꽃이 아름다워 관심을 갖고 연구하는 사람도 있다. 농부와 이야기를 나누다 때마침 감자를 연구하는 어느 교수 이야기가 나왔다. 그분이 올해는 참가하지 않은 사연을 물었더니 농민들은 여러 번 요청이 왔지만 거절했다고 대답했다.

"한푼도 내지 않고 거저 하려고 하는 바람에….."

연구실에서 이 논문 저 논문 베껴서 연구용역을 납품하는 교수들에 비하면 그래도 나은 편이지만 농부들은 손 안 대고 코 푸는 식으로 참가하려는 그에게 제동을 걸었다. 농사가 결실을 맺기 위해서는 씨감자를 뿌린 뒤 거름을 주며 무더운 날에도 감자꽃을 따 주는 수고를 아끼지 말아야 한다. 게다가 감자의 품질을 개선하기 위해 7년 동안 땀을 흘려 온 농민들의 노력을 생각했다면 거저 하려는 생각을 하지는 못했을 것이다. 대학교수들의 말이라고 하면 아무런 비판 없이 받아들이는 사회 분위기 속에서 농사꾼으로서 교수님의 제안을 거부하기

감자꽃밭으로 변한 6·25전쟁 격전지. 감자꽃밭 뒤로 보이는 산 너머가 비무장지대이다.

감자꽃밭으로 변한 6·25전쟁 격전지. 가운데 남측 비행기의 북상을 저지하기 위한 비행 경고판이 서 있다.

는 쉽지 않았을 텐데 상생의 틀과 공존의 법칙을 모르는 백면서생을 거부한 농사꾼들의 용기가 존경스러웠다.

감자박사는 연구실에서 실험하는 사람이 아니라, 비바람을 맞으며 직접 감자를 심어 자식처럼 키우는 사람이다. 펀치볼 농부들의 결정에는 대학 졸업장으로 말하는 '껍데기 박사'가 아니라, 현장에서 실력을 갖춘 사람이 진정한 박사라는 뜻이 담겨 있었다.

감자꽃밭이 탄생한 곳은 비무장지대이다. 감자꽃밭 사이로는 모든 남측 비행기가 더 이상 비행할 수 없다는 것을 알리는 월경 금지판이 서 있었다. 어른 키보다 높은 철판을 설치한 뒤 군인들만 의미를 식별할 수 있는 아라비아 숫자를 적어 놓았는데 그것은 마치 분단 상황이 탄생시킨 야외 설치미술 같았다.

감자꽃밭 너머 비무장지대로는 군사작전 도로를 만드느라 잘려 나간 산허리가 보인다. 그 뒤는 바로 북한이다.

북측도 지금쯤이면 초소 주변에 불을 지른 뒤 화전농법으로 심은 감자를 가

꾸고 있을 것이다. 저 앞산에 올라가면 휴전선 너머로 농사일을 하는 북측 군인들이 보인다. 농사를 짓기 위해 놓는 불은 6월 하순까지 비무장지대 계곡에서 피어오른다.

농민들은 펀치볼 씨감자가 앞으로 북한 동포들에게도 보급되길 희망하고 있다. 현재 그 꿈은 산 하나를 사이에 두고 들어선 비무장지대에 가로막혀 있다. 휴전선으로 번지던 감자꽃밭은 전쟁이 만들어 놓은 철책선 앞에서 끊어졌다.

화약 냄새가 막 가신 펀치볼의 감자는 비무장지대를 뛰어넘을 때 '평화의 감자'가 될 것이다. 가칠봉 주변을 맴돌던 구름들은 '감자의 꿈'을 실어 휴전선을 넘어가고 있었다.

3) 동해선 폐교각에 피어난 비밀정원

아름다운 꽃은 늘 주변에 숨겨져 있다. 비무장지대의 꽃은 사람들이 모르는 곳에서 세상을 밝히고 화원을 이룬다.

휴전선으로 끊어진 백두대간의 향로봉에서 내려온 물이 바닷물과 만나는 지점이 고성군 대대리 해안이다. 백두대간에서 내려온 물이 바닷물과 조우하는 곳이 동해안에 몇 곳 있지만 대대리가 특별한 것은 동해북부선이 달리던 흔적이 아직 남아 있기 때문이다.

예전에는 양양 남대천에도 동해북부선의 숨결이 남아 있었다. 동해북부선 교각은 맑은 물이 동해로 들어가는 남대천 하구에 발을 담그고 있었다. 그 남대천의 동해북부선 교각이 어느새 사라졌다. 세상 사람들은 기차가 다니지 못하는 교각을 흉물이라며 파괴해 버렸다. 남대천 교각이 보고 싶어 백두대간 한계령을 넘어갔던 어느 봄날, 교각은 흔적조차 없이 사라져 버리고 없었다. 폐교각은 정말로 흉물이었을까. 교각이 사라진 남대천에서 기차 소리가 들릴 날은 더욱 멀어진 것 같다. 강의 교각뿐 아니라 농경지 사이에 남아 있던 동해북부선 교각들도 없어졌다. 동해북부선의 흔적은 최근 거의 철거됐다. 동해북부선을 연결해 분단 이후 처음으로 시험운행까지 하는 마당에 예전의 교각들을 철거해 버린 것이다. 우리는 과거를 너무 빨리 파괴하고 잊어버리는 것은 아닐까.

아쉬움에 주저앉은 땅바닥 주변으로는 운치 좋은 미루나무 몇 그루가 바람

동해선 교각이 철거된 양양 남대천 주변의 자운영 꽃밭.

에 흔들렸다. 강물의 흐름이 느려지고 바닷물과 몸을 섞는 곳에서는 강의 비린내와 바다의 소금기가 함께 전해졌다. 남대천 둔치에는 초겨울에 내리는 눈처럼 하얀 꽃들이 피어 있었다. 자운영이었다. 누가 심은 것일까. 교각이 사라져 허전했던 남대천에서 자운영 꽃밭을 만난 것은 예상하지 못한 반가움이었다. 꽃은 기대하지 않았던 곳에서 피어나면 더욱 아름다운 것 같다.

어느 농장 주인이 꽃밭을 가꾸고 있을지도 모른다는 생각에 조심스럽게 발을 옮기다 보니 풀을 깎는 사람들이 보였다.

"누가 이 꽃들을 심었죠?"

"군청 땅이라고 하더군요. 그러니 개인이 심은 것 같지는 않아요."

인부들은 자운영 꽃밭을 둘러보는 것을 흔쾌히 허락해 주었다. 그들은 자운영을 깎고 있었다. 둔치의 땅을 잔디밭으로 만들기 위해 잔디씨를 뿌렸는데 자운영 꽃씨가 더 많이 섞여 있었던 모양이다. 결국 잔디밭이 아니라 자운영 꽃밭이 탄생한 것이다. 자운영이 이렇게 80퍼센트 가량 우점종으로 차지한 마당에 자운

동해선 열차가 오가던 교각은 요즘 흉물이라는 이유로 철거되고 있다. 6·25전쟁 당시 미군의 포격에도 살아남은 고성의 철교 교각.

영 꽃밭으로 살리는 것이 전멸 상태인 잔디를 되살리는 것보다 더 지혜로울지도 모르겠다.

남대천 이북에서 동해북부선 교각을 마주칠 수 있는 곳은 이제 비무장지대가 가까워지는 고성 대대리밖에 없다. 바다 입구의 대대리 동해북부선 교각은 50년 이상 지났지만 건재했다. 기회가 있을 때마다 찾는 교각은 아직도 제자리에 남아 있다. 찔레꽃들이 아무도 찾지 않는 옛 철로에서 꽃을 피웠으니 정원의 장미꽃보다 더 아름다웠다.

때마침 철로가 사라진 교각 북쪽 끝에서는 농부가 감자밭을 일구고 있었다. 예전에 기차가 다니던 철로는 오래전에 사라지고 자갈이 깔렸던 곳은 감자밭으로 변했다. 이곳에서 농부를 만난 것은 행운이었다. 농부는 동해북부선이 어떻게 사라졌는지 기록에 없는 사연을 알고 있었다. 어렸을 때부터 마을에 살았던 그는 현재 택시기사로 일하는데 소일거리로 철로의 돌을 주워 내고 감자를 심었다.

"6·25전쟁 중에 인민군들이 군수물자를 나르는 것을 차단하기 위해 미군이 바다에서 포탄을 퍼부어 저렇게 됐지요."

철로는 사라졌고 남은 교각은 상처투성이였다. 하지만 포탄을 직접 맞은 교각을 제외하고는 대부분 아직도 튼튼했다.

"일제강점기 사람들은 시멘트와 철근을 정해진 규정대로 배합해 교각을 만들었어요. 요즘은 공사장에서 철근과 시멘트를 빼내 부실 공사를 하잖아요."

이 교각도 포크레인 삽날에 사라질 위기에 놓여 있어 내친김에 남단을 돌아보고 싶었다. 자투리땅이 남아 있는 교각의 남단은 고추밭으로 변했다. 그곳에서 할머니를 만났다. 20리 정도 떨어진 인근 마을에서 시집온 할머니도 철교의 운명을 지켜보았으리라.

할머니는 갑자기 등장한 이방인이 옛 철로에 관심을 가지고 있는 것에 불안한 표정이었다. 기관에서 나온 사람이 절대 아니라며 몇 번이나 안심을 시키고 돌아서자 할머니는 다시 호미를 잡았다. 분단 이후 가슴 졸이고 살아오는 일이 많았던 비무장지대 주변에서 사진을 찍어 가는 사람들은 대개 힘 있는 기관원들이나 거동수상자였기 때문이다.

서로 다른 삶을 살아온 감자밭 할아버지와 고추밭 할머니처럼 동해북부선도 남북 분단 이후 서로 다른 운명을 겪었을 것이다.

바닷물의 수위가 높아지자 점차 총탄의 상처가 가득한 몸뚱이가 물속으로 가라앉기 시작했다. 대대리의 끊어진 교각 아래로는 가을철 꽃들이 지천으로 피어났다. 향로봉 주변 백두대간 계곡에 사는 온갖 씨앗이 강물에 떠내려 와 뿌리를 내렸다. 바닷물에 의해 더 이상 전진하지 못한 육지의 씨앗들은 수위가 낮은 곳에서 안식처를 찾았다. 그리고 장마철 흙탕물이 맑아질 무렵 상처를 간직한 교각 아래에서 활짝 피어났다. 이곳에서는 백두대간에서 떠내려 온 들꽃과 인간의 전쟁으로 상처 받은 교각의 화해가 이뤄지고 있었다.

동해선 철교 아래에서는 각종 야생화가 가을마다 비밀의 화원을 만든다.

3. DMZ의 가을

1) '필살로'를 아십니까

많은 길 이름 가운데 이처럼 심각한 이름이 있을까. 사색의 길도 있고 철학의 길도 있지만 이 오솔길의 이름은 마주치는 적은 반드시 죽여야 한다는 의미로 해석된다. 오늘 걷는 이 필살로(必殺路)는 철책선과 나란히 이어지는 많은 순찰로 가운데 하나다. 필살로 앞으로 펼쳐지는 비무장지대의 풍경은 막힘이 없다.

필살로가 탄생한 데는 사연이 있으리라. 필살로 너머로는 6·25전쟁 당시 격전지였던 저격능선이 손에 들어올 듯 자리 잡고 있다. 남대천 평원을 건너 시작되는 오르막은 그리 높지 않은 산허리였지만 이곳에서 적군의 저격병들은 미군을 향해 방아쇠를 당겼다. 나무 하나 없고 바위 하나 없는 이 벌판에 노출된 군인들은 사정거리에서 총탄을 안고 쓰러졌을 것이다. 오늘 코발트빛 하늘 아래의 저격능선은 전쟁의 기억을 모두 잊어버린 듯 기만적인 평온함만 감돌고 있었다.

필살로에서 내려다본 산하는 6·25전쟁 당시 금성전투의 무대이기도 하다. 하지만 금성전투는 조금 낯설다. 그것은 미완의 전투였고, 승자와 패자를 구분하기 힘든 전투였기 때문이다. 정전협정을 앞두고 유리한 고지를 하나라도 더 점령하려는 시기에 전개됐기 때문에 많은 젊은이들이 목숨을 잃어야 했다. 1953년 7월 27일 정전협정이 조인됐다는 소식이 날아오면서 포성은 멈췄다.

금성전투를 추억하는 자리는 정전협정이 맺어진 지 50년이 지나서야 마련됐다. 승자가 분명했던 전투지에는 전적비가 오래전에 들어서고 이끼까지 자리를 잡았으나 금성전투는 널리 알려지지 않았다.

삭막한 필살로의 가을 풍경.

　머리가 하얗게 센 노병들이 반세기 만에 다시 군복을 입고 금성전투 전적비 앞에 모여 들었다.

　"전우여, 이제야 찾아왔노라. 내가 살아 있음이 원망스럽구나!"

　삶과 죽음 사이에 선택의 여지가 없던 전쟁터였지만 지금까지 살아남은 사람은 먼저 간 전우들에게 미안함을 감추지 못했다. 이 노병들이 다시 선 곳이 필살로였다.

　6·25전쟁에 참가했던 문용덕 할아버지는 필살로에서 손자 또래의 소대장과 나란히 섰다. 할아버지는 더 이상 갈 수 없는 휴전선을 붙잡고 비무장지대를 응시했다.

　"전우여, 내가 왔다!"

　비무장지대에서는 메아리조차 돌아오지 않았다. 철책선 너머에는 북한군의 초소가 6·25전쟁 때보다 훨씬 가까이 자리를 잡고 있었다. 철조망에 가로막혀 갈 수 없는 비무장지대는 사람의 흔적이 끊어진 지 오래였다.

　긴장의 땅에서도 삶은 치열하다. 필살로에는 가을을 맞아 꽃 한 송이가 피어났다. 삶이란 죽음보다 더 강한 것일까. 죽음의 땅 위에 만들어진 것이 필살로인데 이를 뛰어넘는 것은 자연의 꽃이다. 대자연을 위대하게 만드는 것은 학자들이 천연기념물이라고 딱지를 붙여 놓고 숭배하는 꽃이 아니라 그 속에서 튀지 않고 어울리는 들꽃이다.

필살로라는 이름에 무거웠던 마음은 필살로 옆에 피어난 가을꽃 덕분에 다시 밝아졌다. 필살로뿐만 아니라 휴전선으로 갇힌 비무장지대에서는 하늘빛을 닮은 꽃들이 고개를 들었다. 꽃무리는 50년 전 포화에 사라진 비무장지대 마을 사이로 이어졌다.

환경의 시대, 억새와 갈대를 혼동하는 사람들이 많다. 억새는 산불과 가깝고 갈대는 물가와 연관이 있다. 불이 난 산에 자리를 잡고 하얀 홀씨를 매달고 있는 게 억새라면 갈대는 주로 물가에 자리를 잡는다. 연인들이 산에서 꺾는 것은 억새고, 저수지 주변에 피어난 것은 갈대다.

중부전선 최대 곡창지대인 철원평야의 아이스크림 고지 주변에는 억새 군락이 숨어 있다. 6·25전쟁 당시 미군들이 포격으로 흘러내리는 낮은 언덕을 바라보면서 아이스크림 고지라고 불렀으니 그 발상이 재미있다.

화약 냄새가 가신 아이스크림 고지 아래로 피어나는 억새밭은 미로 자체다. 들어간 논둑길을 되돌아 나오기 위해 가다 보면 다른 길로 빠져 버린다. 그 미로 끝은 대부분 막다른 길이다. 일전에 길을 안내하던 군부대 지프차는 진흙탕으로 변한 논둑길에서 그만 앞바퀴가 주저앉은 적도 있었다.

억새밭 사이로 여인의 웃음소리와 함께 오토바이 엔진 소리가 들려왔다. 푸른 제복을 입은 군인은 오토바이 뒤에 젊은 여인을 태우고 이곳에 데이트를 나왔다.

"어쩐 일이세요?"

서로 예상치 못했던 억새밭에서의 만남에 짧은 인사만 건네고 갈라졌다. 여기서 무슨 대화를 더 이어 간단 말인가.

미로에서 빠져나오자 북녘 하늘을 가르며 등장한 초겨울의 진객들이 두 다리를 쭉 뻗으며 착륙 자세를 갖췄다. 첫 편대가 바람을 가르며 착륙에 성공하자 나머지들도 바람을 가르며 내려앉았다. 시베리아에서 날아온 재두루미 가족들이었다. 겨울을 나기 위해 재두루미가 올해도 어김없이 철원평야로 내려왔으니 초겨울이 바짝 앞으로 다가왔다.

지상에서 겨울진객을 맞는 것은 억새뿐만이 아니다. 추수가 거의 끝난 논두

전쟁의 아픔을 잊은 것일까. 겨울이 오기 직전 DMZ에는 평화로운 풍경이 펼쳐진다.

령에는 파란 하늘과 썩 잘 어울리는 노란 꽃들이 만발했다. 여름까지 거의 눈에 띄지 않았던 꽃들이 이제 피는 것은 가장 짙은 빛깔을 자랑하고 싶어서일까. 나는 이 꽃을 부지런하고 착한 사람들의 심성을 빼닮은 두루미들을 반기는 지상의 손짓이라고 생각했다.

비무장지대를 넘어온 재두루미들은 때로는 억새밭 사이로 착륙을 했고, 노란 꽃이 모여 있는 논바닥에 내려앉았다. 그 주변에는 인간이 만든 비행금지판이 버티고 있었다. 재두루미 가족들은 추수가 끝난 뒤 떨어진 먹이들을 부지런히 찾았다. 머지않아 두루미 가족들도 이 벌판을 찾아들 것이다. 비무장지대의 최전방 벌판은 겨울 철새 때문에 한겨울에도 쓸쓸하지 않을 것이다.

2) 지상에 핀 들꽃과 낙하산

산속의 가을 하늘은 깊은 호수였다. 세상의 잡음이 모두 사라진 듯한 가을날 비무장지대에서 바라본 하늘은 고즈넉했다.

'저렇게 파란 물에 한 번 빠져 봤으면…'

파란 호수는 뛰어들고 싶은 마음을 자극했다.

'바스락, 바스락'

파란 하늘이 펼쳐지고 있는 중부전선 비무장지대에서 낙엽 밟는 소리가 들려왔다. 신갈나무 사이로 거무칙칙한 물체가 이동하고 있었다. 그들은 멧돼지 가족이었다. 멧돼지 가족을 마주친 곳은 군부대 막사 앞이었다. 초라했던 예전 막사와는 달리 쾌적한 최신형 건물로 바뀌었다. 옆 전우와 어깨를 부딪치며 칼잠을 잤던 구형 막사는 이제 찾아볼 수 없게 됐다. 도심에서 온 민간인들은 멧돼지의 출현에 신이 났지만 이곳 병사들에게 멧돼지는 특별한 존재는 아니었다. 최근 개체수가 부쩍 늘어나 막사 주변에서 움직이는 동물은 대부분 멧돼지였다.

추석을 앞두고 고향에 갈 수 없는 초병들을 위한 합동 차례 상이 마련됐다. 음식은 초소 아래에서 마련해 오고 방송 촬영을 위해 미리 병풍과 식탁을 차려 놨다. 행정보급관이 준비한 음식을 하나씩 올렸다. 어차피 한두 번 해서 될 것이 아니다. 같은 음식을 몇 번씩 같은 자리에 올렸다 내렸다 반복하고 큰절은

공수부대원의 낙하산이 휴전선에서 토사 방지용으로 재활용됐다.

여러 번 해야 한다. 그렇다고 절을 싫어하는 조상들이 있다는 소리는 들어 보지 못했다. 방송사들이 돌아가며 몇 번씩 찍는 사이 올려다본 하늘은 아직도 파랗다. 지구촌에서 가장 미디어 환경이 급변하는 이 땅에서 찍은 것은 바로 리얼 타임으로 송고해야 한다. 휴대전화도 터지지 않는 비무장지대지만 군부대 긴급 민선을 빌어 끊어질 듯 이어지는 송고 진척 상황을 지켜볼 수밖에 없다.

"자! 다음은 철책선 장면입니다."

휴전선을 순찰하는 장면은 최전방 리포트의 필수인 만큼 정훈장교는 기자들을 철책선으로 안내했다. 철책선으로 오르는 길 주변에는 가을꽃들이 만발했다. 철책선 초소에서 사진을 찍는 것도 허용되는 범위가 있다. 어느 지역인지를 알 수 있는 표식이 들어가서는 절대 안 된다.

하지만 이날 정작 문제는 이런 보안사항보다는 초병들의 자세였다. 총을 들고 있는 초병의 자세가 나오지 않았다. 방송국 카메라 기자들은 눈빛이 부리부리한 초병을 원했지만 초병의 눈은 적개심에 불타는 것과는 거리가 멀었다. 그의 눈은 한없이 평온했다.

휴전선 순찰로 주변은 자연의 화단이었다. 병사들이 쉽게 이동하도록 설치한 교통호 주변은 전쟁의 긴장감이 흐르기보다는 꽃향기가 가득했다. 가을 햇살처럼 언제 사라질지 몰라 꽃들을 담았다. 이들은 천연기념물이라고 대접받는 꽃들은 아니다. 여느 산에서나 볼 수 있는 꽃들이지만 철책선이라는 배경으로 서 있어 더욱 아름답다. 아직도 방송국 카메라 기자들은 부리부리한 눈을 찍겠다고 병사에게 눈에 힘을 넣어 달라고 주문하고 있었다.

바로 앞으로 북한 초소를 마주하는 긴장의 땅이지만 벌과 나비는 밀원을 찾아 부지런하게 움직였다. 반갑고 고마운 생명들이다. 사람들은 갈라져 총을 맞대고 있지만 인간의 적개심을 무력화시키는 꽃들이 초소 주변으로 흐드러지게 피어나고 있었다. 꽃 몇 송이를 옮겨 다니며 꿀을 모은 나비와 벌은 철조망 사이로 빠져나가 비무장지대로 자리를 떴다. 한 발자국도 비무장지대로 내밀지 못해도 벌과 나비를 보니 비무장지대로 날아가는 것처럼 마음이 가벼워졌다.

초병에게 부리부리한 눈을 주문하던 방송국 카메라 기자는 급기야 병사를 교체했다. 도저히 안 되겠다고 판단했는지 키가 크고 눈매가 날카로운 병사를 데려다 경계근무 자세를 취하도록 했다.

그 사이 나는 슬그머니 자리를 떴다. 부리부리한 눈이 언제 완성될지 모르는 만큼 먼저 하산하기로 했다. 순찰로 주변에 설치된 철조망에는 온통 지뢰 표시밖에 없었다. 지뢰밭 옆에는 하얀 꽃들이 경쟁하듯이 피어 있었다. 녹색 위장망 사이로 서너 송이가 고개를 내밀기도 했다. 누가 봐 주는 것도 아니지만 이렇게도 처절하게 피어나는 것은 꽃 나름대로 살아가는 방식이리라.

내리막길에서 마주치는 꽃들은 더욱 탐스럽고 아름다웠다. 올라올 때는 왜 이 꽃들이 눈에 들어오지 않았는지 모르겠다. 굽이굽이 산길을 돌 때마다 구절초가 발길을 붙잡았다. 어떤 꽃은 아기 볼처럼 통통했고, 또 어떤 것은 소녀의 눈처럼 순수했다. 일가족처럼 한군데 모여 느긋하게 햇살을 즐기는 꽃들도 있었다.

드디어 부리부리한 눈빛의 초병을 담았는지 방송국 카메라 기자들도 뒤따라 내려왔다. 막사에 가까이 왔을 때 나는 어른이 뛰어들어도 될 법한 큰 꽃을 발견했다. 얇은 재질로 만들어 파르르 떨리는 이 꽃은 낙하산이었다. 공수부대원들이 적진에 침투할 때 사용하는 도구였다. 수명이 다 된 낙하산은 분단시대 휴전선의 산사태를 막기 위한 꽃으로 피어나 산비탈을 뒤덮고 있었다.

3) 탱크 방호벽 사이에 자라는 벼

햇살은 산골에 가득했다. 가장 민족적인 소재로 세계적인 그림을 남겼던 박수근 화백이 태어난 양구읍 정림리를 지나 파로호로 가는 길은 햇살의 속삭임이 들릴 것처럼 고요했다.

파로호는 전쟁의 상처를 안고 있는 산속의 호수다. 6·25전쟁 당시 중공군 수만 명을 수장시켰다고 해서 이승만 대통령이 파로호라는 이름을 부여했었다. 수많은 중공군들이 이역만리 땅에서 몰살당하지 않았더라면 호수는 화천댐 이름을 따서 화천호로 불리고 있을 것이다.

나는 이곳에서 가장 특이한 논을 보았다. 산골에는 천수답이 있고, 남해안 바닷가에도 계단 모양의 논이 있지만 이곳의 논은 콘크리트 사이에 자리 잡았다.

부지런한 농부는 유사시 전쟁터로 변할 탱크 방호벽 사이를 논으로 바꾸었다.

콘크리트 덩어리는 다름 아
닌 대전차 방호벽이다. 북한
의 전차가 내려올 것으로 예
상되는 지역에 설치한 인공
장애물이다.

이 전차 장애물이 언제 만
들어졌는지 알 수 없다. 인
근의 탱크 방호벽이 1960년
대 하반기에 축조됐으니 아
마 비슷한 시기에 만들어진
것 같다. 놀이터가 없던 옛
시골 마을에서 강을 가로질
러 들어선 탱크 방호벽은 어
린이들의 놀이터였다. 파로
호로 들어가는 서천에서 아

탱크 방호벽 사이에서 벼를 말리는 중부전선의 농부.

이들은 물속에 뛰어들어 헤엄을 쳤고, 해질 무렵까지 물수제비를 떴다. 산골 아
이들은 중간고사가 다가오면 탱크 방호벽 위에 올라가 시험공부를 했으니 그
곳은 학문의 전당이기도 했다. 탱크 방호벽이 설치됐던 숲에서는 한여름 풀벌
레 소리가 최고조에 이르렀다 잦아졌다. 수년 전 다시 찾은 이곳에는 수해로 지
뢰가 유실됐을 가능성이 높다는 경고판이 기다리고 있었다.

이 논은 비무장지대 최전방 지역에서 한 평의 땅도 아쉬웠던 농부가 만들었
다. 유사시 적의 탱크가 쉽게 넘어오지 못하도록 콘크리트를 부어 만든 장애물
사이로 빈 공간이 생기자 부지런한 농부가 삽을 들고 논을 만들었던 모양이다.

탱크 방호벽 사이의 논은 콘크리트 덩어리에 의해 한두 걸음마다 단절됐다.
논은 수십 개의 콘크리트 탱크 방호벽이 징검다리처럼 늘어선 들판 사이에 있
었다.

가을이 되자 단절된 공간에서 벼들은 고개를 숙이기 시작했다. 콘크리트 탱

크 방호벽의 열기와 햇볕의 광합성 작용으로 벼 이삭은 탱글탱글 여물어 갔다. 몸이 무거워진 벼 이삭은 전쟁에 대비해 만들어 놓은 탱크 방호벽에 몸을 기댔다. 추석 무렵 탱크 방호벽의 열기는 차츰 식어 갔다. 벼를 벨 날이 멀지 않은 것이다.

탱크 방호벽 뒤쪽으로 최근 아파트가 들어섰다. 전쟁에 대비해 탱크 방호벽을 세우면서 그 옆에 또 아파트를 짓는 인간의 이중성은 도무지 알 수가 없다.

단절의 공간, 탱크 방호벽에도 최근 변화가 왔다. 어두운 국방색의 콘크리트 덩어리가 언제인가 해체되고, 탱크 방호벽은 운동장을 확장하는 바람에 흙속에 묻혀 버렸다. 탱크 방호벽에서 멀지 않은 곳에서 수십 년 동안 도로를 통제하던 군부대 검문소도 사라졌다. 남북한의 긴장이 크게 완화되면서 비무장지대 최전방에도 감지할 수 있는 변화가 오고 있다.

그해 가을, 화천 비무장지대로 가는 길목에서 예전에 보지 못했던 풍경과 마주했다. 농부가 수확한 벼를 탱크 방호벽 사이에서 말리고 있었다. 바로 옆으로 도로가 새로 생기면서 차가 다니지 않게 되자 농부는 아침 햇살을 받으며 수확한 벼를 구도로 위에 부지런히 널었다. 농부 부부는 이방인이 나타나자 조금 긴장하는 듯했지만 하던 일을 계속했다.

분단시대의 최전방에서는 고초가 많았다. 언제 전쟁이 터질지 모르는 상황에서 탱크를 막기 위해 설치한 곳에 벼를 널었다가는 군당국의 불호령이 떨어졌을 것이다. 정보과 형사는 사상이 의심스러운 친북 좌경세력이라고 의심할 수도 있다. 통제와 긴장 속에 살아온 비무장지대 주민들에게 행정당국의 관용과 배려를 기대하기는 어려웠었다. 1980년대 이전까지도 이곳에서 사진을 찍는 사람은 무슨 트집을 잡기 위해 당국에서 나온 사람쯤으로 여겨져 경계의 대상이었다. 하지만 오늘 만난 부부의 표정은 그다지 어둡지 않았고, 경계하는 것 같지도 않았다. 의심받지 않는 시대가 온 것이 새삼 고마웠다.

4. DMZ의 겨울

가을꽃이 사라진 비무장지대에는 눈꽃이 등장한다. 비무장지대의 겨울은 가혹하다. 중부전선의 적근산과 화악산·백암산·대성산은 전국에서 가장 추운 곳으로 체감온도가 영하 30도를 밑돈다.

눈꽃은 어둠 속에서 탄생한다. 동이 트기 직전이 가장 어둡다고 했나. 날이 밝을 때가 됐는 데도 어둠이 걷히지 않는 것은 오늘따라 하천에서 피어오른 안개가 비무장지대를 덮고 있기 때문이다. 안개는 전쟁의 흔적, 미움과 증오도 모두 삼켜 버린 세상의 지배자다. 남방한계선과 북방한계선·군사분계선, 삼엄한 남북한의 경계초소는 모두 안개 커튼에 가려졌다.

해가 뜰 시간이 훨씬 지나서 안개가 걷히자 대지가 모습을 드러내기 시작했다. 하늘이 밝아지면서 계곡에 남아 있던 안개바다는 탈출구를 만난 것처럼 빠져나갔다. 비무장지대는 서서히 선명해졌다.

안개는 여운을 남겼다. 냉기와 날카로움에 손이 찔릴 것 같던 철조망 위에 안개 입자가 달라붙어 하얗게 변했다. 휴전선의 초소는 하얀 고성처럼 돌변했다. 안개가 만든 풍경은 태양이 제자리를 잡으면서 마치 마법이 풀리듯이 한 올씩 사라지기 시작했다. 고지를 거점으로 대치하고 있는 한국군과 북한군 사이의 팽팽한 긴장감은 다시 현실이 됐다.

겨울은 오랫동안 철조망 주위를 서성거렸다. 산골의 초병들은 하늘에서 내리는 눈을 쓸면서 겨울이 끝나기를 손꼽아 기다렸다.

영하 30도 가까이 떨어지는 비무장지대에서 꼼짝하지 않고 매복해 밤을 지새면 아침마다 하얀 성에가 온몸에 내려앉았다. 그때 비무장지대에서 뒤돌아본 남쪽 휴전선에는 밤새도록 불이 켜져 있어 마치 병풍 같았다. 그곳에 동료들이 있고 저 너머에는 부모 형제가 있지만 당장의 적은 추위였다.

최전방 '겨울의 꽃'은 혹한기 훈련이다. 땅이 꽁꽁 얼어붙은 계절에 추위에 적응하기 위한 일종의 전술훈련이다. 병사들은 한 뼘도 파내기 힘든 땅을 야전 삽으로 파서 훈련용 지뢰를 매설하느라 땀을 흘렸다. 케이크처럼 둥근 것은 대전차지뢰고, 깡통처럼 생긴 것이 대인지뢰다.

언 땅에 철주를 박는 훈련은 쉽지 않다. 적의 침입이 예상되는 주요 지점에 철주를 박고 철조망을 치는 것이 주어진 임무인데, 동장군의 저항이 대단하다. 철주를 박는 땅울림이 오래 이어진다.

춥고 힘든 야전의 고단함을 덜어 주는 것은 인간의 지혜이다. 추위에 맞서야 하는 훈련장이지만 언 손과 얼굴을 씻으려면 따뜻한 물이 필요하다. 오늘 마주한 물건은 이동식 장작난로였다. 겨울이 오기 전 중동부전선 부대를 대상으로 실시한 장작난로 경연대회에서 우수상을 탄 장작난로였다. 2백 리터짜리 드럼통 허리에 4개의 기둥을 달고 나무를 땔 수 있는 장치를 부착했다. 훈련장 주변

최전방 추위를 녹이는 이동식 장작난로.

눈꽃에 하얀 성으로 변한 최전방 GOP.

겨울마다 홀연히 등장하는 DMZ의 눈꽃세상.

에 널린 나무토막을 때면 김이 모락모락 피어오른다.

친환경의 시대에 버려진 나무를 재활용하는 야전 장작난로가 특이해 소개하겠다고 하자 상급부대의 지침이 필요하다고 망설였다. 기름을 때는 것보다 환경오염의 우려는 없으며, 혹한의 벌판에서 따뜻한 물로 손을 씻을 수 있는 장점이 있지만 우리 사회의 공연한 오해를 걱정하는 듯했다.

"지금이 어느 시대인데 아직도 이런 것을 쓰는 곳이 있냐고 하는 분이 있을지도 모르잖아요."

장작으로 물을 데워 쓴다면 자식들을 최전방으로 보낸 부모들의 걱정을 살 수 있다는 우려였다. 자체적으로 판단하라는 상급부대의 훈령을 받고서야 병사들의 언 손과 얼굴을 녹여 주는 야전난로를 사진에 담을 수 있었다.

혹한기 훈련이 끝나면 봄의 문턱이 가까워진다. 한탄강에서 피어오른 물안개는 버드나무가 우거진 지뢰밭을 눈꽃세상으로 만들었다. 하얀 눈꽃이 나의 발걸음을 붙잡았고, 눈꽃이 만든 세상에서 나는 잠시 방향을 잃었다.

쇠기러기들이 눈꽃세상을 박차고 파란 하늘로 치솟았다. 새들은 지뢰밭에서도 길을 잃지 않고 부지런히 날개를 움직였다. 기러기들은 봄이 오면 최전방 농부들에게 이 벌판을 양보하고, 다시 북쪽으로 떠나기 위해 먹이를 충분히 먹어 둬야 한다. 냉전의 끝자락 비무장지대는 봄을 기다리고 있었다.

5. 철거되는 심리전 장비

주파령은 중부전선 최전방 지역인 화천에서 비무장지대로 넘어가는 길에 숨어 있는 고개이다. 이곳에서 민간인은 한 사람도 만날 수 없다. 주파령은 군사작전 도로로 사용되고 있어 일반인들의 발길은 검문소에서 차단되고 있다.

산골 농민들의 뙈기밭이 옹기종기 들어서 있을 법한 산기슭에는 군부대가 자리를 잡고 있다. 옛날이라면 소마차가 오르내렸을 것이고, 요즘에는 경운기나 트랙터가 다닐 법한 이 길은 군부대 지프차나 작전용 트럭만 다니는 '단결로'가 됐다. 주파령은 지금까지 일반인들의 발길을 허용하지 않았던 비무장지대로 들어가는 길목이었다.

탄약고 주변은 노란 달맞이꽃으로 포위돼 있었다. 매미와 풀벌레는 숨이 넘어갈 듯 한 옥타브씩 소리를 높이다 갑자기 잠잠해진다. 민간인들의 발길이 끊어진 전방 계곡은 풀벌레 소리가 차지했다. 굽이굽이 산골짜기마다 매미 소리가 가득했다. 나뭇잎과 줄기도 더위에 지쳐 그늘 아래서도 숨을 죽이고 있었다. 뜨거운 하늘 아래서 계곡물만 시원하게 들려왔다.

또 검문소가 등장한다. '정지, 라이트 꺼, 시동 꺼, 운전병 하차'라는 지시어가 앞을 가로막는다. 이곳부터는 최전방 가운데 최전방인 비무장지대이다. 주파리로 들어오는 도로 주변으로는 '지뢰'라는 역삼각형 철판이 삼각팬티처럼 철조망에 널려 있었다. 잠자리들은 지뢰 표지판 위에 납죽 엎드려 인간의 동태를 지켜보고 있었다.

정전협정이 체결된 지 52주년이 되는 2005년 7월 27일, 오늘의 행선지는 남북한 심리전 장비를 철거하는 현장이다. 남북한이 분단 이후 비무장지대에서 전

위, DMZ 내의 선전간판을 철거하는 남측 군인들.
아래, DMZ에 설치한 선전벽화를 제거하는 북측 군인들.

개했던 심리전 장비를 수십 년 만에 뜯어내는 역사적인 날이다. 지구촌 어느 곳에서도 산골짜기에 대형 입간판과 확성기를 설치해 놓고 신경전을 벌이지는 않았다. 다행히 남북한은 군사분계선(MDL)의 선전물 및 선전수단 제거 작업을 재개하기로 합의했다.

남측 선전수단은 휴전선 주변에 세워져 있었다. 북쪽에서 가장 잘 보이는 위치라고 판단해 세웠을 것이다. 언제부터 이런 것들을 세워 심리전을 시작했느냐는 질문에 관계자는 "모른다"라고 대답했다. 남북한 군사당국자들이 군사분계선 주변의 심리전 선전수단들을 헐어 내기로 합의하고 실천하는 마당에 심리전의 전개 시점마저도 군사보안 사항일까.

대형 입간판은 쇠기둥에 철망을 얹고 베니어 합판 조각으로 만든 '민족' '평화' '번영'과 같은 글자를 달고 있었다. 아마 남북한 대결이 최고조에 달하던 시절에 세워져 오랜 세월 북쪽 언덕을 바라보며 이 무언의 메시지를 전파했을 것이다. 이것이 북쪽을 향해 던지는 체제의 주장이었다. 비무장지대 너머에 있는 북한 초소는 '주체조선' '조국은 하나다' '무료교육'과 같은 선전문구로 대응했다.

초병들이 사다리를 놓고 올라가 거미처럼 철망에 매달려 글자의 자음과 모음을 뜯어내기 시작했다. 먼저 '민족'이라는 글자가 땅바닥으로 떨어졌다. 선전간판들이 사람보다 훨씬 크다 보니 매달린 군인들이 오히려 작아 보였다.

선전 문구들을 뜯어내자 쇠기둥을 절단해야 하는 순서가 다가왔다. 불꽃을 튀기며 쇠톱의 날이 기둥을 조금씩 잠식해 들어가자 초병들이 달려들어 밀어 쓰러뜨렸다. 선전수단을 넘어뜨리는 군인들은 문득 베를린 장벽을 넘어뜨리는 독일 군중의 모습을 띠올리게 했다. 선전 입간판을 무너뜨리는 지 모습이 휴전선을 무너뜨리는 장면으로 연결됐으면 얼마나 좋을까. 우리는 언제쯤 그런 감격스러운 모습을 볼 수 있을까. 우리가 만들어 놓은 심리전 수단들을 무너뜨리는 것이 불신의 벽을 무너뜨리는 시작이리라. 체제를 대변해 온 이 선전간판들은 쇠붙이에 불과하지 않은가.

심리전 수단으로는 선전간판뿐만 아니라 대북 방송장비도 있다. 대북 방송

장비는 각각의 확성기를 수십 개씩 붙여 놓은 시설이었다. 1980년대 이전에는 북측에서 확성기를 통해 체제선전에 열을 올렸으며, 남측에서는 풍부한 전력을 바탕으로 대북방송의 볼륨을 높였다.

대북방송용 확성기들은 오늘을 마지막으로 휴전선에서 영원히 사라진다. 각각의 확성기들은 나사로 단단하게 결합돼 있었다. 벌집처럼 붙어 있던 확성기들은 병사들의 손에 의해 하나씩 해체돼 땅바닥으로 떨어졌다. 맞은편 정상에 세워진 북측의 선전 장비들은 언제 헐어 낼지 아직 소식이 없다. '한 민족이 서로 마주보며 스스로 쌓은 불신의 상징물들을 걷어 내면 더욱 좋을 텐데….'

심리전 선전수단을 설치해 운영했던 군부대는 "다시는 이런 것을 설치하는 일이 없었으면 좋겠다"는 의미 있는 한마디를 던졌다.

주파령을 빠져나오는 길에 또 다시 냉전시대의 유물을 만났다. 6·25전쟁을 전후해 사용했던 탱크였다. 국군은 소련제 탱크를 밀고 내려오는 북한군에 참패를 당한 아픔이 컸다. 탱크 바로 옆에는 1950년 6월 25일 전쟁이 발발하자 육탄 공격조를 편성해 적의 전차를 격파했던 심일 소위의 흉상이 서 있다. 심 소위는 이곳에서 머지않은 소양강전투에서 공을 세웠다.

흙먼지를 일으키며 들판을 달리던 탱크의 궤도에는 어느새 벌이 찾아와 집을 지었다. 무기는 녹슬고 자연이 제자리를 찾은 것일까. 부지런히 꿀을 물어오는 벌들의 날갯짓에서 눈을 뗄 수 없었다. 생명의 날갯짓은 항상 아름답다. 무기들은 녹이 슬어 사라지는 것이 더 아름답다.

남측이 비무장지대 남방한계선에서 선전수단을 철거한 며칠 뒤 북측도 선전수단을 철거했다. 손을 뻗으면 닿을 것 같은 산기슭에 세워 놓은 '조선은 하나다'라는 벽화를 인민군들이 달려들어 망치로 때려 부수기 시작했다. 몇은 더위를 피하기 위해 상의를 벗었다. 그때 '러닝셔츠'라고 부르는 속옷이 보였다. 북측 군인들은 벽돌로 쌓아 올린 뒤 남측 초소를 향해 노출시켰던 선전벽화를 순식간에 헐어 냈다. 벽화를 헐어 낸 자리는 다시 자연의 일부가 됐다.

벽화 왼쪽 산기슭에 자리 잡고 있던 '주체조선'이라는 대형 입간판도 내려졌다. '무료교육'이라는 공산주의 선전용 문구를 세로로 달고 있던 철탑도 북측 군인들이 무너뜨렸다.

비무장지대에는 남과 북의 심리전 선전수단들이 모두 사라졌다. 남측의 초병은 선전벽화가 사라진 북측의 초소를 바라보며 오늘도 경계근무를 서고 있다. 초소 주변 산길에 보랏빛 도라지가 고개를 내밀었다. 문득 바라본 하늘도 보랏빛을 닮았다. 피아간에 세워 놓았던 지상의 표식들이 사라진 산하는 녹음만이 더욱 짙어 갔다.

수십 년간 적대적인 방송을 해 왔던 확성기가 사라진 비무장지대 계곡에서는 물 흐르는 소리가 다시 돌아왔다. 남과 북이 경쟁하듯이 쏟아 낸 선전방송에 묻혔던 물소리는 이제야 지뢰밭 버드나무 사이로 청명하게 들려왔다. 심리전 방송이 수십 년간 빼앗아 갔던 물소리는 정겨웠다. 매미 울음소리, 풀벌레 소리도 비무장지대 계곡을 따라 다시 맑게 흘렀다. 비무장지대의 자연은 반세기 만에 작은 통일을 이루고 있었다.

6. 분단의 세월이 담긴 간장단지

"최전방에서 아주 오래된 간장단지가 하나 발견됐어요."

북한에서 내려오는 화천 북한강 상류의 강바닥을 헤매던 날, 귀가 번쩍 열리는 한 통의 전화를 받았다.

"무슨 간장단지죠?"

"농부가 땅을 갈다 발견한 것 같아요."

5월의 첫날, 하루 종일 마땅한 이야깃거리를 찾지 못해 북한강 최상류 지역인 화천 꺼먹다리로 갔다. 일제강점기 화천댐을 건설할 때 만든 나무다리인데 근대문화재로 선정됐다. 등록 문화재가 된 이상 더 이상 망가지지 않겠지만 보수공사를 시작하면 느낌이 사라질 것이 뻔하기 때문에 그전에 마지막 모습을 담아 두기 위해 겸사겸사 달려왔다. 침목에 타르를 입힌 다리는 당장 부서질 것 같아 발걸음을 멈추게 했다.

셔터는 눌렀지만 '느낌'을 담지 못해 망설이고 있는데 강바닥에서 아낙네들을 만났다. 이른 봄 아직 풀이 돋아나지 않은 시기여서 사슴 먹이를 뜯으러 나왔다고 했다. 그들은 강바닥에서 버드나무의 새싹을 따고 있었다. 아낙네들의 모습이 풍경에 들어가니 꺼먹다리가 살아났다. 요즘은 문화재를 보호한다는 명목으로 사람을 차단시키지만 사람과 너무 멀어진 문화재는 느낌을 전달하지 못한다.

바로 그때 철원 비무장지대 인근에서 간장단지가 발견됐다는 소식이 전해졌다. 꺼먹다리 앞에서 무엇을 담아야 할지 막막했던 나에게 간장단지는 벌써 후각을 자극했다. 최전방 산골길로 2시간을 달려가야 하는 먼 길이었지만 아무래도 간장단지는 많은 이야기를 들려줄 것 같았다.

해가 넘어갈 저녁 무렵에야 간장단지와 마주할 수 있었다. 간장단지는 철원읍 대마리의 한 농가 마당에 놓여 있었다. 무릎 높이만한 항아리의 표면에는 논바닥의 흙이 잔뜩 묻어 있었다. 뚜껑은 녹슨 무쇠 솥뚜껑이었다. 만약 항아리와 같은 재질이었으면 굴착기의 삽날이 닿는 순간 박살이 났을지도 모른다.

간장단지를 발견한 농부는 다시 농사일을 하러 나갔고 그의 동생이 발견 당시 상황을 전해 줬다.

농민 장광희(47) 씨는 2006년 5월 1일 오전 10시 비무장지대 앞 민간인출입통제선(민통선) 지역에서 논둑을 정비하고 있었다. 논둑이 넓다 보니 굴착기를 이용해 정비작업을 실시해야 했는데 굴착기 끝에서 무엇인가 걸리는 느낌이 전해졌다. 장씨는 중장비를 멈추고 걸리는 것을 직접 캤다. 최전방 지역이어서 불발탄 같은 것이 나올 것으로 예상했는데 뜻밖에 항아리가 나타났다.

"50~60년이 지났는데 그대로 있는 것이 신기해요. 하나도 변질이 되지 않았어요. 간장은 1백 년이 기도 줄지 않는다고 하잖아요."

항아리가 묻혔던 곳은 6·25 전쟁 당시 처절한 전투가 벌어졌던 철의삼각전투 지역의 한가운데였다. 남쪽의 김화와

중부전선 철의삼각전투 지역에서 발견된 간장단지. 세월은 지났어도 간장의 맛은 변함이 없었다.

철원, 오늘날 북한 지역인 평강을 이으면 삼각형으로 전투 지역이 이어지는데 이 지점은 평강고원을 바라보는 최전방이었다.

간장단지는 6·25전쟁이 터지자 누군가 피난을 가면서 묻은 것으로 보였다. 누군가 전쟁이 끝난 뒤 마을로 돌아오기 위해 간장단지를 묻었던 것은 아니었을까. 주인은 3년간의 포성이 멈췄지만 표식이 될 만한 구조물까지 모두 사라져 간장단지를 찾을 수 없었을지 모른다. 어쩌면 간장단지를 묻은 사람은 전쟁 중에 유명을 달리했거나 고향으로 돌아올 수 없는 처지였으리라. 전쟁은 끝났지만 3년 전까지 살던 마을에는 아무도 들어갈 수 없는 비무장지대가 들어섰다. 그리고 비무장지대 주변은 불발탄이 널린 황무지로 변했다. 6·25전쟁 이후 간장단지를 묻은 사람이 이곳을 찾았더라도 이곳은 이미 들어갈 수 없는 '금단의 땅'이었다.

전쟁을 이기고 살아남은 간장은 반세기가 지났지만 몇 년 전에 담근 것과 거의 차이가 없었다. 약지로 찍어 혀에 대자 짭조름한 맛과 염분이 신경을 타고 전해졌다. 최근에 담근 것과 비교해 보면 조금 묽어지고 약간 쓴맛이 돈다고 해야 하나.

"간장단지가 묻힌 곳이 민통선 안이고, 6·25전쟁 전에는 집터였으니까 그곳에 살던 사람들이 묻고 피난을 가지 않았을까요?"

간장을 발견한 장씨 형제는 간장단지를 묻었던 사람들이 돌아오지 못한 이 땅을 일궈서 보금자리를 마련하기 위해 입주한 개척민이었다.

6·25전쟁이 끝난 후 국민들이 잿더미로 변한 땅에서 배고픔으로 고통을 겪자 정부는 비무장지대에 버려져 있는 황무지를 개간하게 됐다. 당시 8-10살이었던 농부 형제는 아버지를 따라 최전방으로 이주를 했다. 존 스타인벡의 소설 『분노의 포도』에 나오는 가족처럼 농부 형제의 아버지는 젖과 꿀이 흐르는 땅을 찾아 남북한이 총구를 맞대고 있는 비무장지대 최전방으로 올라왔다. 그 당시 대부분의 농민들이 초가집에 살았지만 정부는 북한에서 내려다보이는 이 마을을 잘사는 남쪽 나라의 모습으로 선전하기 위해 지붕에 슬레이트를 얹었다.

"인터넷을 보니까 얼마 전 오래된 간장 1.5리터가 1억 원에 팔렸더라고요. 그러면 이 간장도 로또 간장이 아니겠어요."

이 간장을 묻은 주인공이 누구일까 하는 생각에 잠겨 있던 나를 농부 입에서 나온 '로또 간장'이란 말은 21세기 최첨단 시대로 다시 돌아오게 했다. 6·25전쟁을 겪었을지도 모르는 역사적인 '간장 캡슐'을 어떻게 처리하는 것이 좋을까 하고 생각에 잠겼지만 최전방 농부는 벌써 인터넷에서 답을 찾아냈다.

"가격만 적절하게 준다면 팔아야지요."

그는 로또 간장이 어려운 살림에 보탬이 됐으면 하는 눈치였다.

작은 간장단지에도 분단의 아픔과 현실이 담겨 있었다. 황금빛 노을이 부푼 농부의 꿈처럼 최전방 마을을 물들이고 있었다.

7. 아바이마을과 술김에 가 본 북한

1.

고향은 그리움이다. 하지만 전쟁 때문에 되돌아갈 수 없는 고향은 슬픔이다. 그리움과 슬픔이 그물처럼 얽혀 있는 강원도 속초시 청호동 '아바이마을'. 그곳에는 고향을 추억하는 바닷물과 소금기 있는 바람이 항상 맴돈다.

'아바이'는 아버지의 함경도 사투리다. 아바이마을은 1·4후퇴 당시 함경도에서 국군과 함께 내려왔던 피난민들이 정착해 만든 실향민촌이다. 피난민들은 전쟁이 끝나면 다시 고향으로 돌아갈 수 있을 것이라고 기대를 했다. 그들은 고향에 하루라도 빨리 가기 위해 비무장지대 휴전선과 가까운 이곳 속초시 바닷가에 눌러앉았다. 하지만 아직 고향 땅을 밟은 사람은 한 명도 없다.

아바이마을의 명물은 갯배다. 갯배는 속초 중앙동에서 아바이마을까지 이어 주는 수상 교통수단이다. 이제는 정부가 다리를 건설해 직접 차로 들어갈 수 있도록 했지만 예전에는 마을로 들어가기 위해서는 이 갯배를 타야 했다. 곤돌라가 베니스의 물길을 열고 수상도시를 만들었듯이 갯배는 바다와 실향민들을 이어 주었다. 갯배는 동력에 의존하지 않는다. 갯배는 물을 가를 수 있는 형태도 아닌 넓적한 판자 형태의 배다. 갯배가 움직일 수 있는 힘은 오로지 사람의 힘에 달려 있다.

갯배는 아바이마을과 육지 나루터에 쇠줄을 연결하고 이 쇠줄을 잡아당겨 얻는 반작용에 의해 전진한다. 전쟁터에서 빈손으로 살아남은 아바이마을의 피난민들은 갯배와 처지가 비슷했다. 피난민들이 살아갈 수 있는 힘은 오로지 자신의 손과 발이었다. 처음 오는 이방인도 갈고리를 잡고 힘을 보태야 한다.

갯배를 밀고 당기는 동력은 정직한 사람의 힘이다.

갯배는 이 세상에서 가장 정직한 힘으로 전진하는 원리를 보여준다.

　1백 원짜리 동전 두 닢을 주고 탄 갯배는 뗏목처럼 느리게 전진해 '분단의 섬' 아바이마을에 도착했다. 도망치듯 뛰어내리는 뱃전 앞에는 '분단의 아픔 자전거로 이어 보자'는 안내문이 기다리고 있었다. 그 아래에는 자전거들이 명태를 엮어 놓듯이 거치대에 대기하고 있었다. 파란 바다와 골목마다 이어지는 역사를 두 발로 느껴 보라는 아바이마을의 제안이다. 자전거는 아바이마을의 출향인들이 기증했다.

　모래 위에 지은 나지막한 아바이마을에는 세월이 정지해 있다. 고향에 가기 전까지 임시로 살기 위해 지었던 집들이다. 집과 집 사이는 한두 사람이 비켜 지나갈 정도이고, 골목길은 막힌 듯 이어져 있다. 음식점에는 금강산 관광길을 개척하는 데 몸을 바쳤던 현대아산 정몽헌 회장의 사진이 붙어 있었다. 금강산 여행길의 의미를 아는 그가 함경도 음식점을 빼놓을 수는 없었을 것이다. 막다른 골목에서 삶을 마감했던 그를 떠올려 보는 사이 관광객들이 밀려 들어왔다.

아바이마을이 실향민촌의 분위기만 간직하고 있는 것은 아니다. 고향을 그리는 실향민들의 삶은 일상 속에 숨어 있고 드라마 「가을동화」 촬영지라는 간판이 오히려 눈길을 잡았다. 끊임없이 바닷바람을 몰고 오는 해변에는 이질적인 송혜교와 송승헌의 대형 사진이 걸려 있었다.

등대 방면의 둑길로 접어들자 낡고 오래된 건물들이 등장했다. 녹슨 철조망 사이로 속초항이 눈에 들어왔다. 비무장지대 육로를 통해 금강산으로 들어가기 이전에는 설봉호라는 유람선이 여기서 관광객들을 맞았다. 설봉호는 아침마다 갈매기들의 호위를 받으며 바다로 나가 먼 공해를 거쳐 북한의 금강산 장전항에 입항했다.

2.

속초 바닷가에서는 2005년 4월 13일 한 어민이 군사분계선(MDL)을 유유히 넘어간 희대의 월북사건이 발생했다. 어민 황모 씨가 황만호(3.96T)를 끌고 대낮에 바다로 나갔다가 군사분계선을 넘어 북한으로 넘어갔다. 황씨가 군사분계선을 넘자 육군과 해군·해경에 비상이 걸리고 이를 저지하기 위한 요란한 사격이 시작됐다. 어민이 배를 몰고 북진하는 광경을 뒤늦게 발견한 최전방 해안초소에서는 경고방송과 함께 공포탄 40발, 신호탄 1발을 발사했다. 이윽고 K-6 기관총 65발, MG-50 기관총 145발, 신호탄 4발, 개인화기 6발이 불을 뿜었다. 황씨는 그날 오후 3시 55분, 북방한계선을 통과했다. 육지의 비무장지대처럼 바다에는 북방한계선을 표시해 놓은 시설이 없었으니 군당국은 그저 쳐다볼 뿐이었다.

다음 날 북한 조선중앙통신은 "한 어민이 남조선군의 총포탄 사격을 받으면서 동해 해상 군사분계선을 넘어 공화국 북반부로 왔다"라고 보도했다. 그러나 황씨는 며칠 뒤 해질 무렵 속초해양경찰서 경비함을 타고 속초항에 등장했다. 해경이 북측으로부터 군사분계선에서 황씨를 인계해 들어오는 시간이 다소 지연됐다. 속초항에서 그를 기다리는 주민들 사이에서 속삭임이 들려왔다.

"옛날 같았으면 큰일 났을 텐데….”

경비함에서 조사원들과 함께 내린 황씨는 굳은 표정으로 모습을 드러냈다.

어민이 타고 월북했다 송환 조치된 황만호를 경찰이 속초항에 계류하고 있다.

"다시 오게 돼 기쁩니다!"

"북한으로 왜 넘어가셨죠?"

"술김에 그만."

"…"

어부가 최전방 해안선을 지키던 군경의 총탄 세례를 뚫고 월북한 사건은 취중 사건으로 마무리됐다. 예전 같았으면 국가보안법의 잠입탈출죄 같은 무시무시한 죄목이 씌워져 처벌을 받았겠지만 술의 잘못으로 끝났다.

물살을 가르며 진입하던 배가 갑자기 멈췄다. 잠시 후 물 위로 검은 몇 개의 점이 보였다. 점들은 해변을 향해 일제히 물을 밀어내기 시작했다. 해녀들이었다. 그들은 배가 더 이상 접근하기 힘든 지점까지 이르자 채취한 해산물과 함께 물속으로 뛰어들었던 것이다. 해녀들은 나이가 많은 아낙네들이었다. 그녀들은 해산물을 들고 집으로 향했다. 아직도 물이 뚝뚝 떨어지는 납 벨트를 허리에 두르고 모래언덕을 오르는 모습이 힘겨워 보였다. 바다 속보다 더 살기 힘든 곳이 사람 사는 세상이 아닐까.

8. 지구촌에서 가장 슬픈 DMZ 증기 기관차

한반도의 허리에는 증기 기관차 한 대가 화석처럼 멈춰 서 있다. 지구촌이 산업 혁명을 이룰 당시 탄생한 증기 기관차가 이 땅에서도 달렸다. 이 열차가 멈춰 서 있는 곳이 바로 비무장지대이다. 녹슨 기차가 주저앉은 곳은 두 개의 한국(Two Koreas) 사이로 어느 누구의 땅(No Man's Land)도 아니다. 미국과 소련이라는 지구촌 두 강대국이 한반도에서 각축전을 벌이다 탄생한 비무장지대이다.

남과 북을 이어 주던 기차를 멈추게 만든 사건은 6·25전쟁이었다. 전쟁이 한창이던 시절 물자를 싣고 가던 열차는 유엔군 전투기의 지상 폭격으로 벌집이 되면서 엔진이 꺼졌다. 북한군이 열차로 물자를 이동시키지 못하도록 만든 것이었다.

1953년 7월 27일, 기차가 멈춰선 곳에서 멀지 않은 판문점에서 북한군과 유엔군 대표 사이에 정전협정이 체결되면서 기차는 수풀에 버려졌다. 50년 세월이 지나면서 기차의 몸통은 점점 녹슬어 갔다. 어디에선가 날아온 나무 씨앗은 싹을 틔웠고 녹슨 화통 사이에 뿌리를 내렸다.

이 철마와 비슷한 기차를 만날 수 있는 곳이 6·25전쟁 당시의 전투장비를 전시해 놓은 임진각 광장이다. 그곳에는 '철마는 달리고 싶다'는 문구와 함께 반짝반짝하게 페인트칠을 해 놓은 철마가 항상 대기하고 있다.

임진각 철마는 예전의 철마 느낌은 별로 없다. 열차 칸은 식당으로 변했고, 맨 뒤에는 '철마 돈가스'라는 메뉴판이 달려 있다. 빵가루를 묻힌 돼지고기를 기름에 튀긴 서양요리 돈가스가 남북 분단현장까지 침투했다.

비무장지대의 철마가 반세기 만인 2006년 11월 외출을 나왔다. 대형 트럭에

임진각으로 반세기 만에 외출을 나온 DMZ 증기 기관차.

실려 비무장지대를 빠져나온 철마는 때마침 통일대교를 빠져나오고 있었다. DMZ 철마(105T)가 수리를 위해 외출을 나온다는 소식을 듣고 먼 길을 달려왔는데 조금만 늦었더라면 눈앞에서 놓칠 뻔했다. 철마의 육중한 무게 탓인지 트럭은 소걸음처럼 임진각 광장으로 접어들었다.

철마는 거대한 트레일러에 실려 가는 레닌의 동상 같았다. 철마는 거대한 기중기에 들려 수술대 위로 올라갔다. 철마는 총탄투성이였다. 기관총 포격에 상처투성이로 변한 철마를 식물의 줄기와 뿌리가 휘감고 있었다.

이산가족들에게 철마는 주저앉은 꿈이었다. 그들은 붉게 녹슨 철마가 제자리를 잡는 사이에 기념사진을 담았다. 우리 아이들은 아스팔트 바닥에 주저앉아 크레파스로 철마를 그렸다. 아이들이 담는 꿈에는 찢겨지고 망가진 철마는 없었다.

철마가 세월의 녹을 모두 벗고 회복돼 먼 훗날 한반도 산하를 지나 시베리아 횡단철도로 접어들어 유럽까지 힘차게 달리기를 꿈꿔 봤다. 인간들이 빚어낸 전쟁으로 희생된 철마가 다시 옛길을 힘차게 달리는 것이 평화로 가는 이정표가 아닐까.

6·25전쟁의 희생물인 철마가 지구촌 비무장지대를 떠나 은하수로 향하는 '은하철도 625'가 될 수 있다면 얼마나 좋을까. 지구촌 강대국에 의해 동강 난 남북한이 먼 훗날 직접 우주 여객선을 쏘아 올리는 날 '철마 1호'로 이름을 붙여 준다면 비무장지대에 처박혔던 철마의 꿈이 되살아나는 셈이다. 상상이 현실이 되기 위해서는 이 철마의 아픔과 희망을 잊어서는 안 되겠다.

철마를 보수하는 분들께 마음속으로 부탁을 드렸다. 볼트와 너트를 하나씩 풀어 해체한 뒤 녹을 제거하고 다시 조립하는 것은 전문가들의 일이니 참견하고 싶지 않다. 다만 전쟁의 상처를 너무 말끔하게 치유한다며 반짝반짝 페인트칠을 해 놓아 역사성을 지우지는 말아 달라고 당부하고 싶다.

무엇보다 철의 공간에 뿌리를 내린 저 나무를 한 번에 잘라 내지 말고 제자리에서 그대로 자라도록 해줬으면 좋겠다. 숨통이 끊어진 철마는 저 나무를 통해 50년 세월의 생명을 견뎌 오지 않았을까. 전쟁을 반복해 온 인류 역사에서 총탄 투성이 철마에 자리 잡은 저 나무만큼 생명의 위대함을 말하는 것이 세계 어디에도 없을 것이다.

9. 가슴으로 껴안은 휴전선

전쟁을 진화시켜 온 인류의 결정판이 한반도 비무장지대다. 강원도 고성군 명호리에서 경기도 임진강 하구까지 이어진 비무장지대는 한반도의 허리를 남북으로 단절시키고 있다. 이 가운데 휴전선 철책선이 사라진 유일한 지역은 높이 5센티미터 가량의 콘크리트가 군사분계선을 대신하는 판문점밖에 없다. 하지만 그 낮은 콘크리트 경계선을 넘는 것이 이 땅에서 가장 어렵다.

DMZ 북방한계선은 남쪽처럼 세 겹의 철조망이 설치돼 있지 않다. 남방한계선의 휴전선은 북측에서 내려오는 무장간첩들을 차단하기 위한 방어용으로 설치됐다. 그러나 북방한계선은 허술해 보이지만 탈주자들을 막기 위해 고압전류를 흘려보내는 전선들이 빨랫줄처럼 이어져 있다.

50년 동안 남방한계선과 북방한계선 사이의 비무장지대는 육지 속의 섬으로 고립됐다. 남측이 세운 거미줄처럼 촘촘한 철책선과 북측의 고압선 사이에 갇힌 야생동물들은 이 섬 밖으로는 평생 나갈 수 없다. 여기에 남북으로 흐르는 임진강과 한탄강·남대천·북한강·수입천·남강이 각각 종단하며 야생동물들의 횡단로를 차단하고 있어 이곳에서 태어난 야생동물은 비무장지대 안에서 평생 살아야 한다. 비무장지대는 들짐승과 산짐승들의 길마저 끊어 놓았다.

중부전선 휴전선에 대학생들이 찾아왔다. 기성세대들이 대결과 갈등의 시대를 만들었다면 이 젊은이들은 화해와 공존의 시대를 찾는 세대다. 전국 대학에서 5백여 명의 대학생들이 평화대장정에 참가했다.

GOP 안내장교가 비무장지대에 대해 소개했다.

"정전협정 당시 4킬로미터를 유지했던 비무장지대는 현재 2킬로미터 내외로

냉전의 상징인 휴전선을 껴안은 대학생들.

줄어들어 서로 이야기를 주고받는 정도로 육성 대화가 가능합니다. 남쪽과 달리 북쪽에서는 군인들이 자급자족을 합니다. 그래서 군부대 거점지 주변에 총을 세워 놓고 농사짓는 모습을 볼 수 있습니다. 농사를 위해 불을 피워 놓고 잘 끄지 않는 경우도 있습니다.”

을지전망대가 안보관광지로 변했지만 비무장지대를 기록하는 것은 쉽지 않았다. 대학생들의 생기발랄한 모습과는 달리 이 휴전선은 고민거리를 던진다. 어디까지 담을 수 있고, 담을 수 없는 부분은 또 무엇인가.

지형 설명을 들은 남녀 대학생들이 순찰로에 투입되는 순서가 다가왔다.

“휴전선 주변을 답사하는 학생들을 찍을 수 있나요?”

“예, 찍으세요.”

닫혀 있는 곳일수록 사진 기록이 힘들다. 요즘은 군사시설물이 없는 지역은 제한적으로 허용되는 경우가 많아졌으니 그만큼 군도 자신감을 얻은 것 같다. 아무튼 오늘은 시작이 좋다. 어느 방향은 아니 되고 어느 대상은 아니 된다는 통제를 받기 시작하면 렌즈를 들이댈 수 있는 곳은 하나도 없다. 어쩌면 이렇게 작은 것까지 허락을 받아서 담는 것이 훗날 비무장지대의 기록이 될지도 모른다. 오늘은 이 지역을 담당하고 있는 군 최고지휘자가 현장에서 승인한 것이니 믿어도 좋으리라.

그 동안 휴전선을 찾은 관광객들은 비무장지대를 바라보기만 했으나 철책선을 직접 만져 보고 껴안아 보는 자리는 분단 이후 오늘이 처음이다. 휴전선을 껴안아 보기 어려웠던 것은 아무도 그것이 가능하리라고 시도하지 않았기 때문일지도 모른다. 분단 한국에서 휴전선은 적의 침투를 막기 위한 안보 시설물이었을 뿐, 열린 가슴으로 마주해야 하는 대상으로 여기지는 않았다.

대학생들이 순찰로에 들어서자 해가 보이지는 않았으나 휴전선이 밝아졌다. 학생들은 인간 띠를 잇기 위해 손에 손을 잡고 걷기 시작했다. 철조망은 대학생들이 다가서는 순간 생명을 얻었다. 분단과 죽음의 대상도 가슴으로 껴안으면 이렇게 생명이 되살아난다.

휴전선을 마주한 남녀 대학생들은 평화를 염원하는 리본을 철조망에 매달았다. 비무장지대를 지키는 초병들도 오늘만은 대학생과 함께 평화의 리본을 휴전선에 묶었다. 젊은이들은 손을 잡고 이 땅의 통일을 목소리 높여 기원했다.

"우리의 소원은 통일, 꿈에도 소원은 통―일"

통일의 노래는 휴전선을 넘어 비무장지대로 멀리 퍼져 나갔다. 서로 대화를 나눌 수 있는 거리에 있는 북측 군인들도 이 노래를 들었을까.

노랫소리가 퍼지는 비무장지대는 이 땅의 현실을 보여주듯이 먹장구름이 덮고 있었다. 철조망 뒤로 십자탑의 십자가가 보였다. 대체 우리가 이 땅을 구원할 수 있는 가능성은 얼마나 된다는 말인가. 총칼을 들고 대립해 온 우리가 서로를 용서하고 화해할 수 있는 날은 언제쯤 올까. 오늘 이 땅에서 부르는 통일의 노래는 언제쯤 메아리로 돌아올까. 갈등과 대결의 상징인 휴전선은 가슴으로 끌어안아야 할 우리의 상처가 아닐까.

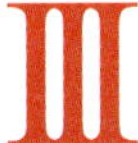

삶에 대해 질문하는 DMZ

군사·안보 관점에서 바라보던 DMZ가
평화와 생명에 대해 질문을 던진다.
변화하는 DMZ에서 오늘의 우리를
되돌아본다.

전쟁으로 모두 파괴됐지만 원형에 가깝게 살아남은 화천 인민군사령부.

1. 철원 노동당사를 찾은 탈북 새터민

그녀들은 인형 같았다. 곱게 차려입은 한복을 한 손으로 잡고 팽이처럼 돌아가는 무용수는 오뚝이 인형을 떠올리게 했다.

봄바람이 옷매무새를 서서히 무장해제시키는 3월 중순 철원 노동당사 앞에서는 새터민들의 공연이 열렸다. 북한을 탈출한 예술인들로 구성된 평양민속예술단이 철원 노동당사를 찾아왔다.

북한 노동당 사람들이 만든 건물 앞에서 노동당 체제에서 살아온 사람들은 만난다는 사실에 알 수 없는 흥분감과 기대감이 교차했다. 노동당사를 건축했던 예전의 노동당 사람과 노동당 체제를 경험하고 온 오늘날의 사람들 사이에는 50년이라는 세월이 비어 있다.

1953년 정전협정 이후 노동당 사람들을 언급하는 것은 금기였고, 노동당 사람들을 본 이는 군인과 경찰에 사살된 무장공비를 제외하고는 아무도 없었다. 그 체제에서 생활했던 이북 사람들의 눈에는 오늘날 폐허로 변한 노동당사가 어떻게 보일까. 세월을 뛰어넘어 찾아오는 일행을 앞두고 같은 민족이라는 '감정'보나는 북한 사람들이라는 '사실'이 먼저 떠올랐다. 분단의 세월은 휴전선에만 철의 장벽을 세운 것이 아니라 보이지 않는 마음의 벽도 만들었다. 냉전체제에서 받은 반공교육은 평생 영향을 미칠 수밖에 없는 것 같다. 북한이라는 단어 앞에서는 누구나 한 번씩 움츠러들고 최전방 지역에서는 누가 행동을 지켜보고 있을 것이라는 심리적인 방어기제가 무의식적으로 작용해 왔다. '의심나면 다시 보고, 수상하면 신고하자'라는 구호가 우리의 생활을 보이지 않게 지배해 왔다. 그들도 우리와 똑같은 사람이라고 이제부터라도 훈련시키는 수밖에

철원 옛 북한 노동당사를 찾아 공연하는 새터민들.

없다. 생각이 변해야 행동이 변할 것이다.

색동저고리를 곱게 차려 입는 무용수들이 뭉게구름이 비친 버스 창가로 얼굴을 내밀었다. 역시 우리와 똑같지 않은가. 여동생 같은 무용수들의 눈가와 입술의 화장은 모두 '통일'됐고 예쁜 얼굴에는 살짝 미소를 머금고 있다. 「통일전망대」 같은 북한 프로그램에서 등장했던 모습과 비슷했다. 그녀들은 북한 양강도 예술단원 등으로 일하다 북한을 탈출한 새터민이었다.

관광버스에서 내리는 그녀들의 발걸음은 새색시처럼 조심스러웠다. 그녀들은 50년 전 총탄 흔적이 아직도 생생한 철원 노동당사 현관을 야외무대로 삼아 「휘파람」과 같은 북한 노래를 선사했다. 북한과 가까운 최전방 지역의 노동당사 건물 앞에서 북한을 빠져나온 사람들이 부르는 북한 노래를 듣게 됐다. 그녀들의 노랫가락에 빠지다 보니 순간 저 고운 노래가 비무장지대 너머에도 퍼졌으면, 하는 생각이 들었다. '아니, 이 무슨 멍청한 생각인가. 북한 사람들이 늘 듣는 노래가 저것들이었는데…. 그리고 시대가 바뀌어 비무장지대 너머로 음악을 틀어 놓고 심리전을 하지 말자고 협의하는 시대가 됐는데…' 이어지는 공연은 부채춤이었다. 노랫가락은 처음 들어 생소했지만 5개의 부채가 마치 하나처럼 일사불란하게 움직였다.

공연의 마지막 부분에 인형 춤이 등장했다. 빨간 치마에 노란 저고리를 입은 무용수들은 몸을 꺾는 동작을 이어 가다 허수아비처럼 팔을 벌리며 회전했다. 폐허의 노동당사 앞에서 그녀들은 사람이 아니라 꽃이었다. 그녀들은 애교스럽게 보조개를 찍으며 공연을 마쳤다. 무용수들의 얼굴에서는 자본주의 분위기가 묻어나지 않았다. 아직 천박한 자본주의에 물들지 않고 순수함을 지니고 있어 다행스러웠다. 하지만 험난한 자본주의 사회에서 상처 받는 일은 갈수록 늘어나는 것이 아닐까. 이 자리에는 공연단만 온 것이 아니었다. 몸을 제대로 가눌 수 없어 휠체어에 의존하거나 한 마디 말조차 할 수 없는 구리시 장애인복지관의 장애인들이 나들이를 왔다. 그들의 불편한 몸이나 건물로서의 기능을 상실한 철원 노동당사 건물은 어쩌면 처지가 크게 다르지 않을지도 모른다. 우리들이 모두 관심을 갖고 껴안아야 하는 대상이라는 점도 공통점이다. 상처 받은 사람과 건물을 우리들이 너무 오랫동안 방치한 것 같다.

"남북한 동포들이 함께 어울려 노래하는 날이 하루빨리 왔으면 좋겠어요."

그녀들은 인형 같은 미소를 남기고 사라졌다. 다시 조용해진 노동당사 앞 주차장은 잠시 빈 공간인가 싶더니 트럭에서 우리 군인들이 뛰어내렸다. 예전의 인공(인민공화국) 시절에는 인민군들이 이 공간을 오고 갔을 것이다. 철원 노동당사에는 지구촌 전쟁이 갈라놓은 한민족 두 체제의 모습이 담겨 있었다.

2. '북괴'를 지우고 평화 콘서트를 열다

철원 노동당사가 관광객들에게 개방되면서 일어난 변화는 두 글자였다. '평화'도 아니었고 '화해'도 아니었다.

노동당사 계단을 오르기 전 눈을 마주치는 안내판은 여느 관광지 안내판처럼 무미건조하기 짝이 없는 것이었는데 이곳에는 '북괴'라는 글자가 들어가 있었다. '북괴가 양민 수탈의 목적으로 철원 노동당사를 세웠다'는 점을 강조하던 시절에 설치했던 문구였다. 요즘은 북괴라는 말이 오히려 생소해졌다. 북괴는 북한 괴뢰군을 줄여 쓴 말이다. 괴뢰군은 남의 조종을 받아 시키는 대로 행

철원 노동당사 폐허에서 콘서트 리허설을 하는 오케스트라 단원들.

동한다는 뜻으로 낮춰 부르는 말이
다. 남측만 그랬을까. 북측도 예전
에는 대남방송에서 우리 군을 남조
선 괴뢰군이라고 했다. 미군이 지시
하는 대로 따라가는 군대라는 말로
다분히 정치적인 비난을 담고 있었
다. 소련과 미국의 대리전을 치렀던
남북한 동포들은 서로를 소련과 미
국에 의해 움직이는 괴뢰군이라고
비방하며 살아온 셈이다.

　남북 정상회담이 열린 지 얼마 안
돼 '북괴'는 슬그머니 '북한'으로 바
뀌었다. 마치 오타가 난 책을 수정

위, 6·25전쟁 당시의 철원과 노동당사(오른쪽 아래).
아래, 오케스트라 단원들이 콘서트 리허설을 벌이는
곳은 6·25전쟁 당시 미군들의 임시 주둔지였다.

하는 작업처럼 '북한'이라는 두 글자를 '북괴' 위에 덧붙였다. 관리기관도 '북
괴'라는 글자를 더 이상 방치하기는 어려웠던 모양이다. 말이 행동에 영향을 주
는 만큼 북괴를 북한으로 부르는 것은 시대의 변화를 반영한 조치였다. 본래의
이름을 부르지 않고 듣기 싫은 별명을 부르면 초등학생조차도 서로 친구가 되
기 어렵다. 오랫동안 자리를 지켜 왔던 북괴라는 글자가 비무장지대 안보관광
지에서 사라진 것은 또 다른 시대로 나아가고 있다는 작은 증거였다.

　노동당사 옆에는 돌무더기 하나가 있다. 고인돌로 알고 가 보면 공사장에서
수거해 놓은 것 같은 콘크리트 잔해였다. 북한 철원 노동당사와 함께 철원 지역
의 통치기관이었던 철원경찰서가 있던 곳인데 건물의 원래 모양을 알 수 없을
정도로 완전히 파괴됐다. 이 콘크리트는 옛 철원경찰서 건물의 마지막 잔해들
이다. 옛날 절이 있던 자리에 터를 의미하는 한자 '지(址)' 자가 붙는 것처럼 이
곳의 안내판은 '철원 경찰서지'로 기재돼 있었다. 50년 전 건물에 이런 글자가
들어간 것은 전쟁으로 사라진 공간을 더욱더 아득한 시절로 끌어올리는 느낌
을 주었다. 6·25전쟁이 무엇인지 모르는 젊은이들이 많은 요즘 유적의 개념을

철원 노동당사 앞에서 개최된 평화 콘서트.

빌어 전쟁을 잊지 않도록 하는 웅변인지 모르겠다.

옛 철원경찰서 돌무더기에서 바라보이는 노동당사 주변은 오늘따라 분주했다. 야간 공연을 위해 조명시설과 특설무대를 설치하는 작업이 한창이었다. 노동당사에서는 'DMZ 평화생명 콘서트'가 예정돼 있었다.

무대장비가 노동당사를 모두 점령하기에 앞서 한 번 둘러보기로 했다. 한 번 보고 노동당사를 다 봤다고 말하는 것은 모르는 소리다. 노동당사가 전하는 분위기는 변하기 때문에 올 때마다 한 번씩 돌아보는 시간을 가진다. 그때마다 총탄이 남긴 상처는 다른 느낌으로 다가왔다.

건물 내부는 폐허가 남긴 상처투성이다. 부서지고 떨어진 벽에는 사람들이 낙서를 남기고 떠났다. 그리고 현관 주변은 시멘트가 녹은 물로 얼룩졌다. 노동당사 건물은 마치 눈물을 떨어뜨리고 있는 것 같았다.

폭격에 뻥 뚫린 공간으로 들어서는 순간 깜짝 놀랐다. 동굴 입구처럼 생긴 곳에는 10여 명이 모여 있었다. 상처 난 건물 내부를 대략 훑어보고 나가는 관광객들과 달리 그들의 손에는 바이올린·비올라·첼로 같은 악기가 들려 있었다. 오늘 저녁 공연에 앞서 리허설을 하고 있는 오케스트라 단원들이었다. 그들은 화음을 맞춰 보고 있었다. 현을 다루는 이들의 동작은 우아하고 아름다웠다. 악기의 소리들은 콘크리트 바닥과 천장에 부딪치고 또 서로 섞였다. 교향악단의 연주가 시작되자 이곳이 다 쓰러진 건물이라는 사실을 잠시 잊었다. 콘크리트 건물에 난 전쟁의 흔적은 시멘트를 발라 덮는다고 치유되는 것이 아니었다. 오히려 아름다운 음악이 전쟁의 깊은 상처를 아물게 하는지도 모르겠다.

오케스트라 단원들이 만들어내는 선율이 폐허 사이로 새어 나왔다. 오늘 음악을 연주하는 이곳은 6·25전쟁 당시 미군의 지프차와 군용 트럭이 모여 있던 주둔지였다. 치열한 전투를 벌였던 몇 명의 군인들은 지프차 위에 올라앉아 있었고 바닥에는 군용 텐트가 설치돼 있었다. 피서객들이 나무 아래에 텐트를 치는 것처럼 군인들은 벽만 남아 있는 노동당사에 의지해 주둔지를 형성하고 있었다. 폭격에 주저앉은 철원경찰서를 제외하고는 주변에 남은 건물이 하나도 없는 죽음의 공간이었으니 그들에게는 노동당사 건물이 유일한 은신처였으리

라. 치열하기로 유명했던 철의삼각전투에 투입됐던 군인들은 지프차와 트럭 사이에서 잡담을 나누며 전쟁이 하루빨리 끝나기를 노래했을 것이다. 그들의 잡담 대신 오늘은 고운 선율이 흐르고 있다.

날이 어두워지면서 DMZ 평화 콘서트가 막이 올랐다. 아치 모양의 노동당사 2층 창문에 올라선 군악대는 로마의 병정들처럼 개막식 음악을 멋지게 선사했다. 하지만 문제가 생겼다. 개막식 시작 전부터 부슬부슬 내리던 비가 좀처럼 그치지 않았다. 수백만 원짜리 악기에 비를 맞힐 수 없어 비 가림 시설을 설치하고 비닐까지 뒤집어씌웠다. 정전협정이 영구적인 평화협정으로 귀결되지 못해 불안정한 것처럼 임시로 설치한 비닐천막 무대도 비바람에 아슬아슬했다.

어둠은 먹물처럼 짙어 갔고, 노동당사 앞 비닐천막 무대에서는 평화를 갈구하는 현악기들의 화음이 정갈해졌다. 콘서트가 끝나갈 무렵 비가 그치자 비닐을 걷어 내고 다시 연주를 시작했다. 노동당사는 어둠의 시절을 털어 버리고 풋풋한 평화의 음악에 휩싸였다.

노동당 아래에서 살아왔던 새터민도 찾아와 노래를 불렀고, 오케스트라는 폐허 공간에 화음을 불어넣었으니 이제는 남북한이 손잡고 부르는 합창만이 남았을 것이다.

3. 화천 인민군사령부의 봄

강원도 화천군 인민군사령부에는 봄에도 찬 공기가 맴돌고 있었다. 길의 눈은 사라졌지만 중동부전선 최전방 산골인 이곳의 봄은 멀게 느껴졌다. 가는 길마다 차를 세우고 묻자 산골 주민의 눈이 둥그레졌다.

"인민군사령부요? 거기를 왜 가지요?"

인민군사령부를 묻는 이방인이 등장하자 어떤 주민은 수상한 눈빛으로 보고, 다른 이는 그냥 "저기, 저 모퉁이"라고 짧게 대답했다. 인민군사령부로 가는 길은 이정표가 없었다. 국군이 밀집해 있는 곳에 누가 인민군사령부로 가는 안내판을 세우겠는가.

산길을 굽이굽이 돌아 찾아간 산기슭 아래로 한 건물이 들어왔다. 낡은 건물을 보고 직감적으로 인민군사령부라는 것을 알 수 있었다. 차는 콘크리트로 포장해 놓은 마지막 언덕길을 기어오르며 거친 숨을 토해 냈다. 길손이 멈춘 곳은 군인들의 부식 분배대였다. 최전방 군인들의 부식을 받아 분배하는 곳이어서 총을 든 군인들의 모습은 보이지 않았다.

인민군사령부는 부식 분배대 뒤에 있었다. 인민군사령부의 첫 인상은 바람의 건물이었다. 유리창은 온전하게 남아 있는 것이 하나도 없었다. 유리창은커녕 창틀도 사라진 듯 벽에 묻혀 있었다. 바람은 잠시 들어왔다가 바로 빠져나갔다. 유리가 없는 창문에서는 천 조각이 휘날리고 있었다. 인민군사령부에서는 이제 이념의 흔적은 찾을 길이 없었고, 바람만이 주인이었다.

회색빛 인민군사령부 건물은 침묵 그 자체였다. 오랫동안 찾는 사람이 없다 보니 침묵이 이 건물의 존재 방식이었다. 바람과 침묵, 찬 공기가 외로운 산골에 서 있는 인민군사령부를 구성하는 질료였다.

화천 인민군사령부의 특징은 건축재료에 있다. 벽돌이나 블록으로 지은 건물과는 달리 인민군사령부는 화강암을 쌓아서 지었다. 네모나게 다듬은 화강암의 틈새를 콘크리트로 메우고 창문을 앉혔다. 창문 위로는 지붕의 무게를 견딜 수 있도록 콘크리트를 부어 가름대를 설치했다. 일반적인 건물은 이쯤에서 돌이 더 이상 올라가지 않으나 인민군사령부는 박공처럼 생긴 공간으로도 돌을 쌓아 올린 특이한 구조였다. 화강암과 콘크리트가 맞물린 이 건물은 방공호처럼 튼튼했다.

문 앞에는 '들어가지 마시오'라는 경고문이 씌어 있었다. 거기에다 낡을 대로 낡은 현관문은 못질을 해 놓아 마치 감옥의 창살 같았다. 건물의 분위기로 미뤄 이곳에 들어가겠다는 사람은 없을 것 같아 보였다.

화강암과 콘크리트가 서로 맞물려 있는 벽을 더듬으며 걸음을 옮긴 맞은편으로 문이 열려 있었다. 열어 놓았다기보다는 오래 방치해 두어 문으로서의 기능을 잃은 것 같았다. 문 앞에는 건물이 붕괴될 위험 때문에 출입을 금지한다는 낡은 안내문이 있었지만 나도 모르는 사이에 반쯤 열려 있는 문으로 발을 옮기

육중하고 튼튼한 군사시설의 면모를 간직하고 있는 화천 인민군사령부.

고 말았다.

터널 형태의 어두운 복도가 나타났다. 수십 미터밖에 안 되는 거리였지만 빛
이 희미하게 들어오는 끝은 아득해 보였다. 마치 빛을 찾아가는 과정이 멀고 험
난하다고 일러주는 것 같았다. 저 문을 열어야 또 다른 세계로 들어갈 수 있다
는 것처럼….

복도 좌우로는 작은 출입문들이 달려 있었다. 왼쪽의 첫 창문은 언제 사라졌
는지 하나도 남아 있지 않았으며, 차고 습한 공기가 갑자기 얼굴을 급습했다.
방안은 텅 비어 있었다. 주저앉은 천장은 검은 속을 드러냈고, 바닥에는 건물
의 쓰레기들이 뒹굴었다. 목공 작업대는 금세 무너질 것 같은 느낌이었다. '그
래 누군가 살았었구나. 죄수들을 가두었던 교도소를 버려두면 이렇게 될 수 있
을까. 이곳에서 천연색은 존재하지 않는단 말인가.' 빛바랜 잿빛과 흙에 가까운
색들이 벽이나 천장에서 뚝뚝 떨어질 것 같다. 창은 유리 대신에 나무 기둥이
감옥의 창살처럼 박혀 있었고, 밖으로는 벌집 모양의 철망이 덧대어 있었다.

입구 오른쪽의 첫번째 문은 열려 있었다. 어둡다는 느낌밖에 들지 않는 창문

화천 인민군사령부 밖에서 마주친 민들레.

으로는 낡은 비닐들이 바람에 흔들렸다. 건물의 남쪽에서 북쪽으로 바람이 관통하는 것을 입증이라도 하듯 비닐의 꼬리는 북쪽 창밖으로 향했다.

어떤 방에서는 벌집이 기다리고 있었다. 말벌의 벌집이었다. 사람의 체취가 오래전에 사라진 인민군사령부에는 야생의 벌이 찾아와 보금자리를 잡았다. 나머지 방들은 모두 비어 있었다. 격자 모양의 잿빛 창틀에는 공통적으로 유리창이 없었다. 빛이 새어 들어오는 곳은 대못으로 막힌 출입문이었다. 발길을 돌려 나오는 길에 붉은 글씨와 마주쳤다. 출입문 위에는 '약실검사'라는 용어가 씌어져 있었다. 이 문구를 보고 이곳에 군인들이 한때 거주했었다는 사실을 알 수 있었다. 약실은 총통 안의 탄약을 장전하는 부분이니 군인들에게는 소총의 약실검사가 중요한 일상이었을 것이다. 약실검사 여부를 묻는 빨간 글씨는 출입문 상단마다 적혀 있었다.

화천 인민군사령부는 일제로부터 해방되던 1945년 건립됐다. 설계자가 누구였는지는 알 수 없다. 6·25전쟁으로 건물들이 모두 초토화됐지만 이 건물은 철원 노동당사와 함께 살아남았다. 철원 노동당사는 지붕이 온데간데없이 사라졌지만 화천 인민군 사령부는 유리창만 없을 뿐이다. 그만큼 원형에 가깝게 살아남았으니 해방공간의 건축물이라는 희소성이 있다. 무엇보다 당시 군사시설의 면모와 인민군의 생활상을 엿볼 수 있다. 건물은 군사시설의 특성을 반영해 단순하고 튼튼하게 지어졌다.

인민군사령부가 소재한 이곳은 화천군 상서면 다목리 361-1번지다. 소유주는 국방부이며, 원래는 3동의 건물이 남아 있었으나 나머지 2동은 그 동안 사라져 버렸다. 건물의 규격은 정면 11.2미터, 길이 31.3미터.

전쟁을 거치면서 인민군사령부는 주인이 뒤바뀌는 신세가 됐다. 인민군이 사용하다 후퇴하며 남긴 건물은 1960-1970년대 국군의 피복수선소로 이용됐다. 화강암으로 지은 건물 구조는 튼튼했지만 단열이 안 돼 한겨울에 무척 추웠을 것이다.

두 달 뒤 다시 찾은 인민군사령부에서는 봄기운이 느껴졌다. 창문 너머에는 하얀 조팝나무들이 세상을 밝히고 있었다. 그 공간에는 전에 없던 사람의 인기

척이 느껴졌다. 문화재 보수공사를 담당하는 인부들이 막사 보수공사를 시작했다. 정부의 돈으로 인민군사령부를 보수하는 시대가 열린 것이다.

무너질 것 같은 천장에는 새로 베니어합판이 설치됐고 창틀도 교체됐다. 인부들은 모래와 시멘트를 섞은 모르타르를 분주하게 나르며 틈을 메우고 있었다. 대못질을 한 현관 입구에는 아치형의 문이 새로 자리를 잡았다. 이 정도의 손질로도 박쥐가 나올 것 같던 으스스한 분위기는 사라졌다. 이제 사람들은 산뜻하게 변한 인민군사령부의 모습만 기억할 것이다.

하지만 인민군사령부 막사에 얹힌 슬레이트는 어딘가 격에 맞지 않아 보였다. 추적해 보니 인민군 사령부 사령부는 원래 인민군을 상징하는 다섯 개의 별이 들어간 오성 기와로 덮여 있었는데 1970년대에 전부 뜯어내고 새마을운동의 상징물인 슬레이트를 얹어 버린 것이었다. 나는 화천 읍내에서 그 옛날의 오성 기와 한 장을 만날 수 있었다. 오성 기와에는 인민군을 상징하는 오각형의 별 무늬가 선명했다. 오성 기와를 얹은 인민군사령부를 상상해 보니 비로소 건물의 제 모습이 완성됐다. 오성 기와를 찍어 보수공사를 마치면 좋겠지만 비용이 만만치 않아 엄두를 내기 힘들다고 담당 공무원은 전했다.

다음 해 봄날 다시 인민군사령부를 찾아갔다. 인민군사령부 막사 마당은 꽃밭이었다. 민들레꽃은 벌써 홀씨로 변해 떠다니고 있었다. 누군가 훅 불면 한순간에 사라질 것 같았다. 민들레 홀씨를 더 잘 보기 위해서는 눈의 높이를 낮춰야 할 것 같았다. 홀씨들을 하나라도 건드리지 않기 위해 조심스럽게 가슴을 땅바닥에 대 보니 홀씨 사이로 인민군사령부 막사의 거대한 모습이 들어왔다. 아치형 출입구 옆에 자리 잡은 나무 한 그루 앞으로는 노란 꽃들이 피었다. 그 앞에서 민들레는 꿈을 잔뜩 품고 폭발할 기세였다.

변덕스런 산골의 날씨 탓인지 바람이 불더니 빗방울이 떨어지기 시작했다. 빗방울 폭격에 민들레 홀씨들은 지상으로 흩어졌다. 훈련용 참호 주변에 잔뜩 핀 민들레들은 이곳에서 날아가거나 빗물을 타고 흘러가다 불시착한 것들이었다. 그러고 보니 인민군사령부의 진정한 친구는 반세기 동안 홀로 피었다 지기를 반복한 민들레였다. 나는 철조망 사이에 핀 민들레에게 고개를 숙였다.

4. 흙벽돌로 참호를 구축하는 친환경 시대

비무장지대 초입새에 주황색 체육복을 입은 젊은이들이 모여 있었다. 1년이 3년 같고, 3년이 1년 같다는 군대 생활을 하고 있는 최전방 지역의 병사들이었다. 병사들은 반죽해 놓은 흙덩이를 옮기기 시작했다. 흙덩이를 들고 야산을 오르는 모양이 먹이를 옮기는 개미들의 행렬을 닮았다. 몇 년 전부터 흙벽돌을 찍어 진지를 보수하는 것이 최전방의 유행이 됐다.

"소대장님이 어느 분이시죠?"

"제가 소대장입니다!"

"흙벽돌로 진지를 보수하는 장면을 담고 싶어서요."

"상부의 허가를 받아야 하는데….'"

그는 중대 상황실로 전화를 걸더니 다시 사단 사령부에 사진촬영이 가능한 것인지 상황판단을 요청했다.

"사단에서 직접 나와 보기로 했습니다."

군사시설이 전혀 나오지 않는 장면이라도 비무장지대 주변에서 사진을 취재하기 위해서는 복잡한 보고 과정과 상급 부대의 승인을 거쳐야 한다. 그래서 비무장지대 주변에서의 사진기록 작업은 지구촌 어느 오지보다 더 힘들고 인내력이 요구된다. 그리고 알게 모르게 사진을 찍을 때는 자기검열 과정이 무의식적으로 작동한다. '찍어도 되는가?'라고. 비무장지대의 생활상이 남아 있지 않은 이유는 냉전 시절의 군사시설보호법이 맹위를 떨쳤기 때문이다. 군사시설과 전혀 관련이 없는 오브제라도 최전방 지역에서 카메라를 들이대는 것은 간첩이라는 오해를 받을 수 있는 소지가 다분했다. 이 지역에서 가장 많이 볼 수 있는 경고문은 '촬영금지'다. 로마에 가면 로마법을 따르라고 한 것처럼 한반도 비무장지대에서는 군사시설보호법을 따를 수밖에 없다.

병사들을 따라 올라간 언덕 위에는 흙벽돌로 진지를 구축하는 작업이 한창이었다. 소나무 사이로 파 놓은 예전의 참호에는 흙벽돌을 차곡차곡 쌓아 올리는 작업이 진행되고 있었다.

유사시 병사들의 이동로가 될 교통호 주변에는 진달래가 꽃망울을 터뜨렸다. 끔찍한 전쟁이 할퀴고 지나갔던 지역에 인간은 다시 참호를 팠지만 자연의 시간은 정확하게 작동해 봄은 어김없이 찾아왔다. 진달래 꽃망울이 너무 아름다워 넋을 놓고 있는데 사단의 정훈공보참모가 헐레벌떡 산을 올라왔다. 그는 주변에 별다른 군사시설물이 없다는 것을 확인하고 촬영을 승인해 주었다. 병사들의 손길을 거치자 무너져 내리던 진지는 말끔하게 정비됐다.

"진흙으로 만든 흙벽돌이 굳으면 더 튼튼해요. 총탄이 콘크리트에 맞으면 사람에게 튈 수도 있는데 흙벽돌 진지는 그럴 걱정이 없어요. 흙과 비슷하니 적에게 잘 보이지 않아 위장 효과도 최고입니다."

흙벽돌로 진지를 만든다는 발상은 최근에 시작됐다. 환경문제가 갈수록 중요해지는 시점에 폐타이어로 뒤덮인 진지에는 여러 가지 문제점이 많았다.

몇 년 전 철원에 집중호우가 내렸는데 마을의 교량을 끊어 버린 주범은 다름 아닌 폐타이어였다. 발도 달리지 않은 폐타이어가 도대체 어떻게 다리를 끊어 버리는 괴력을 발휘했다는 말인가. 언제부터인가 최전방 지역의 진지는 폐타이어로 뒤덮이기 시작했다. 군부대에서 사용하고 남은 폐타이어는 치울 곳이 마땅치 않아 재활용이라는 명목으로 진지를 쌓는 데 투입됐다. 폭우가 내리자 참호에는 물이 고였고, 결국 폐타이어는 계곡으로 휩쓸려 내려오다 다리에 걸려 순식간에 댐을 만들었다. 그리고 물 폭탄이 터지면서 다리 주변은 물바다가 됐다. 이 사실에 대해 해당 부대 헌병대는 수긍할 수 없다고 반론을 제기했지만 그 사단에서는 매년 장마철을 앞두고 대대적으로 폐타이어를 수거했다. 금수강산이 군부대 폐타이어로 뒤덮이기 시작하면서 재해까지 불러오게 됐다는 것을 뒤늦게 깨달은 것이다.

참호를 보수하기 위해 찍어 낸 흙벽돌이 빵 덩어리를 연상케 한다.

폐타이어로 만든 참호는 수해뿐만 아니라 산불에도 취약했다. 동부전선 최전방 지역인 고성에서는 두 번이나 군당국이 대형 산불을 낸 참사가 있었다. 산불이 맹위를 떨치던 곳에서 불쏘시개는 폐타이어였다. 군인들이 이동하도록 참호 사이에 만든 교통호는 폐타이어로 이어져 있었다. 불씨는 폐타이어를 타고 산 위로 번지기 시작했다. 군사작전용으로 갖다 놓은 폐타이어가 산불을 옮기는 심지 역할을 한 것이다. 산불이 강풍을 타고 지나간 곳에는 대부분 불이 꺼졌지만 폐타이어가 있던 교통호 주변은 오랫동안 검은 연기를 내뿜으며 꺼지지 않았다. 폐타이어가 타면서 만들어내는 불길은 격전이 벌어진 전장의 뒷모습 같았다. 산불을 끄는 진화 대원들은 잔인한 전장에서 최후까지 살아남은 군인들처럼 비장하게 보였다. 이처럼 재활용 차원에서 산속으로 옮긴 폐타이어가 봄철 산불과 여름철 수해를 가져오는 애물단지가 되자 군당국은 진흙으로 벽돌을 찍어 진지를 만드는 아이디어를 짜냈다.

"흙벽돌을 찍어 말리는 곳도 볼 수 있나요."

"물론이죠. 따라 오세요."

정훈참모가 안내한 인근의 다른 부대에서는 하루 종일 흙벽돌만 찍는 작업을 반복했다. 병사들은 진흙과 볏짚을 섞어 네모난 나무틀에 넣고 모양이 일정하게 진흙벽돌을 찍어 내고 있었다. 진흙벽돌을 정렬해 놓은 연병장은 빵공장처럼 보였다. 진흙벽돌은 아직 마르지 않아 손가락으로 누르면 쿡쿡 들어가 정말 빵과 흡사했다.

그 뒤로 매년 최전방 지역에서 흙벽돌로 진지를 고치는 풍경을 늘 볼 수 있었다. 흙벽돌로 참호를 보수하는 너머로는 비무장지대와 북녘 땅이 펼쳐졌다. 새싹들이 막 돋아나기 시작할 무렵이어서 북녘 산하도 연둣빛 세상이었다.

그때마다 나는 저 흙벽돌이 갓 구워 낸 빵 덩어리라면 얼마나 좋을까 하는 상상을 했다. 비무장지대 너머에는 생계를 걱정하는 우리의 반쪽이 살고 있기 때문이다. 한쪽에서는 환경의 시대로 접어들어 '생태계 문제'를 걱정하고 있는데, 비무장지대 저편에서는 '생계 문제'가 아직도 해결되지 못했다. 나는 진흙덩이가 빵 덩어리로 변하는 기적이 일어나기를 지구촌 땅끝 마을에서 꿈꿔 봤다.

5. 비무장지대는 생태계 보고가 아니다

비무장지대는 '촬영금지구역'이다. 예전보다는 많이 나아졌지만 군인들도 촬영한 사진은 보안부서의 승인을 받아야 한다. 그래서 비무장지대의 사진사료는 남아 있는 것이 거의 없고, 모두 '전설'로만 존재한다. 군인들의 입에서 입으로 전해지는 이야기가 부풀려져 '사실'로 둔갑한다. 비무장지대에 대한 소설 같은 이야기는 여기에 근원을 두고 있다.

비무장지대에서 허용되는 사진은 연출사진과 동물사진이다. 군인 한 명이 초소 밖에 나와서 눈 쌓인 비무장지대 산하를 내려다보며 총을 들고 서 있는 사진은 실제 근무 장면과는 거리가 멀다.

"그렇게 근무하다가는 총에 맞아요. 누가 뻔히 보이는 곳에 혼자 올라가 총을 들고 근무를 합니까?"

비무장지대 경계근무 장면은 연출해 찍은 사진이다 보니 역사와는 거리가 멀다. 요즘에는 그렇게 총 맞을 위치에 세워 놓고 사진을 찍는 것이 문제가 있다고 판단했는지 군당국도 꺼려 한다. 연출사진은 사실이 사실대로 알려지는 것이 바람직하지 않던 시대와 연출만능주의가 만든 합작품이었다. 그러다 보니 분단의 당사자인 우리는 전쟁의 참혹함을 말해 수는 자료가 없어 외국의 도서관에서 잠자는 것을 발굴하는 형편이 됐다.

베트남전쟁 당시에도 이긴 전투는 실제 전투와 똑같이 세트장을 만들어 사진을 찍었다는 믿기 어려운 이야기를 전해 들은 적이 있다. 아무튼 미군 다음으로 많은 전투병을 파병하고도 한국의 사진가들이 그 전투에서 거의 목숨을 잃지 않았던 것이 뛰어난 안전의식 때문이었는지 아니면 전장에 따라가지 않고도 얻는 실감 넘치는 연출사진 때문이었는지는 알 수가 없다. CF를 찍듯이 찍은 사진은 순간적으로 박진감은 넘쳐도 사실과는 거리가 멀기 때문에 생명력은 짧다. 오늘날 우리 사진의 위기는 현장으로 가서 사실을 찍는 풍토가 뿌리를 내리기보다는 연출에 아주 관대한 것과도 관련이 있지 않을까.

비무장지대에서 1년 동안 촬영하는 다큐멘터리의 주제도 오직 동물이다. 왜냐하면 비무장지대 주변에서 산짐승과 들짐승만 찍는 것은 허가가 쉽게 나온다. 다른 분야는 군사보안 문제로 허가를 받지 못하고 촬영을 해도 공개할 수가 없다. 『하늘에서 본 지구』 시리즈로 유명한 프랑스 사진가도 국방부의 도움으로 비무장지대 주변을 촬영했지만 대다수는 공개하지 못했다. 그의 사진을 제한적으로 내건 전시장에서는 군인들이 배치돼 전시된 사진마저 찍지 못하도록 했다.

야생동물의 포획이 철저하게 금지되면서 서울에도 멧돼지가 출현하는 시대가 됐으니 사실 전국 어디에나 1년 동안 렌즈를 들이대면 '동물의 왕국'을 찍을 수 있다. 단순히 비무장지대에서 찍었다고 비무장지대를 야생동물들의 천국으

DMZ의 야생동물로부터 농작물을 보호하기 위해 설치한 비료포대가 설치미술처럼 들판을 지키고 있다.

로만 보여주는 것은 시청자를 우롱하는 처사이다.

동물에만 초점을 맞추지 않고 비무장지대의 모든 것을 담겠다고 공언하는 사람들도 결국에는 동물사진만 찍어 간다. 기획 자체를 '비무장지대=생태계 보고'로 잡은 원초적 한계도 있지만 1년 사이에 쉽게 찍을 수 있는 그림은 눈에 잘 띄는 동물밖에 없다. 동물 이외에 인간의 살아가는 모습도 담았다고 장담해도 들여다보면 결국 초소 근처에 나타나는 멧돼지에게 먹다 남은 음식 찌꺼기나 빵을 던져 주는 초병 정도다. 하지만 미디어의 DMZ 특집은 예나 지금이나 '야생동물의 천국을 가다'만 존재할 뿐이다. 이 바탕에서 철저한 보전을 주장하는 공허한 주장이 활개를 친다.

'아는 만큼 본다'는 말은 비무장지대에도 통용된다. 콘크리트 숲에서 살던 사람들에게 처음에는 동물만 보인다. 그래서 동화 같은 비무장지대의 동물들 이야기가 짧은 시간에 탄생한다. 비무장지대는 사실 그들에게 낯설다는 이유로 한순간 '생태계 보고'로 둔갑한다. '비무장지대=생태계 보고' 여부는 철조망이 걷히면서 생태계 조사를 전면적으로 실시한 뒤에나 판단이 가능하지 않을까.

주민들은 정부와 학자들이 탁상행정 수준에서 주고받는 생태계 용역사업의 씁쓸한 뒷모습을 목격한 산증인이다. 이들은 정부나 용역 교수들이 탁상에서 그어 놓은 핵심보전지역이나 완충보전지역 같은 방안은 실제 현장에서는 아무런 도움이 되지 않는다고 입을 모은다.

천연기념물인 두루미가 날아오는 비무장지대 주변의 철원평야를 생태계 보전지역으로 묶으려던 계획은 대표적인 실패 사례다. 정부 당국은 교수들에게 용역을 줬고, 그들은 한두 번 둘러보고 가서 생태계 보전지역으로 지정해야 한다고 정책을 내놓았다. 그 결과 농민들은 추수가 끝나고 두루미들이 날아와 겨울에 떨어진 볍씨를 주워 먹는 논을 갈아 버렸다. 생태계 보전지역으로 묶이면 농사짓는 데 피해를 볼 것이 뻔하기 때문이다. 결국 야생동물을 보호하기 위한 순수한 노력도 주민들에게 인정을 받기 힘들어졌다.

한 주민은 "정부와 용역 교수들이 강압적으로 생태계 보전지역으로 묶으려고 하니까 갈아 버렸지요. 그전에는 농민들이 새를 보호하는 주역이었습니다.

농부가 산짐승과 들짐승의 접근을 막기 위해 세워 놓은 '얼짱 허수아비'.

그들은 논을 갈지 않고 놔두었어요. 농민들이 농사를 지으면서 낙곡을 그냥 두니까 두루미들이 한겨울 먹고살 수 있었습니다. 두루미가 먹이가 없는 곳에 오겠어요? 환경이라는 시대의 무기를 내세워 강제로 묶어 버리면 농민들이 제약을 받으니까 불안해 논을 갈아엎은 거지요."

주민들이 제안하는 환경정책이 오히려 현실적일 때가 있다. 비무장지대 주변에 사는 농민들은 강제로 환경보전지역을 설정하지 않아도 남아도는 휴경지를 잘 이용하면 충분히 야생동물을 보호할 수 있다고 목소리를 높인다. 부동산 투기를 위해 서울 등지의 도시민들이 사 놓은 땅에 야생동물의 먹이를 심는 것이다. 이런 곳에 수수를 심으면 여름과 가을에 새들이 평화롭게 먹이를 구할 수 있어 농작물 피해도 줄어든다. 화전민들이 버리고 갔던 산속의 공터에는 산림청 같은 국가기관이 멧돼지의 먹이를 심을 경우 멧돼지는 굳이 옥수수와 벼 같은 농작물에까지 덤비지 않을 것이다. 먹이를 제공하는 자연의 생산능력을 초과할 정도로 개체수가 많아지면 사냥터를 운영하는 방식으로 서식 비율을 줄여 주면 해결된다. 농작물 피해를 주는 멧돼지를 사냥할 필요가 있다는 말을 우스갯소리로 치부한 것은 우리의 환경 수준이 아직 환상에 머물고 있다는 반증이 아닐까.

야생동물과 인간이 공존하기 위해서는 주민을 배제하고 들짐승과 산짐승만 무조건 보호하자는 탁상공론식 발상으로는 별 도움이 되지 않는다. 보호해야 할 대상은 주민들이 앞장서서 보호할 수 있도록 유도해야 한다. 주민들은 자신들뿐만 아니라 후손까지 농사를 지으면 살아야 할 터전에 대해 그 누구보다 애착을 갖고 있기 때문이다. 중앙부처 공무원들과 용역 교수들은 현장에서 영구적으로 자연과 살아갈 사람이 아니다.

환경정책을 마련하기 위해 발주하는 용역이 오히려 용역비만 낭비한다는 지적도 없지 않다. 실제로 비무장지대에 대해 목소리를 높이는 학자 가운데 비슷한 용역사업을 중복적으로 차지하는 사람들이 적지 않다. 천연기념물인 산양의 서식 실태를 조사하기 위해 내려온 사람은 용역을 받은 교수가 아니라 대학원생들이었다. 주민들도 자주 마주치기 어려운 산양을 갓 내려온 대학원생들이 최전방에 들어가 찾아내리라고 기대할 수는 없다. 하지만 그들의 머리는 좋다. 산양 보호시설에 들어가 산양의 자태와 산양의 똥·털을 찍은 뒤 화려한 보고서를 만들어냈다. 결국 정부는 이런 용역에 수천만 원의 혈세를 내준 셈이다.

비무장지대 주변의 수중 생태계를 교란시키는 현장을 조사하기 위해 각종 장비와 지식으로 무장하고 내려온 학자와 학생들은 한 마리의 외래 어종도 포획하지 못하고 돌아갔다. 주민들이 찍어 놓은 물고기 사진을 가지고 갔다는 후문이다.

DMZ 인근에서 살아온 주민들은 말한다. DMZ는 생태계 보고가 아니라고. 지금은 6·25전쟁으로 망가진 DMZ의 자연환경을 사람이 돌봐 줘야 할 때라고.

"지금 인간이 파괴하지 않은 곳이 있겠어요. 인간의 활동으로 자연의 치유력이 없어졌잖아요. 비무장지대도 마찬가지죠. 50년 이상 지구촌에서 가장 군사력이 밀집된 곳으로 유지되면서 군사시설과 보급로를 설치하느라 거의 다 망가졌어요. 서로 적이 침입할까 인위적으로 불을 지르는 시계청소를 해서 사람은커녕 야생동물조차 숨을 곳이 없어요. 북한의 DMZ는 군인들이 직접 먹을거리를 해결하기 위해 산을 개간해 농경지를 만들었지요. 이제 인위적으로 자연을 조절해 주거나 가꿔 주지 않으면 어디든 회복이 불가능해요. 지금까지는 인간이 자연의 덕을 보고 살았잖아요. 이제는 인간이 자연을 살릴 차례입니다. 그래야 지구도 살 수 있습니다."

6. 분단의 강을 건너는 쪽배

짙은 색 군복에 왕별이 박혀 있는 모자를 쓴 인민군들이 강변에 모여 이야기를 나누고 있었다. 이 산골에 무슨 일로 인민군들이 등장한 것일까. 신기루처럼 내 앞에 등장한 이들이 홀연히 사라질 것 같아 부지런히 발걸음을 재촉했다.

내 눈으로 직접 인민군을 본 것은 그리 오래되지 않았다. 판문점에서 마주친 인민군은 북방한계선 바로 너머에서 우리 일행의 동작을 망원경으로 살펴보고 있었다. 우리는 그들을 다시 망원렌즈를 통해 들여다봤다. '아, 우리와 똑같이 생겼구나.' 그 다음으로 본 인민군은 휴전선 너머 초소에 모여 있는 모습이었으나 거리가 멀어 표정을 읽을 수는 없었다.

인민군들의 밝은 표정으로 봐서 사상이나 군사문제를 이야기하는 것 같지는 않았다. 그들은 배를 타고 가는 이야기를 나누고 있었다. 우리 사회에서 북한 인민군이란 존재는 낯설다 못해 사실 금기사항이다.

인민군 복장으로 쪽배축제에 참가한 최전방 군인들.

최전선 군인들이 통일의 날 남북한 군인들이 어울리는 모습을 연출하고 있다.

오늘 인민군이 등장한 곳은 중동부전선 최전방 지역인 북한강 상류였다. 인민군들의 복장을 훑어보니 소총 한 자루 없는 비무장 상태였다. 인민군들은 대한민국 쪽배축제에 참가하러 온 것이다.

'푸른 하늘 은하수, 하얀 쪽배엔-'

동요 「반달」은 이렇게 시작한다. 쪽배란 동력이 없는 작은 배를 말한다. 동화에 등장하는 쪽배를 소재로 하는 대한민국 쪽배축제에 인민군들이 출현한 이유는 무엇일까. 인민군 주위로는 국군이 모여 있었다. 인민군과 국군이 친하게 이야기를 주고받는 장면이 가능한 것은 사실 이들은 모두 국군이고 일부가 인민군 복장을 했기 때문이었다.

국군이 인민군 복장을 하는 경우는 대규모 훈련장에서 대항군 역할을 할 때뿐이다. 인민군이 국군의 요새로 침투하려다 개미 새끼 한 마리조차 허용하지 않는 국군의 철저한 경계근무 때문에 모조리 붙잡힌다는 내용이 주된 시나리오다. 아무리 훈련이라고 해도 인민군에게 고지를 빼앗기는 시나리오는 곤란하지 않겠는가.

오늘 병사들이 인민군 복장을 하고 나온 것은 남북한 군인들이 한반도 통일의 날을 맞는 모습을 극적으로 연출하기 위해서였다. 국군과 인민군으로 나눠서 쪽배를 타고 북한강에 들어간 병사들은 강물 중간에서 한반도 쪽배를 탄생시켰다. 그 쪽배에서 남북한 군인들이 함께 춤을 추면서 병사들의 퍼포먼스는 절정에 달했다.

쪽배놀이를 하는 북한강 상류는 휴전선에 의해 단절된 강이다. 옛날 소금을 싣고 올라오던 쪽배를 맞았다는 전설이 남아 있는 북한강에는 대한민국의 군인들이 모여 있고 비무장지대 북쪽으로는 인민군들이 밀집해 있다. 각종 총과 대포가 서로를 겨누고 있는 우리 시대의 쪽배에도 분단의 사연이 담겨 있다.

서해안 해수욕장에 갔던 까까머리 고교생 김영남은 얼마 전 북한 금강산에서 열린 이산가족 상봉의 현장에 아내와 자식을 데리고 나타나 남쪽에서 올라온 늙은 어머니에게 절을 올렸다. 먼저 결혼한 일본인 아내는 사망했고, 두 번째 아내와 다시 가정을 이뤘다고 김영남은 자신을 소개했다. 고교생이 머리가 벗겨진 중년이 돼서 늙은 어머니를 만난 것이다. 서해안 해수욕장의 쪽배에서 잠시 잠이 든 사이 깨어 보니 바다였고, 거기에서 북한 사람들과 함께 이북으로 가서 남파 간첩들을 교육하는 통일 업무를 맡았다고 말했다. 동요에 등장하는 쪽배도 휴전선에 의해 갈라진 분단 상황에서는 한민족의 아픔을 실어 나를 수밖에 없었는가 보다.

북한 금강천에서 시작된 북한강 물줄기가 비무장지대와 평화의 댐을 거쳐 내려오는 북한강 강변에서는 매년 대한민국 쪽배축제가 열리고 있다. 이 강을 지도상으로 거슬러올라가면 무수히 많은 옛날의 나루터 명칭을 만날 수 있다.

휴전선이 들어선 북한강 최상류까지 지프차를 타고 여러 번 올라가 본 적이 있다. 갈 수 있는 길은 오작교가 마지막이었다. 칠월칠석 까마귀들이 만남을 위해 만들었다던 아름다운 오작교는 아니었다. 철조망으로 이어진 오작교에서는 총을 든 군인들이 한시도 눈을 떼지 않고 북쪽을 경계하고 있었다. 인근에는 '무장공비 침투지역'이라는 작은 팻말도 보였다. 북한의 무장공비가 강물을 타고 내려왔다 발각된 곳이라는 것 같았다. 침투 수단은 아마 쪽배가 아니었으면 그 대용인 고무 튜브가 아니었을까.

오작교 주변에서 쇠로 만든 쪽배를 보았다. 녹이 슨 것으로 보아 자주 사용되는 배는 아닌 것 같았다. 이 배는 강물이 불어난 틈새를 이용해 나뭇조각 등과 함께 떠내려오던 무장공비를 수색하는 데 사용하지 않을까.

북한강 상류에서는 나룻배를 타고 다니던 주민들의 옛 모습은 사라지고 무장한 군인들밖에 볼 수 없다. 가끔 민간인들이 찾아오지만 무슨 일인지 천연기념물이란 접두사를 달고 있는 황쏘가리만 찍겠다고 이구동성으로 외친다. 자칭 생태계 전문가라는 분들은 분단의 현장에서 돌연변이에 의해 탄생한 황쏘가리가 무척이나 궁금한가 보다.

황쏘가리가 꼬리를 흔들며 북쪽으로 오르는 여울에 나뭇잎 하나를 떨어뜨렸다. 저 나뭇잎이 나룻배의 기억을 회복하는 날을 상상해 봤다. 오작교에서 단절된 강물이 열리는 날 북녘 사람들은 쪽배를 타고 내려올 것이다. 저 쇳덩어리 쪽배는 그때 평화의 쪽배로 환생할 것이다.

IV

우리 어떻게 만나야 하는지요

우리 주변에는 50년 전 6·25 전쟁터에서
숨진 뒤 방치되는 국군 전사자들이 있다.
남북으로 갈라진 이산가족들은 오늘도
그들이 돌아올까 애타게 기다리고 있다.
가족을 찾지 못하는 이산가족, 그리고
산 자와 죽은 자는 어떻게 만나야 하는가.

봄기운이 가득한 중부전선 DMZ

1. 그들이 집에 돌아올 때까지

"여기쯤일 것이야, 아마도…."

머리카락이 하얗게 변한 노신사가 강원도 철원 새우젓고개에서 무엇인가를 찾고 있었다. 사실 철원의 새우젓고개는 이제는 잊혀진 고개로 나이든 어르신들이나 기억할 뿐이다. 새우젓고개는 전쟁의 광풍이 지나가면서 쑥대밭으로 변해 산기슭에 숨어 있었다.

6·25전쟁 당시 미군 조종사를 여기에 묻었다는 재미교포가 그의 유해를 발굴하기 위해 비무장지대를 찾아왔다. 총탄 흔적이 역력한 철원군 관전리 옛 북한 노동당사 인근에서 남쪽의 비포장 산길을 따라가다 보면 차량 한 대가 간신히 빠져나갈 수 있는 고갯길이 나온다. 이곳이 바로 새우젓고개이다. 하지만 산기슭의 논과 밭을 부치는 농민들이나 이용할 뿐이어서 길 주변에는 잡초와 나뭇가지가 우거져 있었다.

새우젓고개에서 유해 발굴 작업에 나선 사람은 LA에 거주하고 있는 재미교포 유용수 씨였다. 6·25전쟁 당시 그가 직접 묻었던 미군 조종사의 유골을 유족의 품으로 보내 주기 위해 미군 중앙유해감식소 직원들과 함께 왔다.

유씨는 미군 조종사의 이름조차 기억하지 못했다. 1950년 12월, 18살의 나이에 북한 인민군의 학도병으로 징집돼 평양으로 끌려가던 유씨는 철원역에서 탈출했다. 그는 인근의 토굴에 숨어 있었으나 발각돼 '영광스러운 인민군에서 복무하는 것을 회피했다'는 죄목으로 총살형을 선고받았다.

다행히 담임선생님의 호소로 그는 총살을 면했고, 북한 노동당 철원군 당사 인근의 수용소에 갇혀 지냈다. 그러던 어느 날 포로가 된 미군 조종사 2명이 그

새우젓 고개 가는 길.

가 갇혀 있던 지하 물탱크 속으로 끌려왔다. 포로수용소는 지하 물탱크 2개를 개조한 것이었지만 햇볕이 들어오지 않아 얼굴을 제대로 알아볼 수 없었다. 배가 고팠던 한 미군은 면회객이 가져온 미숫가루를 얻어 게걸스럽게 먹다 목에 걸려 갑자기 숨을 거두었다. 유씨는 질식사한 미군 조종사의 시신을 인부 4명과 함께 가마니로 싸서 새우젓고개에 묻었다. 유씨는 1951년 7월 살아남은 한 명의 미군과 함께 평양으로 끌려가다 혼자 탈출했다. 그후 동두천에 정착했던 유씨는 1974년 파라과이로 농업 이민을 떠났다가 1987년 미국으로 건너갔다.

유씨가 한국을 찾은 것은 6·25전쟁 당시 새우젓고개에 묻혔던 이름 모를 미군 조종사가 그의 꿈에 자주 등장했기 때문이다. 미군 조종사는 매일 밤 꿈속에서 구해 달라고 애원했다. 그로서는 미군의 유해를 찾아 주는 것이 생의 마지막 의무라는 생각이 들었다.

"미군을 묻어 주던 와중에 유엔군의 폭격이 시작됐어요. 심한 폭격 때문에 무릎 깊이밖에 땅을 파지 못한 채 묻을 수밖에 없었습니다."

유씨가 숨진 미군 조종사를 묻은 곳은 당시 옥수수밭 가장자리였다. 50년이 지난 지금은 농사를 짓던 흔적은 온데간데없고 아카시아 숲이 하늘을 가리고 있었다. 아카시아 나무들이 밀집해 있는 숲으로는 바람이 불 때마다 한 줌의 빛이 부서져 들어왔다.

유씨는 반세기 만에 그 자리에 다시 섰다. 양복 차림에다 흰머리를 정갈하게 빗고 안경을 쓴 그는 LA 도심의 분위기가 물씬 풍기는 노신사였다. 그의 모습에서 6·25전쟁의 흔적은 찾아볼 수 없었다.

미 중앙유해감식소 소속 40여 명의 미군들이 그의 주변에서 유해 발굴 채비를 갖췄다. 이들은 1미터 간격으로 줄을 띈 뒤 한 구획씩 야전삽으로 파 들어가기 시작했다. 폭 1미터의 구덩이를 길게 판 미군들은 같은 폭의 공간을 남겨 놓고 다시 구덩이를 파는 방식으로 유해 발굴 작업을 시작했다. 미군들의 유해 발굴 작업은 세심하게 진행됐다. 삽으로 판 흙은 아무데나 던져 놓는 것이 아니라 고운 체로 다시 걸러 냈다. 유해 조각이나 유물이 있을지도 모르기 때문이다.

미군의 유해 발굴은 인류학자들의 유물 발굴과 비슷했다. 빠른 것이 최고인 우리 군대는 건설 현장에서 쓰는 삽으로 마구 파 들어갈 법하지만 그들은 야전삽과 모종삽으로 침착하게 작업을 진행했다. 흙을 떠서 체로 치는 유해 발굴 작업은 느리게 그리고 차분하게 이뤄졌다. 그들의 표정에는 세상에 급한 일은 아무것도 없는 듯했다.

미군들의 유해 발굴 작업은 국군의 유해 발굴 작업을 돌아보게 했다. 국가가 거두어 주지 못한 국군 전사자들의 시신은 산천에 방치되면서 나무들의 영양분이 되고 있다. 6·25전쟁 당시의 참호 주변에서 녹음을 자랑하는 나무들은 전사자들의 뼈와 살을 자양분으로 자랐다. 군사정권이 장기 집권했지만 전사자들의 존재를 거들떠보지 않다 뒤늦게 발굴 작업이 시작됐다.

초창기 국군의 유해 발굴 작업은 인력과 노하우가 부족해 땅 파기 작업과 다를 바가 없었다. 유해가 묻혀 있다는 제보가 들어오면 병사들이 삽으로 푹푹 땅을 파 내려가는 식이었다. 삽날 끝에 커다란 뼈가 걸리지 않는 한 작은 조각들은 걸러 낼 수 없는 원시적인 작업이었다. 이미 전사자가 묻혔던 참호는 50년 세월에 나무가 들어서고 메워졌기 때문에 몇 군데 삽으로 파서 유해를 찾기는 힘들었다. 그나마 유해 발굴 작업이 시작된 직후 수습된 유해는 군부대나 휴전선 주변에서 참호 작업 중 발견돼 가매장해 놓았던 것이어서 유해가 묻혀 있던 원상태를 가늠할 길이 없었다. 한국군의 유해 발굴 작업은 미군의 작업과 비교하면 '노가다 작업'과 다를 바가 없었다.

유씨는 미군과 함께 갇혀 있던 예전의 포로수용소를 둘러봤다. 산길 옆으로 난 풀숲을 헤치고 들어가자 공터가 나왔다. 사람이 다닌 적이 없는지 아카시아 나무가 길을 막아섰다. 풀들이 우거진 사이로 함정 같은 검은 공간이 숨어 있었다. 속은 깊은 미궁처럼 보였다. 이곳이 옛 철원 수도국의 물탱크였다. 함정 같았던 공간은 물탱크 안이었고, 주변에는 둥근 콘크리트 구조물이 서너 개 자리를 지키고 있었다. 구조물은 총탄에 상처가 나 있거나 찢어져 있었다.

"이곳이 포로수용소로 사용됐던 물탱크입니다. 미군과 제가 저 안에 함께 갇혀 있었죠."

찔레 덩굴 사이로 네모난 입구가 모습을 드러냈다. 그 안은 대낮인 데도 어두컴컴했다. 벽과 천장 모두 콘크리트로 둘러싸여 있었고, 드문드문 콘크리트 기둥이 천장을 받치고 있었다. 내 눈으로 본 것은 입구 주변이었을 뿐 저 안쪽의 공간에는 무엇이 있는지 알 수 없었다.

유용수 씨가 미군 조종사와 함께 갇혔던 철원 수도국의 지하 물탱크.

유해 발굴 작업 중인 미군 유해발굴단.

이 수도국은 일제강점기 옛 철원 시가지에 상수도 물을 공급하기 위해 설치한 시설이다. 국군이 북진하자 패주하던 공산당은 노동당사와 철원경찰서에 감금했던 인사들을 이곳으로 이송 조치했다. 철원군이 발간한 『철원 100선』에는 공산당이 3백여 명에 이르는 반공투사들은 총살하거나 지하 6미터 물탱크에 생매장했다고 소개하고 있다.

유씨는 50년 전의 시간으로 돌아가는 것이 착잡했는지 검은 입을 벌리고 있는 물탱크 입구만 바라봤다. 그의 옆에는 한국인으로 보이는 사람이 하나 있었다. 미 중앙유해감식소 직원들은 그를 '써전트 백'이라고 불렀다. 나는 그로부터 더욱 놀라운 이야기를 듣게 됐다. 그는 며칠 전 평양에서 돌아왔다고 말했다. 평양이라면 미국이 적대시하는 북한의 수도가 아닌가. 그는 적국의 심장에 들어가 인민군들과 함께 유해 발굴 작업을 벌였다. 순간 나는 놀랐다. 숨진 지 50년 가까이 된 미군의 유해를 찾기 위해 미국 정부가 나섰다는 사실 때문이었다. 미국은 북한과 아직 외교 관계를 맺은 나라도 아니다. 핵 문제로 갈등을 빚고 있는 와중에도 적국에 들어가 유해를 발굴해 돌아왔다니 이게 미국의 힘이 아닐까 하는 생각이 들었다.

나라를 위해 전사한 젊은이는 끝까지 책임을 진다는 확신을 심어 주는 것만큼 애국심을 불러일으키기에 좋은 것이 어디 있을까. 언제 어디서 전사할지 모르는 군인이지만 내가 죽더라도 사랑하는 부모님과 가족이 있는 곳으로 데려다 준다면 두려울 것이 무엇이랴.

미국 정부는 유씨가 한반도 비무장지대에 묻어 두었던 미군 조종사의 이야기를 꺼내자 팔을 걷고 나섰다. 유씨가 이름도 제대로 모르는 미군 조종사

예전의 흔적을 찾다가 무릎을 꿇은 유용수 씨.

를 찾아 나선 이면에는 유해를 한 구라도 발굴하겠다는 미국 정부의 의지가 있다. 미 국방부는 그가 미국 여권을 만들지 못해 국외 여행을 할 수 없자 국무부의 특별협조를 통해 24시간 안에 이 문제를 해결했다. 그가 한국을 방문하는 왕복 여행비도 미 국방부가 제공했다.

유씨는 미군들이 유해를 발굴하고 있는 새우젓 고개로 돌아가 지팡이로 미군 조종사를 묻었던 자취를 더듬었다.

"여기 같은데…. 하지만 너무나 많이 달라졌어."

당시 옥수수밭의 기억을 더듬어도 매장 장소를 찾는 것은 힘들었다. 그는 미군이 묻혀 있을 것으로 보이는 장소를 더듬다가 무릎을 꿇고 말았다. 너무나 오랜 시간이 지나 찾기 어렵게 된 안타까움일까.

우리 군의 전사자 발굴 사업은 너무 늦었다. 2000년 4월 6·25전쟁 50주년 기념사업의 하나로 육군본부에 한시적으로 담당관실을 편성했다. 정부가 본격적으로 유해 발굴 사업을 시작한 것은 2007년 1월 국방부 유해발굴감식단이 창설되면서부터다. 우리 군은 8년간의 유해 발굴 작업을 통해 1,852구를 발굴했다. 이 가운데 신원이 확인된 유해는 55구이며 가족 품에 안긴 유해는 26구에 불과하다.

나는 단순한 산술식 계산을 해보게 됐다. 8년 동안 이 정도 유해를 발굴했으면 산천에 떠돌고 있는 13만 구를 모두 발굴하기 위해서는 몇 년이 걸릴까. 566년이라는 믿기 어려운 숫자가 나왔다. 현재 발굴 속도라면 서기 2573년에나 끝날 수 있다는 말이다.

6·25전쟁 뒤 산과 들에 버려졌던 군인들의 주검은 정식으로 매장한 것도 아니어서 훼손 정도가 더욱 심하다. 자료가 없어 주민이나 목격자에 의존하는 현재 발굴 시스템도 이들이 세상을 뜨면 더욱 힘들어질 것이다. 지구촌 한반도에서 숨진 채 버려졌던 군인들 대부분은 영영 가족의 품에 돌아가지 못하게 됐다.

미국이 전사한 미군의 유해를 본국으로 봉환하는 작업은 1917년 제1차 세계대전에 참여하면서 시작됐다. 미국은 그 많은 전사자들의 신원을 파악한 뒤 본토로 송환했다. 제1차 세계대전이 일어났을 당시 한반도는 일제강점기에 있었고 우리의 젊은이는 일본군에 강제로 끌려가 목숨을 잃어야 했다. 그 당시 일본에서 죽은 우리의 선조들의 영혼은 아직도 일본 땅을 떠돌고 있다.

다시 7년이 흐른 2007년 7월 18일, 중부전선 비무장지대에서 발굴한 국군 유해 36구의 영면을 위한 영결식장에 다녀왔다. 양구 방산면 비무장지대 보급로에서는 미제 군용 스푼을 안고 있던 유해가 발굴돼 신원 확인 작업을 거치고 있었다. 군당국은 그의 아들로 추정되는 이의 DNA와 일치하는지를 대조하고 있다고 하니 가족을 찾을 일말의 가능성이 남아 있지만 그가 아들을 찾았다는 소식은 아직 들려오지 않고 있다.

나는 36구의 유해 앞에서 부끄럽고 안타까웠다. 잿더미로 변한 전쟁터에서 먹고살기 위해 일하다 보니 유해를 발굴하는 작업이 늦게 시작됐다는 변명은 궁색하다. 우리는 그들을 잊고 있었던 것이다. 집을 나간 가족을 기다리는 것은 집안이 잘살고 못살고의 문제가 아니다. 이 땅에 전쟁이 다시는 있어서는 안 되겠지만 전사자에 대한 예우가 이 정도라면 유사시 망설이지 않을 수 있을까. 현재 비무장지대에만 1만 3천여 명의 국군 전사자 유해가 묻혀 있을 것으로 추정되며, 국방부는 공동 유해 발굴 문제를 북측에 제기할 계획이다.

미국은 제2차 세계대전 이후 전사자의 신원 파악을 과학적으로 실시하기 위해 유해감식소를 만들었다. 1976년 하와이 주 호놀룰루 히캄 공군기지 내에 설치된 미국의 중앙유해감식소(CIL)는 첨단 DNA 감식장치를 갖추고 있다. 군인뿐만 아니라 전문지식을 갖춘 인류학자나 해부 전문학자들이 근무하고 있다. 북한군이 판문점에서 미군에게 건네주는 신문 사진에 등장하는 유해는 모두 이곳으로 보내져 신원 확인 작업을 거친 뒤 가족과 조국의 품에 안기게 된다.

또한 미국은 1992년 합동특수임무부대(JTF)를 만들어 전사자의 유해를 탐사하는 업무를 맡기고 있다. 2003년 CIL과 JTF를 통합해 실종자·포로전담사령부(JPAC)를 만들어 전사자 유해 발굴 업무를 맡기고 있다. 이곳은 매년 1억 달러가 넘는 예산을 유해 발굴에 투입하는 것으로 알려지고 있다. 미국은 적성 국가인 북한에서 443구의 유해를 발굴했으며 인건비와 경작물 훼손, 토지 복원비, 헬기 임차료 명목으로 2천2백만 달러를 지급했다. 그들의 사명은 분명하다. '그들이 집에 돌아올 때까지(Until they are home)'

2. 땅속 흑백사진의 주인공, 50년 만에 가족을 찾다

"이 사진의 주인공을 찾아 주세요."

2004년 6월 2일 중부전선에 위치한 경기도 가평군 북면 화악2리의 6·25전쟁 전사자 유해 발굴 현장에서 빛바랜 흑백사진 한 장이 발견됐다. 사진은 땅속에 묻혀 있던 어느 유해의 대퇴부에서 나왔다. 유해를 발굴하던 육군 이기자 부대는 주인공을 혹시나 찾을 수 있을까 하는 기대감에 사진을 보내왔다. 사진은 50년 가량 땅속에 묻혀 있었지만 비닐 같은 것으로 코팅돼 있어 비교적 상태가 양호했다. 비닐은 세월에 오그라들었어도 흑백사진 속 주인공의 눈빛은 빛났다.

흑백사진의 주인공을 찾는 것은 쉽지 않아 보였다. 50년이 흐른 시점에서 그 사진을 알아보는 가족이 없으면 찾을 길이 없다. 유해는 대퇴부만 발견됐으며 신원을 확인해 줄 인식표도 없었다. 잔디밭에서 바늘 찾기보다 더 힘든 작업이 될 수도 있다는 절망감마저 들었다.

그런데 3일 만에 그 사진을 알아본 사람이 등장했다. 빛바랜 사진의 주인공은 학도병 출신의 나영옥 상병으로 확인됐다. 나 상병의 일곱 번째 동생인 영일(59) 씨는 서울시 중랑구 신내동에 살고 있었다. 사진을 처음 본 사람은 영일 씨의 아들이었다. 그는 '신문에 난 사진이 큰아버지와 너무 똑같다'는 말을 들었다. 영일 씨는 아들이 팩스로 보내온 사진을 보고 깜짝 놀랐다. 자신이 평생 갖고 있던 사진과 똑같았다. 그는 50여 년 전 전쟁터로 떠났던 형님이었다. 혹시나 다른 사람일지도 모른다는 생각에 확인 차원에서 나영일 씨에게 전화를 걸었다.

"당시 18살이던 형님은 전남 벌교에서 법원 등기소 서기로 근무하다 징집됐어요. 등기소에서 사진을 복사하고 나눠 줘 저도 같은 사진을 갖게 됐어요."

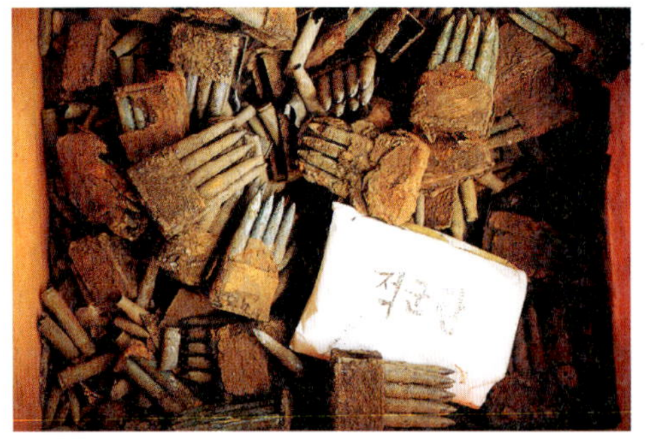

위, 유해 주인공인 나영옥 상병이 최후를 마쳤던 전투 현장에서 쏟아져 나온 중공군의 탄환들.
오른쪽, 대퇴부만 남은 유해의 주인공(나영옥 상병)은 이 사진 덕분에 그리운 가족의 품으로 돌아갈 수 있었다.

흑백사진의 주인공은 나영일 씨의 형님임에 틀림이 없었다.

"사진 주인공이 학생 복장인 것 같은데요?"

"법원 등기소에서 일할 때 입었던 옷입니다. 형님은 고등고시에 합격해 왼쪽 가슴에 만년필 2개와 손목시계를 차고 다녔거든요."

그는 땅속에서 나온 오래된 사진에서 미처 확인하지 못한 사실들을 알려줬다. 사진 속 주인공 나영옥 씨는 6·25전쟁이 발발하는 바람에 전쟁터로 떠나야 했다. 그는 8남매 가운데 둘째였으며 현재 4남매가 생존해 있다.

나영일 씨는 그 동안 형이 전쟁 중에 실종된 것으로만 알고 매년 동작동 국립묘지를 찾아갔었다. 그는 비닐에 밀봉된 상태로 발견된 사진 때문에 마침내 가족을 찾게 됐다.

사진의 주인공을 찾아 달라고 부탁했던 부대측은 "유해를 발굴해도 신원이 확인되는 경우는 얼마 되지 않아요. 신원을 확인하는 데 필요한 군번줄이나 증표가 없기 때문입니다. 이번 사진은 비닐에 밀봉된 상태로 땅속에 남아 있어 신원 확인에 큰 도움이 됐습니다"라고 말했다.

나영일 씨는 현충일인 다음 날 유해 발굴 현장을 찾아 형이 잠들어 있던 곳을 살펴보겠다며 전화를 끊었다. 만나야 할 사람은 죽어서라도 만나는 법일까. 전쟁이 남긴 흑백사진 주인공의 기구한 운명이 그날 내 머릿속에서 떠나가지 않아 잠을 이루지 못했다. 사진의 주인공이 가족의 품으로 돌아갈 수 있는 것이 얼마나 다행인가. 하지만 전쟁터에 나갔던 실종자들의 소식을 알 수 없는 것이 이 땅의 슬픔이다.

다음 날 아침 유해 발굴 현장으로 차를 몰았다. 북한강은 옅은 안개에 묻혀 있었다. 예정 시간이 가까워지자 나영일 씨 가족이 나타났다. 나영일 씨는 형의 사진을 확대한 액자들 들고 유해 발굴 현장으로 발걸음을 옮겼다. 그가 가지고 온 사진은 유해에서 나온 사진과 일치했다. 나영일 씨는 형님에게 세 번 절을 올렸다.

"그 동안 이곳에서 얼마나 쓸쓸하셨습니까. 동생의 절을 받아 주세요."

나영일 씨는 형의 유골이 보관돼 있는 유해 안치소로 향했다. 유해는 작은 관에 태극기로 덮여 있었다. 그는 총명하고 똑똑했던 형이 전쟁터로 나간 뒤 오늘 유골로 돌아온 사실을 믿지 못하겠다는 표정이었다.

"하늘나라에서 아버지, 어머니 만나 행복하세요. 아버지와 어머니는 돌아가시면서도 오빠 때문에 눈을 감지 못하셨습니다."

여동생 나옥자 씨도 흐느꼈다.

유족들은 1951년 1월 말에서 2월 초 나 상병이 화악산 기슭에서 중공군의 춘계공세와 맞서다 전사한 현장도 처음 확인할 수 있었다. 동생들은 1950년 6·25전쟁 발발 당시 벌교에서 법원 등기소 서기로 근무하던 나영옥

나영옥 상병의 가족들이 평생 보관해 온 사진은 유해에서 나온 사진과 동일했다.

씨가 부산 피난지에서 학도병으로 자원입대한 뒤 흙으로 사라진 현장을 눈으로 확인했다. 순천사범학교에 다니던 나영옥 씨는 그 당시 고등고시에 합격할 정도로 수재로 불렸으나 6·25전쟁이 일어나면서 낯선 전선으로 떠나 국군 5사단 36연대 본부에 배치됐다. 나 상병은 그 뒤 중공군과의 전투에서 생을 마감한 뒤 화악산 기슭에 묻혀 있었다.

"착잡해요. 떨려서 말이 나오지 않아요. 뉴스에서 이북의 국군 포로 이야기가 나올 때마다 형님이 아닐까 많이 생각했어요. 이번 기회에 형님을 찾아 줘서 너무 고맙습니다."

"사진을 코팅해 전쟁터로 나갈 틈이 있었을까요?"

"형이 등기소 서기로 근무할 때 비닐에 넣고 다니던 사진이 땅속에 묻혀 눌리면서 코팅된 것처럼 변한 것 같아요. 동일한 다른 사진을 어머니와 제가 가지고 있었는데 그 사진은 코팅된 것이 아니었으니까요."

1953년 3년간의 포성이 그치면서 정전협정이 체결됐지만 손꼽아 기다리던 형님은 끝내 집으로 돌아오지 않았다. 나영일 씨는 50년간 명절마다 밥을 한 술 떠 놓고 형의 기억을 더듬어야 했다.

돌아오는 길에 갑자기 몸이 화끈거리기 시작했다. 몸살이 난 것 같았다. 반세기 전에 전쟁터로 떠난 형을 찾는 유가족들의 흥분과 슬픔이 내게도 옮겨진 것일까. 전쟁터로 떠났던 사람과 떠나보내야 했던 가족의 슬픔이 오늘 이 경우보다 더 극적일 수 있을까.

떨어지는 빗방울에 차창이 얼룩졌다. 와이퍼를 작동시켜도 내 시야의 얼룩은 사라지지 않았다. 가족을 반세기 만에 찾은 사진 주인공의 사연이 내 눈을 적시고 있었다. 지금 비무장지대에는 얼마나 많은 전사자들이 방치돼 있다는 말인가. 더러는 참호 공사를 하다 발견되지만 나머지는 아예 지뢰밭에 묻혀 확인할 길이 없다. 비무장지대에는 현재 국군 전사자만 1만여 명이 방치돼 있는 것으로 군당국은 보고 있다.

3. 헤어진 지 55년, 이별이 너무 길다

"우리 가족이 납북된 뒤 강산이 다섯 번이나 변했지만 아직도 깜깜무소식의 벽 앞에서 통곡하고 있다. 어두워지는 눈을 닦으며 행여나 오늘은 소식이 있을까 애타게 기다리는 노모들을 앞세우며 2세들도 줄줄이 그 길을 따라가고 있다. 이에 반해 빼앗긴 혈육의 소식은 점점 더 선명하게 그리워진다. 남북한 당국은 이른바 '전쟁 시기와 그 이후 소식을 알 수 없게 된 사람들'의 소식을 상호 전해 주기로 2002년에 협상한 바 있다. 하지만 당국은 아무런 소식도 알려주지 않고 있어 헤어진 가족들만 하나둘 스러져 가고 있다. 우리가 피나는 정성과 노력으로 발굴한 납북자들의 명단들에 이어 국제적으로도 인정한 당시의 영문 문서를 발견했으니 이것이 미 국무부 문서다. 남북 정부는 한시바삐 전쟁 당시 납북자의 생사 확인을 서둘러야 한다."

전쟁터에서 돌아오지 않은 가족을 앉아서 기다릴 수만은 없는 납북자 가족들이 '납북 길 따라 걷기'에 나섰다. 납북자 가족들은 돌아오지 않은 사람에 대한 그리움을 안고 북쪽으로 발걸음을 옮겨 옛 북한 노동당 철원당사 앞에 도착했다. 북으로 간 가족들의 생사는 알 수 없는 분단현실은 노동당사 벽보다 더 높아 보였다. 뻥 뚫린 노동당사 벽으로는 피린 북녘 하늘이 펼쳐졌다. 노동당사 앞에서 납북자 가족들은 그리움을 토해 냈고, 남북한 양국의 관심을 촉구했다. 남편이자 오빠, 아빠였던 사람들은 6·25전쟁 중에 이북으로 간 뒤 모두 소식이 끊어졌다.

납북자 가족들은 이어 민간인출입통제선(민통선) 내 월정리역으로 갔다. 월정리역 앞으로는 높은 인공 둑이 지나간다. 군인들은 이를 장벽이라고 부른다.

이 앞이 절대 갈 수 없는 비무장지대다.

길이 막힌 납북자 가족들은 '철마는 달리고 싶다' 간판 앞에서 주저앉았다. 경원선에서는 현재 신탄리역이 기차가 들어오는 마지막 역이지만 철길이 끊어진 구간으로 보면 월정리역이 최북단 역이다. 월정리역에는 6·25전쟁 당시 폭격으로 주저앉은 철마의 잔해가 널브러져 있다. 철마처럼 납북자 가족들도 그 철로 위에 주저앉았다. 결코 만나지 못하고 평생 남과 북으로 떨어져 사는 이들의 운명은 저 철길을 닮은 것 같았다.

'납북자'라는 말도 이 비무장지대를 기준으로 남쪽 땅에서만 통용된다. 납북자 가족들은 6·25전쟁 기간에 형제들이 이북으로 강제로 끌려갔다는 뜻으로 이 말을 쓰고 있다. 하지만 비무장지대 저 북쪽에서는 이 단어가 없다. 납북자 대신 '전쟁 시기와 그 이후 소식을 알 수 없게 된 사람들'이다. 강제성이나 원인에 대한 원인 규명은 없고 결과적으로 소식을 알 수 없게 됐다는 의미다.

철원 노동당사 앞에서 정부와 북한에 납북자 송환을 요구하는 가족들.

납북자 가족들은 비무장지대 앞 끊어진 철길에서 성명서를 꺼내 들었다. 머리가 허연 할아버지와 허리가 굽은 할머니들이 무슨 사회운동과 관련이 있을까마는 가족을 돌려보내 주지 않는 나라와 찾아올 생각을 하지 않은 나라가 무척이나 섭섭했던 모양이다. 6·25전쟁이 터진 지 55년이 지났고, 목소리는 크지 않았지만 가족을 찾고 싶은 염원은 절실했다.

"2002년 남북이 확인한 6·25전쟁 납북자들의 생사 확인을 즉각 이행하라!"

"미 국무부 문서에도 기록된 6·25전쟁 납북 사실을 김정일 국방위원장은 즉각 시인하고 우리 혈육들의 생사를 확인하기 위한 협상을 서둘러라!"

"정부는 뭐하느냐. 6·25전쟁 납북자의 명예 회복과 지원에 관한 법률안을 조속히 제정하라!"

납북자 가족들은 끊어진 철길 옆에 삽으로 구덩이를 판 뒤 구상나무 한 그루를 심었다. 비무장지대 너머로 오래전에 사라진 가족들이 살아 돌아오기를 기다리는 염원이었다. 납북자 가족들은 나무를 정성껏 심은 뒤에도 쉽게 자리를 떠나지 못했다.

납북자 가족들이 들고 온 피켓에는 이런 문구가 들어 있었다. "헤어진 지 55년, 이별이 너무 길다"

50년이 지났건만 그들은 황원에서 돌아올 가족을 오늘도 기다리고 있었다. 비무장지대를 향해 두 갈래로 뻗은 철로 아래로는 만나지 못하는 철로를 이어 주는 침목이 있었다. 그 철로에는 그리움인 듯 아픔인 듯, 그리고 희망인 듯한 민들레 한 송이가 노랗게 피어 있었다.

4. 반세기 만에 이어 보는 혈육의 정

"그리움이야 하루도 잊어 본 적이 있갔남(있겠나)?"(북쪽 가족)

"아버지, 삼촌 보러 금강산에 갔어요. 연변에도 갔는데 북한으로 가는 다리만 보이더라고요."(남쪽 가족)

휴전선에 가로막혀 생사조차 모르고 지내던 이산가족들이 디지털 문명의 도움으로 얼굴을 마주하게 됐다. 6·25전쟁이 1953년부터 휴전 상태에 들어갔으니 반세기 만의 일이다.

비무장지대를 가로질러 평양과 남한을 연결하는 광케이블은 50년 이상 갈라 놓은 혈육의 정을 모처럼 이어 줬다. 남쪽의 이산가족은 6·25전쟁 중에 이북으로 끌려갔던 아버지와 삼촌을 혹시 찾을 수 있을지도 모른다는 일념으로 비무장지대를 넘어 금강산에 갔었고, 중국에서 북한으로 넘어가는 지점에서 북한을 바라보기만 했었다.

2005년 11월 24일, 대한적십자사 강원지사 강당. 북측의 평양 상봉소와 광케이블로 직접 연결된 남측의 화상 상봉장에서는 휴전선을 사이에 두고 살아왔던 이산가족들이 잇따라 만나기로 예정돼 있었다.

먼저 북측의 최재규(73) 씨가 남측의 '강릉시 안현리'에 살고 있는 동생과 조카 그리고 형수를 만나기 위해 화면에 나타났다. 북측의 최재규 씨는 위로 동규 씨와 아래로 택규 씨 형제가 있었는데 동규 씨는 6·25전쟁 당시 북으로 갔고, 남쪽에는 택규 씨가 살아 있다. 남쪽의 화상 상봉장에는 형수인 최옥자(79) 씨가 나왔다.

남과 북으로 갈라져 50년 이상 생사조차 모르고 살아온 최씨 형제는 생전의 부모 소식과 자식이 몇이나 있는지 확인하는 이야기로 서먹서먹하게 말문을 열었다.

"재규 형님, 저 택규예요. 알아보시겠어요? 북에서 살아 계신 줄 꿈에도 몰랐어요."

남쪽의 택규 씨는 둘째 형님인 북쪽의 재규 씨가 그 동안 살아 있을 것이라고는 생각하지 못했던 터라 눈시울을 붉혔다. 그가 상봉장에 가지고 온 최씨 집안 족보에도 6·25전쟁 와중에 북으로 떠났던 재규 씨 아래로는 빈 공간으로 남아 있었다. 이번 만남은 재규 씨가 50년 전 북으로 떠났을 당시의 옛 주소를 가까스로 떠올려 성사됐으니 갑자기 둘째 형님의 얼굴을 본 그로서는 믿기지 않을 만도 했다.

재규 씨의 외아들 광석(34) 씨는 남측의 화상 상봉장에서 할아버지와 할머니가 살아 계셨을 당시의 사진을 카메라로 잡아 보여주자 큰절을 올렸다. 이번에

6·25전쟁 때 북으로 간 형제가 남쪽에 보낸 사진과 이산가족의 가계도. 북으로 간 첫째는 인민군이 됐고, 둘째의 후손은 생사를 알 수 없어 족보에서 빠졌다.

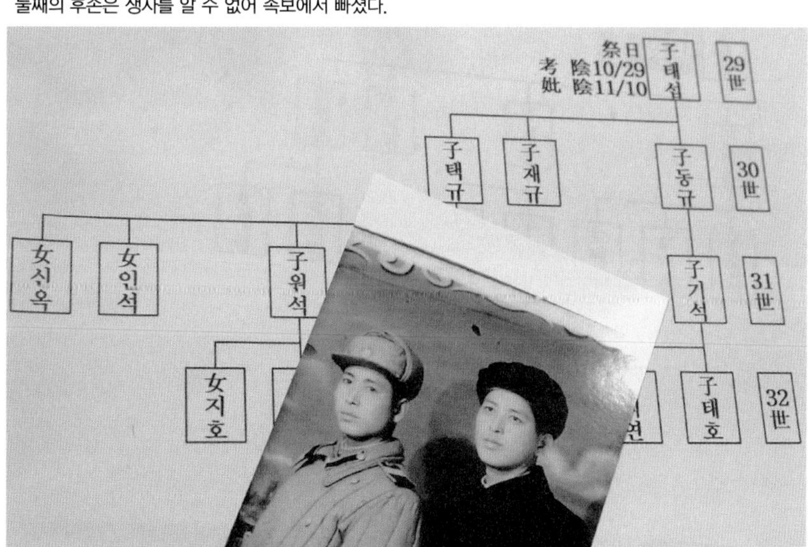

화상 상봉 중인 남북한 이산가족.

는 남쪽의 조카들이 재규 씨 부부에게 큰절을 올리며 살아서 다시 만났으면 좋겠다고 인사를 했다.

남북으로 갈라져 살아온 최씨 형제들은 가족 현황에 대해 이야기를 주고받다 남측 화상 상봉장에 나와 말없이 앉아 있는 형수 최옥자 씨의 궁금증을 풀어 주어야 했다. 최옥자 할머니는 6·25전쟁 당시 남편인 동규 씨가 의용군에 끌려간 뒤 50년 이상을 수절해 왔다.

"큰형님은 어떻게 됐나요?"

남쪽의 택규 씨가 조심스럽게 재규 씨에게 물었다.

"이북에서 형님이 살고 있다는 소식을 듣고 수소문해 만나게 됐지. 형님은 군(인민군) 제대 후 김책공업대학을 졸업하고 서른 살이 넘어 재가해 5남매를 뒀어. 13년 전에 뇌졸중으로 쓰러져 1년 뒤 돌아가셨어. 형님은 늘 남녘땅을 바라보며 형수님과 기석이를 그리워했단다."

기석이는 최동규 씨가 돌이 되기 전에 두고 떠났던 유일한 남쪽의 피붙이다.

남쪽에 아기를 두고 북으로 떠나야 했던 아버지는 죽는 날까지 그리워하면서도 남북 분단으로 갈 수 없는 처지에 자식을 가슴에 묻고 눈을 감았다. 반세기 동안 남편이 살아서 돌아오길 손꼽아 기다려 왔던 최옥자 할머니의 표정은 순간 얼어붙었다. 잠시 후 눈가에서 눈물이 흘러내렸다. 전쟁 당시 의용군으로 끌려갔던 남편을 반평생 기다려 왔지만 남편은 더욱 굳어지는 남북의 분단 체제에서 남쪽의 아내를 영영 만날 수 없다는 체념에서인지 다른 여자와 결혼했다. 하루라도 잊은 적이 없는 남편이 병으로 숨졌다는 사실도 12년이 흐른 오늘에야 알게 됐다. 할머니로서는 저세상 사람이 된 남편이 야속했을 것이다. 할머니는 아무 말도 하지 않았다. 할머니의 얼굴에서는 알 듯 모를 듯한

"내 남편이 죽었다니 믿을 수 없어." 북으로 간 남편이 돌아오기를 기다리며 평생 수절해 온 최옥자 씨. 화상 상봉을 통해 남편이 이북에서 다른 여자와 결혼했으며, 13년 전 뇌졸중으로 사망한 것을 확인하는 순간 아무 말이 없었다.

체념과 슬픔이 교차했다. 늦었지만 이제라도 남편의 생사를 알게 돼서 반갑다는 뜻일까. 이제는 남편을 기다리지 않아도 된다는 사실을 깨달았다는 의미일까. 반평생 남편을 기다려 온 할머니는 속절없는 세월을 원망하는 듯했다. 쉽게 만나고 쉽게 헤어지는 요즘 시대에 사어(死語)와 다름없는 수절(守節)이라는 말의 깊은 뜻을 할머니 앞에서 헤아릴 수 없었다. 분단 없는 저세상에서 꼭 다시 만나 이승에서 이루지 못한 행복을 누리시길 빌었다.

광케이블은 비무장지대를 단숨에 뛰어넘어 얼굴을 확인할 수 있는 효과적인 수단이었지만 50년 분단 세월이 만든 벽 앞에서는 '체제 선전'을 전달하는 정치 도구가 돼 버렸다. 50년 동안 떨어졌던 가족이 단 2시간 동안 만나고 기약 없이 헤어지는 아쉬움 속에서도 정치선전이 개입했다.

"통일하려면 미국놈들부터 몰아내야 해. 남쪽 사람들은 숭미사상에 젖어 해방자·보호자라며 미국놈을 섬기는데 그놈들이 우리 조국을 갈라놨어! 기석이 어머니 아버지를 갈라놨단 말이야! 그놈들이 통일에 반대하기 때문에 공화국

인민과 힘을 합쳐 우리 민족끼리 통일을 이뤄야 해. 알겠지!"

"…."

체제선전은 대남방송에서 많이 들어 본 익숙한 것들이었다. 재규 씨가 체제를 선전할 수밖에 없는 깊은 뜻은 그의 가족들이나 이를 지켜보는 사람들도 짐작할 수 있으리라. 북한이라는 특수한 체제를 우리가 이해하는 수밖에 없지 않은가. 우리도 마음속의 말을 할 수 있게 된 세월이 그리 오래되지 않았다.

화면으로 만나는 상봉 시간이 10여 분 정도밖에 남지 않자 영영 헤어져야 한다는 아쉬움이 밀려왔다. 살아서 다시 만날 수 있을지 기약할 수 없는 노릇이다. 그들은 비로소 마음속의 담아 두었던 말을 꺼냈다.

"우리 화면이 끊어질 때까지 쳐다봅시다!"

"형님 몸 건강히 계시오."

그날 오후 4시, 같은 화상 상봉장에서 한성연(93, 인제군 남면) 씨 가족이 북에 남겨 둔 맏아들 상순(61) 씨와 극적인 만남의 시간을 가졌다. 이들 부자가 헤어지게 된 것은 한 할아버지가 1·4후퇴 당시 인민군 징집을 피해 북의 아내와 3남매를 고향 땅에 남겨 두고 남으로 내려오면서다.

"당시만 해도 3개월이면 충분히 고향 땅에 다시 돌아갈 수 있으려니 했는데. 5살짜리 꼬마였던 내 아들이 주름살 깊은 노인이 돼서 나타날 줄은 꿈에도 몰랐어."

한 할아버지는 자식을 북에 두고 내려왔던 자책감에 눈물을 훔쳤다.

"아비 노릇도 못하고…. 너희 3남매를 북에 두고 내려온 탓에 평생 그리워하며 살아왔단다."

이북의 상순 씨는 "아버지 없이도 아무 탈 없이 잘살았시요! 이 같은 만남도 장군님이 베풀어 주신 은혜 덕분이지요"라고 대답했다.

반세기 만에 가족의 근황을 주고받는 자리에서도 체제선전이 끼어드는 것이 분단된 남북한의 슬픔이다. 한 할아버지는 산골인 인제군 남면 남전2리 1반에서 35년 넘게 살아왔고, 자녀들은 일식집 요리사와 공무원으로 일하고 있다. 아들 상순 씨는 한 할아버지의 남쪽 자식들에게 이렇게 당부했다.

“미국놈들 몰아내야 거기 사람들이 잘살지. 장군님께서 이렇게 베풀어 주셔서 만나게 됐다. 미국놈들 몰아내고 빨리 통일해야지. 미국놈만 몰아내면 우리가 죽기 전에(현재 60살) 만날 수 있다. 장군의 품으로 와서 통일의 광장에서 결혼식도 해야지.”

짧은 만남은 정치적인 수사 어구를 거쳐 간절한 염원으로 끝났다.

“백 살까지 오래오래 사세요.”

5. 갈 수 없는 북한 마을

신이 존재한다면 한반도 비무장지대에는 신과 인간이 공존하는 산이 있다. 그곳의 신은 민간인이 아니라 군인과 함께 산다. 중무장된 한반도 비무장지대에는 민간인이 사는 것을 허용하지 않기 때문이다.

한반도 허리를 가로지르는 155마일의 휴전선 정중앙은 강원도 철원이다. 그곳에는 안보관광지인 승리전망대가 자리 잡고 있다. 아무도 비무장지대를 자유롭게 가로질러 저쪽의 북한 마을로 갈 수 없다. 가지 않고 보기 위해서는 고배율 망원렌즈의 도움을 받아야 하다.

안보관광객들은 북한 마을의 현황과 주변 지형에 대한 안내를 받는다. 서쪽으로 우람하게 서 있는 오성산(1092m)은 천상과 지상의 이야기로 얽혀 있다.

"하늘에서 보면 다섯 개의 별로 보인다고 해서 오성산입니다. 또 다른 말로는 다섯 명의 신이 산다고 해서 오신산이라고도 부릅니다. 6·25전쟁 때는 인민군이 국군 장교의 군번줄을 트럭으로 가져다준다고 해도 바꾸지 않겠다고 말했던 곳이에요."

남쪽으로는 철원평야가, 북쪽으로는 평강고원이 펼쳐지는 형세여서 오성산은 실제보다 더 높게 보였다.

"하지만 지금은 신이 아니라 인민군 5백여 명 정도가 주둔하는 것으로 추정됩니다. 오성산의 지하는 모두 요새화해 있어요. 산 정상의 철탑 같은 안테나는 의정부까지 감청이 가능한 시설입니다."

침묵하는 오성산의 자태를 보며 오신산으로 불러야 할지도 모르겠다고 생각하는 사이 전쟁의 이야기가 인간의 산으로 다시 돌려놓았다.

눈에 덮인 오성산.

"오성산 아랫자락에 자리 잡은 산기슭이 저격능선입니다. 6·25전쟁 때 피아 간의 너무 많은 군인들이 전사해 '피의 능선'이라고도 부르지요."

그는 이제 인간의 땅에 대해서만 간략하게 안내한다.

"저기 흰색 건물과 연병장이 보이지요. 그게 북한군의 하전사 교육장입니다. 우리로 말하면 신병훈련소와 비슷해요. 그 앞이 북한의 하소리 협동농장입니다."

좌측과 우측의 창 너머는 모두 촬영금지 지역이어서 눈길을 주기도 부담스러웠지만 사진 촬영이 가능한 정면으로는 주민이 아무도 없는 듯했다. 하지만 5백 원짜리 동전을 고배율 렌즈에 넣자 움직이는 사람들이 들어왔다. 북녘에서는 '농사전투'가 한창이었다. 써레질을 마친 논에 한 줄로 길게 엎드려 있는 모습은 우리들 곁에서 사라진 손모내기 풍경을 떠올리게 했다. 이앙기와 같은 농기계가 보급되지 않는 이곳에서는 아직 전통 방식인 손으로 모를 심어야 한다.

"지금 보고 계시는 모내기는 3일 전에 시작됐어요."

비무장지대 남쪽에서는 이미 기계로 모내기를 마쳤다.

북한이 '자급자족'이라고 세운 선전간판 뒤로는 소달구지를 끌고 가는 주민들이 보였다. 마을 앞으로는 포장하지 않은 도로가 하얗게 들어왔다. 남쪽의 의정부와 철원 와수리를 지나 비무장지대 광삼평야에서 사라진 43번 국도는 이 마을 앞에서 다시 옛 모습을 드러냈다.

"저기 '선군정치'라는 선전간판이 보이세요? 그 뒤가 아침리 마을입니다. 6·25전쟁 이전 금강산으로 가던 사람들이 이 마을에서 아침을 먹었다고 해서 붙여진 이름입니다. 360가구 천여 명이 살고 있어요. 마을에는 인민학교도 있어요."

"여기서 내금강까지 얼마나 돼요?"

"76킬로미터입니다!"

"차로 한 시간 거리밖에 안 되는 가까운 거리네요."

안내자는 더 이상 설명하지 않았지만 이곳 비무장지대에는 사라진 마을이

눈에 덮인 산으로 둘러싸인 북한 아침리 마을.

숨어 있었다. 이곳의 주민들이 모를 내는 방죽 이남으로는 나무 전봇대가 서 있었는데 비무장지대 주변에 고압전류를 공급하기 위한 것이다. 고압전류는 사람들의 왕래를 원천봉쇄하기 위해 설치한 것이다.

지금은 사람 한 명 살지 않는 황량한 초원이지만 50년 전 이곳은 분명 번성했던 마을이었으리라. 금강산으로 향하던 전철은 전기를 공급받아 이 벌판을 느릿느릿 지나갔을 것이다. 저 광삼평야에는 그 당시 열차가 지나갔던 철길이 자로 그어 놓은 것처럼 아직도 직선으로 남아 있다. 기차가 지나갔던 비무장지대 광삼역 주변은 승객 대신 나무들이 자리를 지키고 있다. 인근에는 전기를 공급하던 철탑이 숨은 그림처럼 나무들 사이에 서 있다. 50년 전 철탑이 들어설 정도였으면 금강산 가는 길목의 이 마을은 제법 규모가 컸을 것인데 지금은 흔적조차 남아 있지 않다. 사람도, 마을도 6·25전쟁 때 파괴돼 자연으로 돌아갔다.

아침리는 모내기에 한창인 봄철보다는 겨울철에 보는 것이 제격이다. 땔감을 채취하느라 주변의 산은 모두 민둥산으로 변했고, 눈이 오면 마을은 설원으로 둘러싸인다. 아침리는 겨울 내내 설원에 갇혀 있었다.

6. 관산반도

남북의 강물은 경기도 파주시 탄현면 성동리 오두산 통일전망대 앞에서 서로 통일을 이룬다. 남쪽의 한강과 북쪽의 임진강은 이곳에서 한몸이 돼 서해로 빠져나간다. 남과 북이 총을 겨누고 있어도 강물의 흐름은 변함이 없다.

오두산 통일전망대와 마주하는 마을은 북한의 황해북도 개풍군 관산반도다. 가까운 곳은 460미터, 먼 곳은 3.2킬로미터로 남과 북이 대치하기 이전에는 걸어서 15분이면 오고 갈 수 있었다. 이곳의 물은 매달 두 차례씩 수위가 변한다. 하구에서 시속 9킬로미터로 밀려와 만조를 이루는 데 8시간이 걸린다. 냉전 시절에는 만조 때를 이용해 27차례에 걸쳐 74명의 무장간첩이 한강으로 들어왔다 사살됐다. 마치 비무장지대처럼 한강변에 들어선 철조망은 강물로 침투하던 무장간첩들을 차단하기 위해서다.

관산반도는 사람이 살지 않은 선전마을로 알려져 있지만 사실은 1천1백 세대 4천여 명이 살고 있다. 다만 농번기 이외에는 사람이 잘 보이지 않을 뿐이다. 소달구지를 끌고 다니거나 지게를 지고 가는 모습도 어렵지 않게 목격할 수 있다. 2층이나 5층 형태의 건물은 1984년 건축됐는데 자재가 부족해 19개 동은 지붕을 올리지 못했다.

남쪽의 통일대로 주변이 불야성을 이루는 것과 달리 그곳은 밤에 전깃불을 밝히는 곳이 없다. 1998년까지는 밤 10시까지 전기가 들어왔으나 최근에는 이틀에 양초 한 개씩만 공급하는 것으로 전해진다.

마을에는 차량도 거의 보이지 않는다. 마을 주변의 도로는 아직 포장이 이뤄지지 않았다. 1998년까지는 차량이 오고 가는 모습이 보였으나 기름 사정으로 요즘에는 거의 차를 타고 다니지 않는다.

못자리 온상은 비닐이 부족해 볏짚을 엮어 바람막이를 해준다. 벼와 옥수수를 주로 재배하지만 비료를 주는 경우는 거의 없다. 비료가 부족해 탈곡한 볏짚을 퇴비로 이용하고 있다.

산에도 나무와 풀이 없는 곳이 많다. 1982년부터 식량과 땔감이 부족해지자 경사가 낮은 산은 나무를 캐내고 계단식 농경지를 만들었다. 나무가 있는 강변이나 고지 정상은 군인들이 주둔하는 곳이다. 남측의 최전방 지역과 마찬가지로 이곳도 주민보다 군인들이 더 많은 게 특징이다. 임진강 주변에는 5천여 명이 근무하는 것으로 알려지고 있다.

그러나 아이들에게는 분단 체제가 안중에도 없어 보인다. 어른들이 저 마을을 '선전마을'이라고 부르는 것과 달리 아이들은 북한의 아파트라고 불렀다. 눈앞의 비무장지대 너머 북측의 마을은 지구촌에서 유일하게 갈 수 없는 가장 먼 곳이었다.

애기봉에서 바라본 북한 마을.

7. 분단의 철조망을 뚫고 가는 금강산 여행

저 산 너머에는 무엇이 있을까. 모두들 어렸을 때 하얀 구름이 흘러가던 산 너머를 그려 봤을 것이다. '어른이 되면 꼭 가 봐야지!'

이 세상 어린이에게 산 너머는 항상 미지의 세계가 아닐까. 산 너머로 먼지를 피우며 사라지던 시골 버스는 먼 세상으로 떠나고 싶은 꿈을 자극했다.

내 어릴 적의 꿈도 비슷했다. 산 너머가 궁금해 동네 뒷동산을 올라가 봐도 앞을 막는 산밖에 없었다. 초등학교에 들어가서야 산 너머에 무엇이 있는지 조금씩 알게 됐다. 선생님은 그곳에 북한이 있다고 가르쳐 줬다. 학교의 정면에는 '반공방첩' '멸공통일'이라는 붉은 글씨가 크게 씌어 있었는데 그것도 북한 때문이라는 말을 들었다.

그 뒤 북한 앞에는 비무장지대가 있으며, 그곳은 휴전선으로 막혀 있다는 이야기를 들었다. 어릴 때 산 너머에 가고 싶다는 꿈은 결국 철조망 때문에 갈 수 없는 것으로 판명이 났다. 저 산 너머에 가 보겠다는 꿈은 점점 힘들겠다는 체념으로 굳어졌다. 휴전선으로 가는 길목은 항상 군인들이 삼엄한 검문검색을 실시하고 철책선 주변에는 지뢰밭이 널려 있었다. 내 꿈을 깨야 하는 것일까.

태어난 지 40년이 되던 해 겨울 강원도 고성군 화진포 휴게소로 차를 몰았다. 휴전선을 넘어 북한 금강산으로 가는 길이었다. 전세계 기자들로 구성된 국제기자연맹(IFJ)이 한반도의 평화정착을 기원하기 위해 지구촌에서 가장 가기 힘든 북한으로 향했다.

"지금부터 카메라를 검사하겠습니다. 일정 배율 이상은 절대로 가져갈 수 없습니다. 보고 있는 신문도 수거하겠습니다. 북한으로는 아무것도 가지고 갈 수

바위산 아래 엎드린 북한의 최전방 마을.

없습니다!"

안내방송을 듣고 각국에서 온 외신기자들의 움직임이 분주해졌다. 버스 안에서 남측의 신문과 잡지를 수거하자 카메라를 들이댔다. 신문과 잡지조차 가지고 들어갈 수 없는 곳은 대체 어떤 곳인가 하는 저널리스트로서의 호기심들이 작동한 것이다. 외신기자들은 실시간으로 기사를 송고하는 데 필요한 노트북마저도 사전에 신고하지 않은 것은 가져갈 수 없다는 말에 불만을 쏟아 냈다.

진통 끝에 오후 1시를 조금 넘어서 버스는 화진포를 벗어나 북쪽으로 향했다. 버스는 탱크 방호벽을 지나 계속 올라갔다. 차창 너머로 보이는 바닷가에서는 바닷물과 모래가 서로 뒤엉키며 장난을 쳤다. 바닷가로는 북한 무장공비들의 침입을 막기 위한 철조망이 이어졌다. 철조망 너머로 최북단 대진 등대가 보였다. 북한과 가장 가까운 곳에 들어선 등대다. 저곳에서는 맑은 날이면 북한의 해금강이 눈에 들어온다고 한다. 대진 등대는 어민들의 배가 더 이상 북상하지 못하도록 어로한계선을 표시하기 위해 설치됐다. 1991년, 어로한계선이 5킬로미터 북상하면서 특수 등대에서 일반 등대로 바뀌었다.

버스는 50년 전 전쟁의 광풍이 지나갔던 해변을 따라 북상해 오후 2시 30분, 최북단 마을인 명파리에 들어섰다. 민통선 검문소의 군인들은 미리 준비한 서류를 확인한 뒤 바로 들여보냈다. 초병들이 손을 흔들어 배웅했다. 다시 바닷물이 하얗게 부서지는 해변에는 철조망이 시야를 가로막았다. 동해안 해변 2백

킬로미터에 철조망이 설치돼 있으니 최전방 지역에 철조망이 많은 것은 당연한지도 모르겠다. 철조망 아래 연못에서는 원앙의 무리들이 정겹게 물놀이를 하고 있었다.

버스는 오후 2시 40분, 남북출입사무소(CIQ)에 도착했다. 이곳에서는 국경을 넘는 데 필요한 서류검사를 했다. 휴전선은 남북한의 '국경'이기 때문이다.

오후 3시 14분, 버스가 다시 시동을 걸었다. "북측은 우리와 상황이 다르거든요. 이 차는 곧 비무장지대를 통과할 것입니다. 아름다운 풍경이 보이면 눈으로만 찍으셔야 합니다. 북한 군인과 주민, 군사시설이 창밖으로 보여도 촬영하면 안 됩니다. 우리는 북한으로 가기 때문에 따라 줘야 합니다."

가이드는 미덥지 못한 표정으로 초등학생들을 대하듯 거듭 당부했다.

오후 3시 29분, 버스가 출발하자 현대아산 직원들이 도열해 잘 다녀오라며 손을 흔들어 줬다. 바닷가로는 삼엄한 철조망이 하늘을 가리고 있었다.

"북측은 벌금의 천국입니다. 침을 뱉고 싶으신 분은 한 손에 10달러를 들고 뱉기 바랍니다!"

가이드는 농담을 섞어 탑승자들에게 주의사항을 당부했다. 버스가 달리는 길가의 풍경은 아프리카의 건조한 초원을 보는 것 같았다. 민간인들의 발길이 끊어진 이곳에서는 키 작은 풀만 바람에 흔들렸다. 길가로는 최근 이어 놓은 동해선 철로가 북쪽으로 뻗어 있었다. 분단 반세기 만에 동해선 철로를 다시 연결했지만 북한 핵실험 사태로 기차는 아직 한 번도 운행하지 못했다.

버스의 시계가 오후 3시 34분을 가리켰다.

"여기서부터는 비무장지대입니다. 세계에서 가장 위험한 지역이지만 동물과 생명의 천국입니다."

가이드는 습관적으로 해 오던 설명을 이어 갔다. 비무장지대가 동물과 생명의 천국이라니! 가이드는 매년 북쪽에서 산불이 내려와 이곳이 숯덩이로 변하는 풍경을 보지 못했던 모양이다. DMZ는 봄마다 불길에 휩싸이는 역사를 50년 동안이나 반복해 오지 않았는가.

버스 안에는 침묵이 흘렀다. 탑승자들은 창밖에서 눈을 떼지 못했다. 군사시설이 밀집한 비무장지대를 통과할 때 혹시 커튼을 치도록 하지 않을까 우려했지만 다행히 그런 일은 없었다.

오후 3시 36분, 마침내 군사분계선(MDL)을 통과했다. 비무장지대 남방한계선에서 군사분계선까지는 2분밖에 걸리지 않았다. ‘금강산 20km’라는 안내판 글씨가 금강산으로 들어가는 길목임을 말해 주었다.

오후 3시 37분, 낯선 북한군이 보이기 시작했다. 순간 전기 철조망으로 둘러싸인 호수가 들어왔다. 비무장지대에 자리 잡은 ‘감호’였다. 선녀와 나무꾼의 전설이 서려 있는 호수를 지나가는 것이 실감나지 않는다. 호수 바닥은 모래가 보일 정도로 깨끗했다. 하지만 전기 철조망에 달린 사기로 만든 애자들이 마음을 무겁게 누른다. 감호를 따라 설치된 철조망이 끝나자 막 머리를 빗은 것 같은 키 작은 나무들이 대기하고 있었다. ‘금강산 18km’

오후 3시 39분, 버스는 비무장지대의 북방한계선을 통과했다. 50년간 단절됐던 비무장지대를 통과하는 데는 고작 5분밖에 걸리지 않았다. 금강산 관문 주변으로는 돌과 바위산밖에 보이지 않았다. 나무들이 없는 나신의 바위산 위로는 나무 전봇대가 자리를 지키고 있었다.

오후 3시 40분, 북측의 CIQ에 도착했다. 긴장했던 외국인들이 마침내 긴 숨을 돌린다. 천막으로 지어진 CIQ에서 북측 군인들이 방문객을 맞이했다. 북한 땅에서 처음 보는 군인들에게 무슨 말을 걸어 볼까. “안녕하세요.” “안녕하십네까.” 눈빛을 맞추지 못하고 짧은 인사를 건네는 사이 입국증에 ‘조선★금강산’이라는 파란색 직인이 찍혔다. 다시 차에 오르기 전에 주변을 돌아보니 온통 민둥산이 주위를 감싸고 있다. 최근 공사를 마친 동해선 철길 위에는 인형처럼 꼼짝하지 않는 북한군들이 관광객들의 행동을 주시하고 있있다.

오후 4시 30분, 버스는 다시 일행을 태우고 북측 CIQ를 출발했다. 그때서야 북한 땅에 들어온 실감이 났다. 산 너머에는 비무장지대가 있고, 휴전선이 한반도 동쪽 끝에서 서쪽 끝까지 가로막고 있어 절대로 갈 수 없다고 단념했는데 비무장지대를 통과해 북한 땅에 서 있지 않은가. 도로 옆으로는 관광객들이 이탈하지 못하도록 철제 울타리가 계속 이어졌다. 남측에서 비무장지대를 거쳐 올라오던 길에 모두 철조망이 쳐져 있었는데 북측에서도 철제 울타리는 길옆으로 따라왔다. 휴전선에서 아득히 멀게만 보였던 북한의 마을 앞을 지나갔다. 예전에 남쪽 최전방 전망대에서 밤에 바라봤을 때 불빛이 새어 나와 주민들이 살고 있구나 하는 반가운 마음이 들었던 곳이다. 호숫가에 자리 잡은 마을은 세상의 소음과는 결별한 듯 고즈넉했다.

버스는 나무가 거의 없는 야산을 옆으로 두고 계속 북상했다. 야산에 심은 나무들은 무릎 높이밖에 안 되는 소나무들이다. 도로 옆으로는 깔아 놓은 지 얼마 되지 않은 동해선 기찻길이 나란히 이어졌다.

이 땅에서도 농사 준비가 한창이었다. 농부들이 놓은 쥐불 연기가 하늘로 모락모락 피어올랐다. 남측 비무장지대 주변도 지금은 농사 준비로 바쁠 때다. 북측이건, 남측이건 한 해 농사를 준비하는 농민들의 모습은 정겹다.

금강산 관광길은 봅슬레이 코스를 닮았다. 금강산 자락의 온정리를 떠난 관광버스는 철제 울타리가 설치된 도로만 달렸다. 현대아산은 남쪽에서 자재를 들여와 울타리와 관광도로를 개설했는데 관광버스는 이 코스에서 조금도 일탈할 수 없었다.

철제 울타리는 금강산 관광길에서도 남과 북을 단절시켰다. 남측 관광객들은 철제 울타리 안의 관광도로만 다녀 북한 주민들을 만날 수 없었다. 반세기 만에 열린 금강산 관광을 찾은 관광객들은 철제 울타리 틈으로 북한의 풍경과 주민들을 조망할 뿐이었다.

"북으로 들어올 때처럼 이동 중에도 절대로 사진을 촬영할 수 없습니다! 한 분이라도 카메라를 꺼내면 관광은 중단됩니다!"

관광 조장들은 처음 보는 북한의 풍경을 담고 싶은 호기심이 일어날까 명령 수준의 당부를 했다.

금강산 관광길에는 북한 군인들이 남측 관광객들이 카메라로 풍경을 찍는지 살피고 있었다. 움직이지 않고 제자리에 서 있었기 때문에 관광버스가 지나고 서야 군인들이 서 있는 줄 알게 됐다. 철제 울타리 근처뿐만 아니라 개울가 제방 위에도 북한 군인들이 서 있었다. 전기를 공급하는 나무 전봇대가 항상 그 자리에 서 있는 것처럼 북한 군인들도 꼼짝하지 않았다.

버스가 지나가는 어느 초소에서는 북한 군인들이 담요를 털고 있었다. 두 명의 군인들이 양쪽에서 담요를 붙잡고 먼지를 터는 모습은 남쪽의 군인들이 주말에 모포를 터는 것과 똑같았다. 군복은 달라도 군인들의 생활 방식은 비슷했다.

초소 주변에는 소나무와 같은 나무들이 한두 그루씩 서 있었고, 나무 아래에는 하얀 페인트가 칠해진 호박돌이 박혀 있었다. 군인들이 다니는 이동로 주변에도 흰색 호박돌이 설치돼 있었다. 저렇게 흰색의 호박돌을 박아 놓는 것은 어두운 밤에 길을 쉽게 구분하기 위한 것이다. 남쪽 휴전선 철책선 계단에도 밤에 발을 잘못 딛는 사고를 막기 위해 흰색 페인트로 설치해 놓았으니 이런 점도 남북한의 공통점인 것 같다.

차창밖으로는 우리의 옛 고향과 같은 풍경이 파노라마처럼 펼쳐졌다. 개울가에서 누런 소가 정겹게 풀을 뜯고 있었다. 어릴 적에는 남한에서도 소를 개울가에 풀어놓고 길렀다. 강가에서 한가롭게 풀을 뜯는 소를 북한 땅에서 다시 만날 수 있어 반가웠다. 남측에서는 오염원을 제거한다며 더 이상 개울가에 소를 방목하지 못하게 단속하고 있다. 시골의 소 한두 마리가 오염시키는 것은 대도시의 인간들이 배설하는 오염원에 비하면 아무것도 아닐 텐데….

철제 울타리 너머의 산은 민둥산이다. 북고성평야의 농경지에는 남쪽과는 달리 콘크리트 구조물이 없어 자연의 색깔을 그대로 유지하고 있었다. 농부나 고라니들이 달리다가 넘어져도 콘크리트 구조물에 다칠 것 같지 않아 다행이다. 버스에서 내려 푹신푹신한 저 논둑길을 달려 보고 싶었다.

길이 갈라지는 곳에서는 미리 대기 중인 북한 군인들이 관광버스가 갈 방향으로 길을 안내했다. 버스는 개울에 놓은 다리를 건넜다. 남쪽처럼 콘크리트가 난무하지 않아 하얀 모래가 반짝였다. 모래벌판 구석에는 소총 사격용 표지판도 눈에 띄었다. 고성군의 최북단 해변에서 몇 년 전 군인들이 세워 놓은 사격용 표지판을 본 적이 있었다. 공교롭게도 금강산 관광길이 처음으로 열린다는 소식이 들리던 날이었다. 바다가 아닌 비무장지대를 통해 북측 고성군에 들어선 지금은 강바닥 모래밭에서 북측의 소총 사격용 표지판과 마주쳤다.

북한 외금강의 삼일포 인근 농촌마을.

철제 펜스 안으로만 다니는 금강산 관광길.

전기 철책으로 둘러싸인 슬픈 호수 DMZ 감호.

버스는 북한 마을을 비껴서 지나갔다. 주민들이 이용하는 도로를 잠시 관광버스가 함께 이용하는 순간이다. 울타리를 겸해 심어 놓은 나무들 때문에 학교 운동장이 잘 보이지는 않았지만 아이들의 모습은 볼 수 있었다. 남측의 예전 농촌 풍경과 너무 닮아 반가운 마음이 들었다. 운동장에서 아이들의 맑은 눈동자를 한 번 볼 수 있다면 얼마나 좋을까.

관광버스가 지나가는 길에는 탱크 방호벽으로 세운 콘크리트 구조물이 있다. 금강산 관광을 위해 남쪽에서 비무장지대로 올라오는 길에 지나쳤던 탱크 방호벽을 북한 땅에서도 마주하게 됐다. 비무장지대를 중심으로 남과 북의 최전방 지역에는 아직도 이런 탱크 방호벽들이 도로를 차지하고 있다. 냉전 시절에 세워 놓은 탱크 방호벽들을 남북한이 스스로 무너뜨리기까지는 아직도 많은 시간이 필요하리라.

남측에서 사과와 복숭아를 심어 조성한 협동농장에서 버스는 멈췄다. 일행들은 사과와 복숭아보다 길 하나를 사이에 두고 갈 수 없는 북측 마을에 눈길을 빼앗겼다. 기와지붕의 집들이 낮은 담장 너머로 일렬로 엎드려 있었다. 종종 군인들을 실은 트럭이 도로를 지나 사라졌고, 자전거를 탄 주민들은 마을의 안길로 서서히 페달을 밟았다. 삼일포 주변에 자리 잡은 마을은 평온하고 조용해 보였다.

그날 저녁 온정리 금강산문화회관에서는 무희들이 줄에 거꾸로 매달려 서서히 등장했다. 선녀의 잠자리 옷을 입은 무희들은 스카프를 내던지고 공중으로 올라갔다. 평양 모란봉교예단원들은 그네에 매달려 무대를 계속 돌았다. 무대 배경으로는 눈 쌓인 산이 펼쳐졌다. 마침내 무희들은 손에 손을 잡고 다시 내려왔다. 선녀들은 천상으로 올라가는 꿈을 잊은 것일까.

남자 단원들은 곤봉을 주고받는 묘기를 선보였다. 난무하는 곤봉들, 되받아치는 곤봉 사이로 광대의 꿈이 빛났다. 광대들은 3층으로 인간 탑을 쌓고 그 위에서 곤봉을 돌렸다. 한순간의 실수로 접시들이 바닥에 떨어지는 듯하더니 다시 공중에서 자리를 잡았다. 숨을 멎게 하는 두 다리의 교차와 정지·회전. 장대와 수직으로 매달린 소년들은 다람쥐처럼 오르내렸다.

재주 많은 평양 모란봉교예단원들.

교예단의 공연은 북한이 마치 지구촌을 상대로 펼치는 퍼포먼스처럼 보였다. 북한은 미국을 상대로 하는 벼랑 끝 전술을 대치하며 지구촌의 눈과 귀를 잡고 있지 않은가. 한민족이 세계인들의 앞에서 멋진 남북 합작 공연을 하는 날은 언제쯤 올까.

돌아오는 길도 쇠울타리의 연속이었다. 세계의 수많은 관광지 가운데 철제 울타리 안으로만 통행이 허용되는 곳은 금강산이 유일하리라. 자유롭게 추억의 사진을 담을 수 있는 기회는 아직 보장되지 않았지만 이 또한 전쟁이 휩쓸고 지나간 지구촌 끝자락에서만 맛볼 수 있는 독특한 체험이어서 나름대로 묘미가 있다.

온정리 마을이 보고 싶었다. 하지만 콘크리트 울타리가 시야마저 가로막았다. 창문과 사람들이 다니는 골목의 정취 모두가 울타리에 가려져 지붕의 기와밖에 보이지 않았다. 이곳에도 물난리가 났던 모양이어서 개울가는 아직도 허물어진 그대로였다.

버스가 철제 울타리 사이로 남행 귀갓길을 서두르는데 종달새 두 마리가 눈앞에서 아지랑이 사이로 행복하게 어우러졌다.

"포롱– 포롱–"

V

일상으로 연결되는 DMZ,
DMZ로 이어지는 우리의 삶

DMZ는 우리의 삶과 멀리 떨어진 국토의
변방이 아니다. 우리의 삶은 알게 모르게
DMZ로 연결돼 있다.

낙산사 홍련암 주변에 DMZ처럼 설치된 철책선.

1. 철책선으로 막힌 동해안 낙산사

천년의 고찰 낙산사 경내는 고즈넉했다. 댓돌 위에는 어느 스님의 털신 한 켤레가 놓여 있었고 마루 구석에는 소화기 한 대가 자리를 지키고 있었다. 이른 아침, 햇살이 인기척 없는 낙산사 경내로 쏟아져 내렸다. 낙산사에서 내려다보이는 동해안 바다는 금가루를 숨겨 놓은 것처럼 반짝였다.

2005년 4월 5일, 식목일인 오늘 아침 양양 낙산도립공원 인근에서 산불이 발생했다. 양양에서 북쪽으로 뻗은 7번 국도로 접어든 차는 짙은 산불의 위세에 눌러 몇 번씩 제자리에 멈춰서야 했다. 산불은 바람을 타고 바닷가로 방향을 바꿨다. 연기와 재가 하늘에서 섞이면서 검붉은 혼돈의 세계를 만들어냈다. 산불은 도로를 건너뛰어 소나무 숲에서 도깨비불처럼 살아났다.

낙산사에 간 것은 산불 때문이었다. 7번 국도에서 산불 연기에 갇혀 헤매던 기억은 낙산사에 도착하자마자 잊혀졌다. 산불은 길 건너 저편에서 모닥불 같은 연기를 피우며 겨우 명맥을 유지하고 있었다. 산불이 낙산사로 접근할지도 몰라 미리 도착했지만 괜한 걱정 같았다.

낙산사를 홀로 찾은 것은 이번이 유일하다. 비록 산불 때문에 왔지만 단체관광객 속에 밀려왔던 과거에 비하면 낙산사를 혼자 돌아볼 수 있는 황금 같은 기회였다.

먼저 원통보전을 찾았다. 원통보전은 관음불을 모시는 낙산사의 중심 건물이었다. 원통보전은 네 방향이 토담으로 둘러싸여 외부의 세계와 차단돼 있었다. 토담에 박힌 화강암 연꽃들은 병풍에 피어난 꽃처럼 단아했다. 원통보전은 이미 텅 비어 있었다. 산불이 혹시 올지도 몰라 관음불을 안전한 곳으로 대피시

6·25전쟁으로 화를 입었던 양양 낙산사는 산불로 또다시 초토화됐다.

킨 것이다. 관음불도 산불을 무서워하다니…. 갑자기 피식 웃음이 나왔다. 원통보전 앞에서 스님은 고무호스로 물을 뿌렸다. 산불이 다가오더라도 미리 물을 흠뻑 뿌려 놓으면 화를 면할 수 있다는 일념에서다. 원통보전 처마를 조준해 물을 뿌리는 스님을 뒤로 하고 나오는 길에 7층 석탑(보물 499호)이 눈에 들어왔다. 들어올 때 토담에 정신이 팔려 미처 보지 못한 것일까. 탑은 상처투성이였다. 6·25전쟁을 거치면서 탑신은 총상을 입은 듯했다. 비무장지대와는 거리가 있는 낙산사에서 6·25전쟁의 상처를 만나는 것은 예기치 못한 당혹스러움이었다. 우리 국토에서 전쟁의 광풍이 지나치지 않은 곳이 어디 있겠는가. 탑의 상처가 내 몸에 난 것처럼 아팠다. 원통보전이 제일 중요한 건물이라는 사실을 증명이라도 하듯이 토담 밖에는 물을 가득 실은 소방차 한 대가 대기하고 있었다.

낙산사에 보물이 있다고 했던가. 단체 관광객에 휩쓸려 다녔던 나의 불찰인지 낙산사의 동종(보물 479호)에 대한 기억은 희미했다. 스님이 동종을 보호하는 누각에 물을 뿌리지 않았다면 그냥 스쳐 지나갈 뻔했다. 우리가 일상에서 무심코 지나치는 중요한 것들이 얼마나 많은가. 순간순간 마주치는 것이 훗날 가장 중요한 순간이었거나 마지막 기회가 아니었던가. 나무 창살 사이로 동종 표면의 무늬가 들어왔다. 스님은 동종이 있는 건물에 흠뻑 물을 뿌렸다. 목탁 대신 고무호스를 들고 경내에서 물을 뿌리는 스님들의 모습은 낯설었다. 이미 산불 연기는 햇살에 제압돼 안개처럼 사라진 것 같았다. 산불도 소강상태를 보이고 관광객조차 모습을 드러내지 않아 낙산사 경내에는 침묵만 흘렀다.

'산불도 다 꺼져 가는데 여기서 도를 닦고 있을 수는 없잖아. 어디서 다른 것을 찾아야 하는데….'

그때 북한에서 발생한 산불이 비무장지대를 넘어 남하하고 있다는 연락이 왔다. 7번 국도의 최북단에 위치한 비무장지대는 산불이 지나가면서 남긴 연기가 자욱했다. 하늘에서는 불길이 빨아올린 재들이 떨어져 내렸다. 거의 매년 북한에서 발생한 산불은 비무장지대를 시커멓게 초토화시킨다. 비무장지대에서 산불이 자주 발생하는 까닭은 어디에 있는 것일까. 아무리 생각해도 국토를 갈라놓은 분단현실에서 찾을 수밖에 없다. 북한은 비무장지대 최전방에서도 직접 농사를 지어 먹을거리를 해결하는 자급자족 체제이기 때문에 이른 봄부터 들과 산에 불을 놓는다. 그 불이 비무장지대로 넘어가면 남과 북 어느 쪽에서도 손을 쓸 수가 없어 바라만 봐야 한다. 남쪽에서 할 수 있는 일은 산불이 도착하기 전에 대피하거나 맞불을 놓는 수밖에 없었다. 미리 불을 질러 태워 놓으면 더 이상 탈 것이 없기 때문에 남하하던 산불이 스스로 생명을 마치도록 유도하는 고전적인 방법이다.

산불은 비무장지대를 가로질러 휴전선 철조망을 뛰어넘었다. 개미 새끼 한 마리 허용하지 않는다는 휴전선이지만 철의 장막은 불길 앞에서는 힘을 쓰지 못했다. 휴전신 주변으로 올라가는 최진빙 도로에서는 군인 차량들이 물을 뿌려 댔다. 길옆은 모두 지뢰밭이어서 아무도 들어갈 수 없다. 불길 앞에서는 전투용 차량은 장난감 같았다. 이미 육중한 전차들은 산불을 피해 피난을 갔다.

비무장지대를 넘어 민간인출입통제선으로 남하한 산불은 산림청 헬기가 맡았다. 헬기들은 지뢰밭 사이를 누비며 물을 뿌려 남진하는 불길을 차단했다.

이곳 동부전선 휴전선에서는 며칠째 산불과의 전쟁이 벌어졌다. 북한 월비

고성 동부전선을 위협하는 DMZ 산불을 차단하기 위해 병사들이 물을 뿌리고 있다. 물을 뿌리자 DMZ 철책선 위로 무지개가 등장했다.

산에서 하얀 연기로 목격된 산불은 남서풍을 따라 비무장지대로 계속 확산됐다. 급기야 산불은 9평방킬로미터의 산림을 태우고 남방한계선으로 접근했다. '펑, 펑!' 산불이 접근하면서 비무장지대에서 불발탄과 매설해 놓은 지뢰들이 폭발하기 시작했다. 탄약과 취사용 가스통은 이미 안전한 곳으로 철수시켰다.

산불이 휴전선을 넘는 것에 대비해 살수차와 제독차 10여 대를 동원해 보급로와 철책선 주변에 물을 뿌렸다. 혹시 올지도 모르는 산불에 대비해 경내 건물에 물을 축이던 낙산사 스님들처럼. 휴전선에 일제히 물을 뿌리는 모습은 산불에 대한 인간의 마지막 항거였다. 그리고 비무장지대에서 평화를 염원하는 인간의 퍼포먼스였다.

물을 싣고 숨 가쁘게 올라온 살수차가 일제히 물총을 발사하자 비무장지대에서는 몽환적인 무지개가 피어올랐다. 햇살을 등지고 물을 뿌리면 무지개가 만들어지는 원리가 이곳에서 작동했다. 물을 뿌리는 방향은 비무장지대 북쪽이었고 햇살은 머리 뒤통수에 내리꽂히고 있으니 무지개가 탄생할 수 있는 조건을 충족시켰다. 오늘은 산불 진화작전이 아니라 무지개를 만들어내는 무지개 작전이 됐다. 무지개는 살수차에서 물이 공급되는 동안 휴전선에서 사라지지 않았다. 평화를 기원하는 퍼포먼스를 펼치자면 휴전선에 물을 뿌리는 것도 좋을 것 같다. 철조망을 훼손하지 않으면서 휴전선 이남과 이북의 영역을 자유롭게 떠도는 무지개를 만드는 퍼포먼스야말로 가장 아름다운 예술이 아닐까.

헬리콥터는 계속 지뢰밭 사이로 잠자리처럼 아슬아슬하게 날아다니며 물을 퍼부었다. 그런데 저 잠자리는 휴전선을 절대 넘지 못한다.

다시 낙산사 상황이 급박해졌다. 거의 다 꺼진 것으로 알려졌던 불씨가 살아나 바람을 다고 낙산사 방면으로 번진다는 소식이 들어왔다. 7번 국도를 달려 도착한 낙산사 경내는 아수라장이었다. 평온했던 천년의 고찰은 모두 불길에 휩싸였고, 헬기가 상공을 어지럽게 맴돌고 있었다. 사천왕상이 모셔져 있는 종각까지 불길이 번지고 있었다. 소방차가 물을 집중적으로 뿌렸지만 종각은 '툭탁' 소리와 함께 무너져 내리고 발갛게 달아올랐다. 불길이 워낙 거세 얼굴을 잠깐 가리고서야 사진을 담을 수 있을 정도였다. 텔레비전에서는 '낙산사 대웅전 소실'

지뢰밭으로 남하한
산불을 진화하는 헬기.

소식을 계속 속보로 내보냈다. 여기에도 허상은 있었다. 불길에 주저앉고 시뻘 겋게 달아 오른 종은 보물로 지정된 진짜 종이 아니었다. 이것은 쇠로 만든 현대 판 전시용 쇠종이었다. 그리고 낙산사에는 대웅전 자체가 없었다. 부처님을 모신 절에서는 대웅전이 있지만, 낙산사는 관음보살을 모시기 때문에 원통보전만 존재할 뿐이었다.

정작 중요한 것들은 보이지 않는 곳에서 불길에 사라지고 있었다. 낙산사에서 가장 중요한 건물은 원통보전과 동종인데 모두 불길에 휩싸였다. 네모난 토담은 원통보전을 태우는 화로였다. 불길에 사라지는 원통보전의 모습을 꼭 기록해 두고 싶었다. 토담이 어른의 키보다 높았기 때문에 높은 곳으로 올라가야 했다. 고목 한 그루가 지키고 있는 주변으로 틈새가 보여 기어올랐다. 토담에 얹은 기와는 불길에 달아올라 손을 댈 수조차 없었다. 기왓장을 밀어내고 노출된 진흙에 걸터앉아 균형을 잡았다. 원통보전은 장작더미를 쌓아 놓은 것처럼 불길에 휩싸이고 있었다. 스님이 물을 뿌려 놓았던 원통보전은 이미 초토화됐다. 6·25전쟁 때 불타 복원했던 원통보전은 다시 잿더미로 변하고 있었다. 뜨거운 불에 끊임없이 고통을 받는 지옥이 있다면 이런 모습이 아닐까. 불기운이 만들어내는 열과 소음은 이 세상에 존재하는 지옥이었다.

동종이 있던 종각도 불기운이 너울거렸다. 푸른 바다가 시원스럽게 보였던 경내는 불바다였다. 소화기 한 대와 스님의 털신이 정갈하게 놓여 있던 건물도 불길에 무너지고 있었다. 경내는 열기가 쌓이고 눈을 뜰 수 없는 연기까지 자욱해 더 버틸 수 없었다. 토담을 다시 뛰어 탈출하자 경내를 마지막까지 지키던 소방차가 불타고 있었다. 소방차는 뒷바퀴부터 불이 달라붙어 땅바닥으로 주저앉고 있었디. 원통보전을 지키기 위해 가장 가까운 곳까지 진입했던 소방차의 운명이 이렇게 될 줄은 아무도 예측하지 못했다. 주어진 자리에서 마지막까지 임무를 다하다 최후를 마친 소방차는 숙연해 보였다. 제자리를 지킨다는 것은 희생을 요구했다. 불기운에 쓰러진 소방차 주변으로는 헬기들이 접근하며 물을 뿌렸다. 그때마다 하늘에서는 바가지로 쏟아 붓는 듯한 소나기가 내렸다.

낙산사 스님들은 울먹이며 낙산사의 최후의 모습을 지켜보고 있었다. 스님들이 불기운에 밀려 서 있던 곳은 홍예문 앞이었다. 무지개 모양의 돌문과 소나무들이 불바다에 사라지는 모든 것들을 목격했다.

바람은 동쪽으로 불었다. 동쪽은 바닷가였고 그곳에는 낙산사의 홍련암과 의상대가 있었다. 전국의 소방관들이 진주해 불씨가 살아나지 못하도록 야간 비상근무를 섰다. 의상대를 지키던 소방관은 경상도 사투리를 쓰고 있었다. 대구소방서에서 여기까지 출장을 왔다고 말했다.

다음 날 아침, 햇살은 다시 수평선에서 떠올라 경내를 훑기 시작했다. 불길은 바닷가 절벽에 서 있는 홍련암과 의상대 앞에서 정확히 멈췄다. 산불은 바닷가에 절벽의 건물 두 채만 남겨 놓고 모든 것을 태워 버렸다.

의상대와 홍련암을 잇는 바닷가 숲은 숯덩이로 변했다. 바람결에 치맛자락처럼 서걱거리는 대나무 숲에서는 아직도 연기가 피어올랐다. 홍련암 앞의 요사채는 폭격을 맞은 듯 잿더미가 됐다.

푸른 숲에 숨어 있던 것들이 모습을 드러냈다. 이렇게 적나라하게 정체를 보여주는 것은 처음이었다. 의상대를 지나 홍련암으로 가는 해안선은 철조망이 포위하고 있었다. 어른의 키보다 높은 철조망이 구불구불한 해안선을 포위했다. 어제 북한에서 내려온 산불이 가볍게 뛰어넘었던 휴전선과 같은 철조망이 천년 고찰의 주변을 포위하고 있었던 것이다. 소방관들이 잿더미가 될까 밤새 가슴 졸이던 의상대 아래로는 휴전선에서나 볼 수 있는 초소가 설치미술품처럼 자리를 지켰다.

비무장지대에는 휴전선에만 있는 것이 아니었다. 비무장지대에서 떨어져 있는 천년 고찰이 한반도의 운명을 갈라놓은 철조망과 관련돼 있는 현실이 안타까웠다. 해안선 철조망은 낙산사를 기점으로 속초·고성을 지나 북쪽으로 비무장지대를 뛰어넘는다. 남쪽으로는 강릉과 삼척·동해·울진 등으로 이어진다.

낙산사는 전쟁기에 사라진 이 땅의 사찰들이 어떻게 소실됐었는지 떠올릴 수 있게 했다. 시꺼먼 숯덩이로 주저앉은 낙산사는 6·25전쟁 당시 전투기 폭격에 의해 사라졌던 많은 사찰들의 운명과 비슷하지 않았을까. 휴전선 너머 북한의 금강산 신계사도 이 같은 운명이었을 것이다.

산불 위기를 넘긴 의상대 앞으로 다시 장엄한 태양이 떠오르고 있다.

바닷가 절벽 위 홍련암은 마지막 남은 희망이었다. 홍련암은 코앞까지 다가온 산불이 스스로 잦아드는 바람에 화를 면했다. 검게 그을린 주변의 산과 바닷가 철조망 사이에 홍련암은 외롭게 서 있었다. 산불과의 전쟁이 끝난 이 아침 홍련암 마루 아래로는 바닷물이 하얗게 부서지고 있었다.

휴전선 철책선 사이로 무지개를 보았던 동부전선 비무장지대에는 아직 불씨가 남아 있었다. 낙산사가 전쟁도 아닌 산불에 잿더미가 되고 나서 동해안 최북단 마을인 고성군 현내면 명파리 마을 상공으로는 산림청 헬기 두 대가 날아들었다. 해안선을 따라 북상한 헬리콥터들은 요란한 기계음과 함께 산불로 벌거숭이가 된 야산을 스치고 지나갔다. 헬기들은 회색빛 하늘에서 왼쪽으로 방향을 틀었다. 직진이 불가능한 것은 바로 앞이 비무장지대이며, 그 너머는 바로 북한 땅이기 때문이다. 산불 진화작업에 투입됐던 헬기들이 북진할 수 있었던 지점은 모두 비무장지대 바로 앞인 고성 통일전망대였다. 실수로라도 그 이상을 벗어나면 격추되거나 복잡한 사태가 발생할 수밖에 없다.

이날 두 대의 헬기는 금단의 땅 비무장지대까지 들어갔다. 전쟁으로 갈라선 지 반세기가 지난 오늘 북한은 최초로 남한의 산림청 헬기가 비무장지대에 진입할 수 있도록 결단을 내렸다. 강릉에서 이륙한 두 대의 헬기는 동부전선 비무장지대에 남은 잔불을 끄고 무사히 귀환했다. 산불은 인간이 50년 넘게 지켜 왔던 휴전선을 가볍게 뛰어넘었고, 이로 인해 남측의 헬기가 분단 이후 처음으로 비무장지대로 진입하는 '산불 협력'이 이뤄졌다.

한 달 뒤에 다시 찾은 낙산사 경내는 봄비에 젖어 있었다. 산불의 열기는 빗방울에 식은 지 오래됐다. 사람들은 이 폐허의 공간에서도 또 다른 꿈을 꾸는 모양이다. 낙산사를 다시 짓기 위해 모으는 기왓장에는 꿈들이 켜켜이 쌓였다. 가족들의 건강을 비는 아낙네와 사랑이 변치 않도록 기원하는 연인들 그리고 바다 건너에서 온 외국인들은 저마다의 희망과 꿈을 불러내고 있었다.

산불과의 전쟁에서 마지막 교두보가 됐던 의상대와 홍련암을 다시 찾았다. 해 뜨는 바닷가 절벽에서 의상대와 함께 고고한 품격을 잃지 않았던 노송들은 화상 치료를 받고 있었다. 심하게 타 버린 노송들은 모두 베어졌다. 소나무들이 그루터기만 남긴 낙산사는 민둥산이었다. 어쩌면 이 절과 소나무들이 들어서기 전의 모습으로 돌아간 듯했다. 홍련암 주변의 요사채 잔해는 이미 통행이 가능하도록 치워졌다. 불기운과 바다에서 불어오는 바람이 균형을 이뤄 기세등등한 화마를 잠재웠던 해안가는 복구작업이 한창이었다. 불기운이 요란했던 숲에서는 대나무 새싹이 고개를 내밀었다. 폐허의 땅을 다시 복구하는 자연의 힘은 인간보다 더 위대했다. 인간들은 빗물에 토사가 흘러내릴까 망으로 덮어 놓았지만 자연은 땅속의 새싹을 끌어내는 힘을 지니고 있었다. 대나무 새싹들은 가장 맑고 깨끗한 이슬 구슬을 하나씩 이고 있었다.

그리고 1년 뒤 다시 낙산사를 찾았다. 낙산사는 예전의 모습으로 돌아가기 위한 복구작업이 한창이었다. 홍련암 주변에도 건물이 들어섰다. 홍련암과 의상대를 잇던 흉측한 철조망은 걷혔다. 대신 그 자리에는 또 다른 철제 펜스가 세워졌다. 쇠 울타리에는 '출입금지' 경고문이 매달려 있었다. 펜스는 분단 한국에서 대를 이어 자리를 지키고 있었다. 그때 한 관광객들이 지나가면서 가슴에 있던 말을 던졌다. "뜯어내면 좋겠건만 또 돈을 쳐 들여 철책선을 쳤구먼!"

2. 우리 안의 DMZ, 청와대 뒤 북악산

40년 만에 개방된 북악산은 서울의 비무장지대였다. 대한민국의 수도인 서울의 청와대 뒷산은 비무장지대 휴전선처럼 경비가 삼엄했다.

북악산은 출발점부터 비무장지대로의 여행이었다. 1968년 '김신조 사태' 이후 이곳은 아무나 드나들 수 없는 특별 경계지역이 됐다. 북악산의 홍련사 입구에는 아직도 비무장지대의 상징물 같은 철조망과 '위험' 표시가 남아 있었다. 위험하다는 철조망 안에는 철쭉꽃이 막 피어나고 있었다.

한 명씩 신원을 확인한 뒤 입장시키는 풍경도 비무장지대의 안보관광지를 떠올리게 했다. 그때마다 감시하는 눈빛이 반짝였다. 시민들에게 개방됐어도 북악산은 지정된 등산로 이외에는 절대로 샛길로 발을 들여놓아서는 안 된다. 40년 만에 열린 가깝고도 먼 길을 인정하는 수밖에 없다.

등산객들이 출입문이 열리기를 기다리며 바라본 주변은 민둥산이었다. 커다란 나무 몇 그루를 빼고는 숲의 작은 나무는 제거됐다. 이런 모습은 비무장지대에서도 볼 수 있다. 봄철마다 비무장지대에서는 군인들이 눈앞을 가리는 나무들은 모두 베는 시계청소를 실시하는데 이곳도 등산로 개방을 앞두고 시계청소를 실시한 것 같다. 철조망을 걷어낸 콘크리트 기둥은 파란 하늘 아래 홀가분해 보였다.

"계단에서 절대 벗어나지 마세요. 이상한 사람으로 보이니까요. 아름다운 자연 풍경은 마음껏 찍어도 됩니다. 그런데 어떤 사람들은 좋은 풍경은 빼놓고 다른 것을 꼭 찍거든요."

문화해설사의 뼈 있는 설명은 이 산을 개방한 시대상황과 아주 비슷했다. 최

조선시대 성벽과 20세기 철책선 사이로 관광객들이 오르고 있다

전방 안보관광지에서 듣는 군인의 지시 사항처럼 느껴졌다. 문화해설사는 계단에서 벗어나면 수상한 사람으로 오해를 받는다고 말하고 싶었지만 가능한 순화된 어휘를 선택하느라 고민했다. 좋은 풍경은 빼놓고 다른 풍경을 찍는다는 말은 '군사시설 촬영금지'와 동의어였다.

조선시대에 비상사태를 대비해 만든 숙정문은 문을 잠시 열고 등산객들을 맞이했다. 숙정문의 성벽 주위로는 철조망이 설치돼 있었다. 조선시대 선조들은 성벽을 쌓았고, 6·25전쟁을 거친 현 세대는 그 앞에 철조망을 설치했다. 안내서에는 외적을 막기 위해 수만 명의 백성을 동원해 쌓은 이 성이 제 기능을 하지 못했다고 기술돼 있었다. 마지노선처럼 굳건하게 쌓았던 성이 기대했던 목적을 이루지 못한 사실이 역설적이다.

북악산 등산로는 최전방 휴전선의 순찰로와 똑같았다. 군인들의 순찰용으로 만든 길에는 등산객들을 위해 나무계단이 추가됐다. 시민들을 위한 디딤돌은 편리하게 정비됐지만 검은 유리를 낀 첨단 폐쇄회로 TV가 관람객들의 움직임들을 하나하나 감시하고 있었다. 외적의 침입을 막기 위해 쌓은 성곽 앞으로는 휴전선에서나 볼 수 있는 철책선이 계속 이어졌다.

북악산의 등산로는 북한 금강산의 산길을 닮았다. 철제 울타리 사이로만 이뤄지는 금강산 관광과 나무계단·순찰로로만 다녀야 하는 북악산의 공통분모는 감시원들이었다. 금강산에서는 북한 군인들이 도로변과 마을 진입로·강둑에서 남측의 관광객을 주시했는데 북악산에서는 체육복을 입은 젊은이가 앞뒤로 따라붙었다. 북한 금강산 여행길에서는 군인들이 즉각 들어 올릴 깃발을 쥐고 있었지만 이곳에는 판문점 공동경비구역에서 볼 수 있는 무전기가 들려 있었다. 북한 금강산과 청와대 북악산은 이 점에서 남북한 경비구역이었다.

북악산에서 가장 아름다운 장면은 성곽과 철책선이 나란히 설치된 오솔길을 오르는 행락객들의 모습이다. 물통과 음료수·김밥을 들고 오르는 등산객들의 발걸음은 가벼웠다. 등산객들이 과거와 현재, 돌로 쌓은 성곽과 철책선 사이에 숨결을 불어넣었다. 비무장지대 휴전선에도 등산객들이 오를 수 있는 등산로가 열리면 얼마나 좋을까. 정상에서는 조선시대 인조반정 때 이귀와 김류 등이

'김신조 소나무'로 유명한 1·21사태 소나무.

광해군의 폐위를 논의하고 칼을 씻었다는 세검정이 보였다. 저 샛길로는 31명의 북한 사람들이 청와대를 폭파하기 위해 발길을 재촉했을 것이다.

"이곳에 오면 사람들이 김신조 소나무만 찾아요. 김신조 사태 때 총을 맞은 소나무죠. 여기서 조금만 더 오르면 볼 수 있습니다."

세검정의 어제를 기억해 내는 사이에 '김신조 소나무'가 눈앞에 나타났다. 산 아래의 세검정은 김신조 소나무를 보는 순간 선명하게 연결됐다. 김신조 소나무는 박정희 대통령을 시해하기 위해 비무장지대와 휴전선을 넘은 그들이 이곳에서 마지막 접전을 벌이면서 총탄을 맞은 나무로 소개돼 있었다. 총탄이 박혔다고 하는 소나무는 손가락 한 마디가 들어갈 정도의 탄흔을 아직도 간직하고 있었다. 총탄을 가슴에 박고 사는 소나무의 아픔이 어느 정도일지는 알 수 없지만 이 소나무는 그나마 형편이 나은 것 같다. 사람들의 관심을 받는 VIP급 소나무이니까.

북악산과 금강산의 풍경은 비무장지대를 사이에 두고 떨어져 있었지만 낯설지 않았다. 그리고 뒤늦게나마 열린 북악산은 비무장지대가 개방될 수 있는 가능성을 보여주었다. 북악산 철조망 밖으로는 봄꽃들이 세상을 환하게 밝히고 있었다.

3. 서울의 '벙커 아파트'

6·25전쟁 당시 남한은 북한의 탱크에 철저히 당했다. 탱크 한 대 없던 남한으로서는 소련제 탱크를 앞세운 북한의 공격에 속수무책이었다. 그래서 맨몸으로 탱크를 파괴했었던 육탄 용사들의 이야기는 반세기 동안 용맹의 상징이었다.

전쟁 기간, 탱크에 크게 놀랐던 남한은 북한의 탱크를 막기 위한 시설을 확충했다. 휴전선 주변에서 탱크를 저지하기 위해 마지노선과 같은 시설물을 설치하는 것은 분단지역 건축의 기본이었다. 하지만 탱크를 완벽하게 막을 수 있는 시설물은 사실상 존재하지 않았다. 이런 시설물은 유사시 탱크의 진격을 잠시 막아 내기 위한 '5분 저지선'에 불과했다.

도봉산과 중랑천·수락산을 연결하는 서울시 도봉동은 교통의 요충지다. 도봉산역과 가까운 이곳에는 군사작전용 벙커와 시민들이 단잠을 자는 아파트가 물리적으로 결합된 시설물이 세워졌다. 의정부를 거쳐 서울로 침입하는 북한의 탱크를 저지하기 위한 '벙커 아파트'였다.

벙커와 아파트의 결합은 1968년 청와대 인근에 북한의 무장공비가 침투했던 1·21사태가 계기가 됐다. 대통령을 암살하기 위한 무장공비가 청와대 바로 앞까지 침입했던 사태를 계기로 정부는 경계 태세를 강화하게 됐다. 대전차 방어용인 벙커 위에 2-4층짜리 아파트를 지었다. 북한의 탱크가 6·25전쟁 당시처럼 수도권에 등장하는 사태를 최대한 저지하기 위한 시설이었다. 벙커에 지어진 아파트는 1970년대 장교나 하사관들의 관저로 이용됐다. 그후 군부대가 이전하면서 일반인들이 사는 '시민아파트'가 됐다.

도봉동 시민아파트가 마침내 철거돼 역사 속으로 사라졌다. 서울시가 벙커 아파트를 시민공원으로 조성하기 위해 2-4층을 철거하기로 결정한 것이다. 6·25전쟁이 잠시 멈춘 지 꼭 50년이 되던 해 냉전의 한 상징물이 철거되는 의미 있는 사건이었다. 중동부전선에서 태어나 북한의 탱크를 막기 위한 '5분 저지선' 옆에서 살아온 사람으로서 수도권 벙커 아파트의 해체 현장을 꼭 보고 싶었다. 휴전선 지역에서 이런 일이 현실로 다가오기 위해서는 아직도 요원했기 때문이다.

벙커 아파트는 노점상들이 모여 있는 도봉산역에서 5분이면 걸어서 닿을 수 있는 곳에 콘크리트 덩어리로 누워 있었다. 벌써 철거작업이 상당히 진행됐다. 2-4층 아파트는 모두 폭삭 주저앉아 사라졌다. 벙커 위의 온전한 아파트를 보지 못한 것이 못내 아쉬웠다. 무너진 콘크리트 잔해들은 제방처럼 길에 누워 있었다. 가까이 가 보니 1층 벙커들은 콘크리트 덩어리 속에 남아 있었다. 벙커는 훼손하지 않고 아파트만 철거하는 조건으로 철거작업이 이뤄진 것 같다.

무너진 아파트 잔해 옆으로는 은행나무들이 심어져 있을 뿐 별다른 건물이 없었다. 시민아파트로 불리는 곳이었지만 북한의 탱크가 내려오는 유사시를 대비해 설치한 군사시설물이다 보니 일반 아파트 단지와 달리 전쟁터의 운명

해체된 벙커 위의 아파트.

을 타고 태어났다.

벙커에는 군사시설의 특징인 견고함과 단순함이 담겨 있었다. 특히 북쪽 벽은 두껍게 설치돼 있었고 벽마다 가늘고 긴 직사각형의 구멍이 있었다. 일부 직사각형의 창은 판자로 막혀 있었지만 대개 비슷한 모양의 북창이 뚫려 있었다.

이곳에 살던 180가구가 떠난 지 오래돼 벙커에는 찬바람만 맴돌고 있었다. 벙커 위에 아파트를 지은 것이 신기할 뿐이다. 군인들은 군인정신으로 살아갔겠지만 분양받은 민간인들은 대체 이곳에서 무슨 꿈을 꾸며 살았을까.

이곳에 살던 사람들의 흔적을 돌아볼 만한 유물은 남아 있는 게 없었다. 하지만 누군가 냉전의 상징물로 남아 있는 이 아파트의 최후를 기록해 달라고 뭔가를 남기고 간 것일까. 옷가지 하나 남아 있지 않았지만 철거 현장에 밥그릇 몇 개가 나뒹굴고 있었다. 옷을 두툼하게 입어야 하는 초겨울이었지만 밥그릇에서는 사람의 온기가 묻어났다. 탱크를 막기 위해 태어난 벙커 아파트에서도 밥그릇에 온기를 이어 가기 위한 사람들의 노력은 눈물겨웠을 것이다. 밥그릇 옆에는 누가 살았는지를 알려주는 액자가 하나 남아 있었다. '인화단결, 책임완수'

단결과 책임을 강조하는 곳은 군부대 조직이다. 시끄러운 소리가 외부로 나가서는 곤란하기 때문에 내부 구성원의 인화가 필요하고, 전투력으로 응집하기 위해 단결이 요구된다. 책임 완수는 주어진 임무를 끝까지 수행하라는 명령이 아닐까. 낡은 액자는 벙커 위에 지어진 어느 아파트에서 오랫동안 자리를 지키고 있었으리라. 액자는 벙커 아파트에 살던 사람들의 생활을 엿볼 수 있는 마지막 흔적이었다.

벙커 아파트는 철거됐지만 부지는 아직 군사시설 보호구역으로 묶여 있다. 당초 시민공원으로 조성하겠다는 서울시의 포부는 아직도 분단의 벽을 뛰어넘지 못하고 있다. 한때 꽃 단지를 조성했던 부지의 남쪽 절반은 도봉구가 식물생태원 부지로 확정했지만 북쪽 절반은 아직도 쓰임새를 찾지 못하고 있다. 군사시설 보호구역에서 해제돼야 시민들에게 온전히 돌려줄 수 있는데 이게 어렵다.

벙커 아파트가 사라진 이곳은 군사시설보호법에 꽁꽁 묶여 있는 오늘날의 휴전선 주변을 닮았다.

4. 철조망으로 둘러싸인 서해안

낯익은 철조망이었다. 서울 행주대교를 지나 김포 방면으로 가는 한강 하구에는 비무장지대에서나 볼 수 있는 철조망들이 등장했다. 철조망은 바다로 가슴을 풀어헤치고 있는 한강 제방을 따라왔다. 초소의 군인들은 휴전선처럼 총을 들고 근무 중이었으며, 한강으로 나가는 철조망의 통문에는 잠금장치가 설치돼 있었다. 볏짚을 실은 트럭이 통문을 빠져나오자 군인들이 다시 출입문을 폐쇄했다. 전유리 한강 포구에서는 몇 척 되지 않는 배와 그물이 몸을 말리고 있었다. 농민이나 어선들은 모두 철조망 안에 갇혀 있었다.

내륙의 물이 서해로 나가는 이 지역에 철조망이 들어선 것은 우리의 분단 때문이었다. 서해의 밀물이 육지의 물을 다시 내륙 깊숙이 밀어 올리는 현상이 발생하는 시간에는 물고기들만 올라오는 것이 아니었다. 북한과 마주하고 있는 이곳에서 강물은 북한의 낯선 사람이 수도권으로 침투할 수 있는 루트였다. 때마침 밀물이 바닥까지 드러낸 한강을 뒤덮으니 넓은 강인지, 좁은 바다인지 구분이 가지 않는다. 대한민국의 수도가 지척인 한강 하구에서 총을 든 군인들이 최전방 휴전선처럼 경계근무를 서다 보니 비무장지대와 서울은 하나로 이어져 있는 것처럼 보였다.

"여기는 민통선입니다!"

강물에 발 한 번 담그지 못하고 경기도 김포반도의 북쪽 마을로 방향을 잡을 때 초병이 길을 제지했다.

"강화도로 가는 길을 찾고 있어요."

"여기는 민통선입니다! 민간인 차량은 더 갈 수 없습니다!"

DMZ처럼 서해안에 설정된 민간인출입통제선.

한적한 시골길은 작은 언덕만 넘으면 갈 수 있는 지름길처럼 보였지만 갑자기 마을 끝에서 뛰어나온 초병은 단호했다. 해병대 초병이 지켜보는 차단시설 앞에서 차를 돌릴 수밖에 없었다. 민통선은 사람과 차가 통과할 수 없는 벽이었다. 민통선이라는 지역은 모든 민간인들을 경계 대상으로 보는 곳이어서 빨리 떠나는 것이 상책이다. 그런 곳에서 길을 찾는 행위는 거동수상자로 보이게 할 것이 뻔하기 때문이다.

민통선은 임진강 하구에서 시작해 고성 통일전망대까지 이어지는 155마일 비무장지대에 존재하는 특수지역이다. 6·25전쟁이 끝나면서 적대적인 두 세력이 마찰을 빚지 않도록 완충공간인 비무장지대가 만들어졌다. 그리고 비무장지대 남쪽으로는 민간인출입통제선(민통선)이 태어났다. 군사작전을 위해 민간인들의 출입을 통제하는 장치였다. 당초 명칭은 귀농제한선이었다. 농민들이 농사를 짓기 위해 더 이상 들어오지 못하도록 전쟁 직후 미8군이 설정했다. 이후 정부가 황무지를 개척하고 출현하는 북한의 간첩을 색출하기 위해 반공정신이 투철한 젊은이들을 정착시키면서 귀농제한선은 민통선으로 명칭이 바뀌었다. 대한민국 수도권에 비무장지대 주변에서나 볼 수 있는 민통선이 존재하는 것이 당황스럽다. 당초 한강 하구는 정전협정에서 규정한 비무장지대는 아니었다.

초병에 의해 차단된 길은 하성면사무소 공무원에 의해 풀렸다. 공휴일에 당직 근무를 서던 젊은 공무원은 길 도움을 받기 위해 찾아온 이방인을 반갑게 맞아 줬다.

"멀리서 오셨네요."

그나 나나 한반도 민통선 주변에 사는 처지였지만 강원도 땅에서 왔다는 말에 정말로 먼 곳에서 온 손님처럼 맞았다. 그 공무원은 김포반도 주변의 관광지가 나온 안내서를 챙겨 줬다. 그의 따뜻한 마음에 지도를 살펴보니 길이 몇 개 보였다. 관광객에게 잠시라도 머물다 가고 싶은 마음이 들게 하는 것은 작은 배려다. 그의 안내가 고마워 교육박물관을 찾기로 했다. 폐교된 분교를 박물관으로 꾸며 놓았다는 설명이 발길을 잡아당겼다.

추억의 학교, 덕포진 교육박물관.

　　교육박물관으로 가는 산등성이의 좁은 길은 잘못 들어온 것이 아닌가 하는 생각이 들기에 충분했다. 볼거리는 큰길이 아니라 작은 길에 있다고 했지 않았던가. 군부대 진입로같이 생긴 길을 오르면서 직감을 믿어 보기로 했다.

　　좁은 길 끝에서 등장한 교육박물관은 깊은 인상을 줬다. 박물관 앞의 '교육'이라는 말보다 주변에 설치된 철조망에 먼저 눈길을 빼앗겼다. 철조망에는 작은 바람개비들이 회전하고 있다. 철조망과 부지런히 돌아가는 바람개비는 썩 잘 어울리는 조합이다. 철조망온 김포가 접경지역이라는 생각이 저절로 들게 했다.

　　덕포진 교육박물관은 추억의 옛 교실이자 사랑의 교실이었다. 20여 년간 교편을 잡았던 아내가 어느 날 교통사고로 시력을 잃게 되자 남편이 전 재산을 털어 폐교를 구입해 추억이 가득한 물건으로 채운 것이다. 앞을 볼 수 없는 아내를 위한 남편의 사랑이 깃든 덕포진 교육박물관은 흥미로웠다. 우리 곁에서 오래전에 사라진 조개탄 난로도 이곳에서는 불온문서 수거함과 함께 교실을 지키고 있다. 불온문서함은 북한에서 내려 보냈던 삐라를 수거하기 위해 설치했었다.

　　신미양요의 격전지였던 덕포진은 현재 진행형이다. 강화도가 바라보이는 바

예로부터 전쟁이 끊이지 않았던 강화.

닷길에 등장한 외국 배를 격침하기 위해 포탄을 쏘았던 시설이 재현돼 있다. 그 시절 어떻게 심지에 불을 붙이는 대포로 외국 배를 맞힐까 궁금했었는데 탄착군을 형성하는 방식으로 화망을 형성했다고 한다. 하늘에 뜬 적의 비행기를 맞추기 위해 집중적으로 기관총을 쏘는 원리와 비슷하다.

덕포진 바로 앞의 바닷가에는 '민간인출입통제선'이라는 경고판이 설치돼 있었다. 새들이 모여 있는 해안가로는 비무장지대에서나 볼 수 있는 철조망이 지나갔다. 대포로 무장했던 19세기의 요새가 21세기에도 여전히 기능을 발휘하고 있었다. 발굴작업을 통해 복원한 19세기 대포가 외세에 대항하기 위한 것이라면, 냉전 시절에 설치한 철조망은 북한에 대응하기 위해 조치였다.

19세기의 요새가 차지한 산책로에서 과거와 현재가 그리 멀게 느껴지지 않았다. 철책선은 산책로 끝자락에 있는 손돌묘까지 계속됐다. 어른들은 철조망 틈새로 저 너머의 세상을 조망했다.

그때 아이들의 분단 극복법이 나왔다. 아이들은 철책선 주변을 놀이터로 만들어 뛰어다니거나 바닥에 누워 버렸다. 아이들은 철책선 옆에서 낙엽을 베고 하늘을 쳐다봤다. 하늘이 넓게 보이자 허리띠처럼 산자락을 감고 도는 철조망은 오히려 작아 보였다. 분단의 상징물인 철조망을 만든 어른들은 항상 조망이나 철거 수준에서 맴돌았지만 아이들은 철조망을 베고 누웠다.

예상치 못했던 민통선과 철조망을 우회해 목적지인 강화도에 들어갔다. 해가 지기 전에 서둘러 해발 290미터 높이의 봉천산으로 향했다. 봉천산은 높지 않지만 북한의 산하를 마음껏 볼 수 있는 최적의 자연 전망대다. 첫돌이 갓 지난 딸을 업고 올라간 적이 있는데 북한의 해창리와 남한의 강화도 최북단 마을이 강물 하나를 사이에 두고 마주보고 있었다. 남북한의 두 마을 사이로는 북한의 임진강과 서울의 한강이 합쳐져 서해로 내려갔다. 숨 가쁘게 오른 봉천산에서 내려다본 남북한 마을은 안개에 가려져 보이지 않았다. 안개 속에서 태양은 강화도 별립산 너머로 꼬리를 남기며 가라앉고 있었다.

"예전에 물이 빠질 때면 저쪽으로 장을 보러 건너갔다고 하지요."

강화도에서 형사 생활을 10년 했다는 등산객은 안개 때문에 보이지 않은 북녘 산하를 훑어보며 말을 건넸다. 흐르는 강물 사이로 마주보고 있는 남북한 두 마을을 다시 보고 싶었던 기대는 보기 좋게 어긋났다. 남과 북의 마을은 안개이불 속에 나란히 누워 있었다. 저 형사의 꿈은 무엇일까. 훗날 썰물이 시작될 때 북한 마을로 달아난 도둑을 쫓는 꿈을 꾸는 것은 아닐지 모르겠다. 한줌의 석양빛이 고여 있던 마을과 논에는 가로등불이 하나 둘 살아나기 시작했다.

그날 밤 강화도 서문 밖으로 산책을 나갔다. 성곽은 조명으로 살아나 아름다운 자태를 보여줬다. 성곽 맞은편 어둠 속에는 연무당이 있었다. 일본 군함의 무력에 굴복해 치욕적인 강화도조약을 맺은 곳이다. 강화도조약을 체결해야 했던 상황이 부끄러운 까닭일까. 빛바랜 당시 사진 이외에는 별다른 설명이 없었다.

연무란 무술을 연마한다는 뜻이니 연무당은 구한말 무술을 연마하는 곳으로 사용됐다. 지금의 육군 훈련소가 연무대로 불리는 것과 같은 의미일 것이다. 무술을 연마하기 위한 곳에서 일본의 압력에 항복해 강화도조약을 체결할 수밖에 없었던 역사는 굴욕을 당하지 않도록 하는 것이 무엇인지 질문을 던졌다. 군인들을 태운 트럭 한 대가 서문으로 진입하고 있었다. 이 풍경 또한 낯선 것이 아니었다.

5. 임진강의 황포돛배

오래전에 사라졌다 등장한 황포돛배를 찾아 나섰다. 경기도 파주시 적성면 사무소에서 임진강과 평행선을 이루는 농로를 따라 달리자 물비린내가 물씬 풍겨 왔다.

두지리 나루터로 내려가는 길에는 가을꽃들이 철조망 사이에 지천으로 피어 있었다. 인간의 통행을 막는 철조망은 가을꽃에게는 별 소용이 없었다. 철조망은 사람을 움츠러들게 하지만 꽃은 철조망을 전혀 두려워하지 않고 고개를 내밀었다.

관광용으로 재연해 놓은 황포돛배는 밧줄로 선착장에 묶여 있었다. 흙탕물이 아직 가시지 않아 임진강의 깊이를 가늠해 볼 수 없었다. 뱃전 옆으로는 깜찍한 송사리가 떼를 지어 헤엄치고 있었다.

탑승자들이 구명조끼를 착용하자 요란한 엔진 소리와 함께 돛배의 시동이 걸려 웃음이 터져 나왔다. 기대가 너무 컸던 탓일까. 오늘 이 돛단배의 동력은 바람이 아니라 수입한 1억 5천만 원짜리 볼보 엔진이었다. 그러니까 배 가운데 달린 돛은 동력을 전달하는 장치가 아니라 장식용이었다.

강력한 볼보 엔진이 돛배를 전진시키는 임진강 주변으로는 수직 암벽이 펼쳐졌다. 그 유명한 적벽이다. 270킬로미터에 이르는 임진강 가운데 97킬로미터가 적벽으로 이뤄져 있다. 60만 년 전 철원 비무장지대 북쪽의 오리산에서 화산이 분출해 남쪽 지역을 용암으로 뒤덮었다. 그 용암대지 사이로 탄생한 하천이 한탄강이고 임진강이다. 가이드를 겸한 돛배의 선장은 키를 잡고 임진강의 탄생에서부터 역사를 풀어놓았다

"한반도가 갈라져 있듯이 임진강도 남북으로 갈라진 운명이지요. 삼국시대부터 국경 다툼이 시작돼 20세기에는 동족상잔의 6·25전쟁에 의해 피를 흘린 무대가 임진강입니다."

임진강은 삼국시대부터 한강 유역을 차지하기 위한 요충지여서 전쟁이 끊이지 않았다. 오두산성 같은 성곽과 성터는 모두 전쟁이 남긴 유적이었다. 6·25전쟁 때는 1·4후퇴 이후 30개월 동안 크고 작은 전투가 끊이지 않았다. 적벽은 이 싸움을 지켜보았고, 임진강은 그들을 실어 날랐다.

임진강의 황포돛배

"저기 원당리의 적벽은 마치 조각가가 망치로 깎아 놓은 것처럼 섬세합니다. 적벽 사이에는 돌단풍이 서식하는데 가을에 보면 일품입니다."

배가 전진하는 방향으로 희미하게 산이 눈에 들어왔다. 북한의 개성 송악산이었다. 송악산은 손에 잡힐 듯한 거리에 있었다. 하지만 돛배는 고랑포 여울목에서 키를 돌려야 했다. 고랑포 여울목은 무릎 깊이밖에 되지 않아 배가 통과할 수 없었다. 임진강에서 그물을 끌어올리는 어부의 어깨 너머로 송악산이 사라졌다.

황포돛배는 볼보 엔진을 장착하고 호주의 수입산 목재로 건조됐지만 우리 조상들이 2천 년 이상 사용한 전통 목선을 근간으로 하고 있었다. 배의 앞부분은 평판형으로 경사졌고, 바닥도 'U' 자나 'V' 자가 아니었다. 바다와 연결돼 있는 임진강에서는 어선이나 병선·화물선·외교선이 모두 평판이었다. 파도를 잘 탈 수 있을 뿐만 아니라 밀물 때 들어왔다가 썰물 때 가라앉으려면 평판이 적합했다.

실오라기 하나 걸치지 않은 남자들이 적벽 아래로 등장했다. 그들은 이 외진 임진강에서 다슬기를 잡고 있었다. 임진강은 남자들을 나체로 만드는 무슨 힘이 숨어 있는 것일까. 관광객들이 탄 황포돛배가 지나쳐도 그들은 다슬기 잡기를 중단하지 않았다. 중년 남성의 넉넉한 뱃살이 노출됐다. 일상에 지친 그들은 세상만사를 집어던지고 임진강 강물에서 어린 시절로 돌아간 듯했다. 임진강은 그들에게 일상으로부터 벗어날 수 있는 일종의 해방구인 셈이다. 황포돛배는 적벽 사이를 서서히 벗어나 포구로 다시 되돌아왔다.

"임진강의 자태를 보기 위해서는 꼭 칠중성에 올라가야 합니다."

선장은 적벽 사이에 숨어 있는 임진강을 조망할 수 있는 장소로 칠중성을 추천해 주었다. 파주시 적성면 구읍리의 칠중성은 국가사적지(제437호)로 지정됐어도 오르는 길을 찾기가 쉽지 않았다. 장마에 패여 나간 중성산의 오솔길을 올라가자 제법 넓은 공터가 등장했다. 군인들이 그곳에서 제초작업을 벌이고 있었다. 선임병은 그늘에 앉아 쉬고 있었고, 후임병 몇 명이 처삼촌 벌초하듯이 낫으로 잡초의 허리를 대충 날리고 있었다.

칠중성은 군인들이 참호를 구축하느라 훼손돼 옛 모습을 찾기 어려웠다. 칠중성 아래로는 임진강 물줄기가 유유히 이어졌다. 칠중성은 예나 지금이나 이 들판을 지키는 요지였다.

칠중성은 국경분쟁이 치열했던 삼국시대 이래 중요한 요충지였고, 6·25전쟁 당시에도 이곳에서 치열한 전투가 벌어졌다. 삼국시대에는 백제, 고구려, 신라 순으로 이 땅의 주인이 바뀌었다. 백제는 이곳에 중성산성을 쌓았고, 이를 빼앗은 고구려는 낭비성으로 이름을 바꾸었다. 칠중성이라고 부른 것은 신라에 들어와서다. 칠중성은 임진강의 다른 이름인 칠중하에서 유래했다. 강물이 일곱 겹으로 흐른다는 의미였다.

칠중성의 정상에서 6·25전쟁 때의 기록을 담은 녹슨 안내판을 만났다. 1951년 중공군의 춘계대공세 때 영국군 1개 대대가 인해전술로 밀고 내려오는 중공군을 3일 동안 제지한 사실을 짧게 서술해 놓았다. 중성산은 영국군에게는 성지와 같은 곳이다. 1951년 4월 22일, 꽃향기가 그윽한 봄날 중성산에 진을 치고 있던 영국군 글로스터 대대 소속 652명은 열 배가 넘는 중공군 3개 사단의 공격을 받고 중성산(캐슬 힐)과 인근의 설마리에서 혈전을 벌였다. 그 결과 59명이 전사하고 67명은 탈출했으며, 526명이 포로가 돼 부대는 궤멸되고 말았다. 하지만 이 전투는 중공군의 서울 진입을 지연시키는 결정적 역할을 했고, 국군이 후방에서 재편할 수 있는 기회를 마련해 주었다. 밴 플리트 당시 미8군 사령관은 현대전에서 단위부대가 보여줄 수 있는 가장 용맹스러운 전투였다고 평가했다.

이곳에서 포로가 됐다 수용소에서 7번이나 탈출을 시도했던 앤서니 파라 호커리 대위는 1953년 8월 31일, 전쟁포로로 풀려나 1년 뒤 한국전쟁 경험을 담은 『*The Edge of the Sword*』(번역판 『한국인만 몰랐던 파란 아리랑』 한국언론인협회, 2003)이라는 회고록을 펴냈다. 그는 훗날 북유럽 연합군 사령관을 지내고 엘리자베스 여왕으로부터 기사 작위까지 받았다.

또 6·25전쟁 당시 이등병이었던 영국군 참전용사 스콧 베인브리지는 자신의 유골을 한국에 뿌려 달라는 유언을 남겼다. 그의 유해는 2004년 3월, 그가 숨진 뒤 납골당에 보관되다 2005년 4월 영국군 참전 기념식에 참가하기 위해 방한했던 전우에 의해 임진강이 내려다보이는 옛 참호 주변에 뿌려졌다. 그의 가족은 전쟁이 끝나 귀국한 뒤에도 그가 한국을 그리워했으며, 죽으면 화장해 유골을 한국에 뿌려 달라는 유언을 남겼다고 전했다. 병사에서부터 지휘관에게 이르기까지, 영국군에게 이곳은 명예롭게 전투를 벌였던 빛나는 장소였다.

승리도 값지지만 우리는 패배에서 더 많은 교훈을 배우는 것이 아닐까. 승자는 승리에 도취하는 바람에 승리의 빛을 바래게 하기 쉽다. 최종 승자는 패배를 잊지 않는 사람들이다.

우리나라를 방문한 영국의 엘리자베스 여왕은 한국의 전통이 살아 있는 안동 하회마을을 공식적으로 찾았지만 비공식적으로 다녀온 곳이 있었다고 한다. 바로 지구 반대편에서 싸웠던 영국군의 전투 현장이었다. 조국의 이름으로 전장에 나갔던 병사들을 지도층이 잊지 않고 챙기니 철부지 손자 해리 왕자도 아프가니스탄 최전방을 자원해 참전하는 것이리라. 영국이 아직도 해가 지지 않는 실마리를 나는 그들이 참전했던 한반도 전투 현장에서 찾을 수 있었다.

한국군의 인제 현리 전투는 부끄럽기 짝이 없는 전투였다. 서부 및 중부전선에서 영국군 등의 활약으로 남진이 좌절되자 중공군은 한국군 3군단이 포진해 있는 동부전선을 돌파해 서부전선을 포위하는 것으로 전술을 바꿨다. 1951년 5월 16일, 중공군은 하루 사이에 30킬로미터가 넘는 산길을 뚫고 들어와 3군단의 유일한 후방 보급로였던 31번 국도의 오마치 고개를 점령했다.

비극은 중공군에 포위된 뒤 일어났다. 3군단은 병력과 장비를 그대로 유지하고 있었으나 군단 및 사단 지휘부가 먼저 줄행랑을 치기 시작해 남은 병력과 장비는 무용지물이 되고 말았다. 당시 유재흥 3군단장은 작전회의에 참석한다는 이유로 연락기를 타고 작전 지역을 벗어났으며, 9사단장 최석은 계급장을 떼고 병사들 사이에 섞여 탈출했다. 지휘부를 잃은 3군단 병사들은 현리 산골에서 처참하게 죽어 갔다. 작전상 후퇴도 아닌 공황 상태에서의 패주였다. 3군단은 3일 동안 70킬로미터나 후방으로 달아나 평창군 하진부에서 겨우 부대를 수습할 수 있었다. 그 사이 변변한 전투 한 번 하지 못하고 군단 병력의 60퍼센트 이상이 포로가 되거나 희생됐다. 한국군의 역사상 가장 치욕적인 패전인 셈이다.

3군단이 붕괴되자 밴 플리트 사령관은 3군단의 해체와 함께 유재흥 3군단장의 지휘권을 박탈했다. 3군단의 붕괴로 전체 전선이 무너질 위기를 맞았다. 또

삼국시대 이래 요충지였던 칠중성은 시소전쟁으로 불린 6·25전쟁의 무게중심이었다. 전쟁을 모르는 아이가 칠중성 정상에서 몸의 균형을 잡는 놀이를 하고 있다.

미 공군은 한국군 3군단이 산골짜기에 버리고 달아난 장비들을 중공군이 사용하지 못하도록 공군력을 총동원해 파괴해야 했으며, 미2사단은 홍천에서 포위될 위기를 맞았다. 하지만 패장 유재흥 3군단장은 군법회의에 회부되지도 않았고, 군복도 벗지 않았다. 이승만 대통령 시절에 그는 제3대 합참의장을 역임하고 박정희 대통령 시대에는 국방부장관까지 지내는 등 승승장구했다. 예편하고 나서는 유공 사장과 이탈리아 대사 등의 요직을 거쳤다. 그리고 한국군 3군단은 2년 뒤인 1953년 5월 1일, 현재 소양강댐 건설로 수몰된 인제군 관대리에서 재창설됐다.

요즘 이 땅의 지도층은 자식을 군대에 보내지 않기 위해 각종 편법을 동원하고 있다. 정치와 경제의 특권을 세습하면서도 병이 있다며 자식을 군대에 보내지 않으려고 발버둥치고 있다. 게다가 원정출산도 유행이다. 미국적을 얻기 위해 만삭의 임신부가 미국행 비행기에 오르는 독특한 나라이다.

미국은 6·25전쟁을 시소전쟁이라고 불렀다. 칠중성은 시소전쟁의 무게중심이기도 했다. 마치 그 사실을 알기라도 한 것처럼 함께 간 초등학생 큰딸애가 칠중성 정상에서 두 팔을 벌리며 균형을 잡는 놀이를 하고 있었다.

6. 병영 체험

지나간 것들은 추억일까. 미처 경험하지 못한 것은 호기심을 불러일으키는 것일까. 배고픔은 이제 제3세계 국가의 일로나 여기는 대한민국에서는 요즘 예전에는 생각하지도 못한 '체험'이 일상생활로 파고들고 있다.

병영 체험이 그중 하나다. 1990년대까지만 해도 고등학교 교육과정에는 교련이 포함돼 있었다. 북한과 대결하던 냉전 시절에는 교련이 필수과목이었다. 교련 과목이 들어 있는 날이면 등교하는 학생들의 표정은 굳어졌다. 얼룩무늬 교련복을 입은 고등학생들은 운동장에서 총검술을 익혔다. 총검술은 적과 맞붙어 백병전을 벌일 때 사용하는 최후의 수단인데, 어린 학생들은 수업시간에 적을 찌르고 죽이는 법을 배워야만 했다. 그 당시에는 생명의 소중함을 논할 여지는 없었다. 적과의 전투에서는 살아남는 것만이 미덕이었고, 살아남기 위해서는 총검술로 적을 제압한다고 가르쳤다. 학생들은 그늘 하나 없는 운동장에서 '우로 비껴 총' '좌로 비껴 총'을 연습했다. 조회 시간에는 군대처럼 분열을 실시했다. '중대'로 편성된 학생들은 구령대 앞에서 군대 지휘관에게 하듯 선생님들께 거수경례를 하고 구령대를 지나 교실로 입장했다.

우리 사회가 점차 민주화하면서 공포의 교련 과목이 어느 순간 사라졌다. 고교생들에게 총검술을 가르치던 교련이 슬그머니 자취를 감춘 것이다. 학생들은 더 이상 목총이나 플라스틱 모형 총을 들고 군인들처럼 훈련할 필요가 없어졌다.

요즘에 와서는 학생들이 병영 체험을 이벤트로 즐겨 격세지감을 느끼게 한다. 초청하는 기관은 분단의 현실을 깨닫게 하고 안보의식을 고취한다는 대의

중부전선에서 화생방 훈련을 체험하는 중학생.

명분을 내세우지만 체험이란 일종의 놀이가 아닌가.

화천군 중동부전선 최전방 부대에 중학생들이 찾아왔다. 고등학교에서 교련 과목을 배우던 시절에는 강압적인 집체훈련이었으니 즐기는 것과 거리가 멀었다. 병영 체험이 의무가 아니라 선택인 요즘에는 그런 공포스런 분위기는 존재하지 않는다.

중학생들이 현충일을 맞이하여 체험하는 종목은 화생방 훈련이었다. 처음 보는 검정색 방독면을 착용하고 벗는 동작부터 체험을 시작했다. 교관은 화학전이나 생물학전, 방사능전이 벌어지는 상황에서 유일하게 목숨을 지켜 줄 수 있는 것은 방독면뿐이라고 강조했지만 학생들은 심각하게 듣는 것 같지 않았다. 가스가 들어오지 못하게 방독면 끈을 조이라는 조교의 지시에 귀를 기울이기보다는 방독면을 쓴 친구의 모습을 보고 마냥 신기해 했다. 공기정화통이 달린 방독면을 쓴 친구의 모습이 마치 외계인처럼 보이는 모양이었다.

그런데 훈련병 복장을 한 학생들이 몸에 낯선 물건이 매달려 있었다. 작은 나무 판자를 각자 한 개씩 허리춤에 달고 있었다. 훈련 중 덥석 땅바닥에 주저앉으면 풍토병에 걸릴 수 있어서 제공했다는 것이니 훈련병을 보호해야 할 인격체로 보아 주는 시대의 변화가 그저 놀라울 뿐이다.

학생들은 아카시아 향기가 코를 찌르는 산골의 신병교육대에서 방독면을 쓰고 벗는 연습을 계속했다. 방독면을 쓰고 외치는 구호도 월드컵 경기 당시에 많이 들었던 '대·한·민·국'이었다.

오후에는 총검술 체험이 잡혀 있었다. 날씨가 더워 실내 체육관에서 할지 말지를 두고 부대 관계자들은 고심했다. 비가 오는 것도 아니고 햇살이 조금 따가울 정도였는데 학생들이 염려된 모양이었다.

학생들은 교관의 설명과 함께 '우로 비껴 총' '좌로 비껴 총' 하며 총검술을 하는 조교들의 총검술 시범을 구경했다. 그들은 총검의 방향은 항상 '적의 인후부'를 지향하라는 지시를 귀담아 듣지 않아도 되었다.

학생들이 총검술을 체험하는 시간에 단발머리의 여군이 계단을 뛰어 내려왔다. 훈련소에 이미 여군 소대장이 배치될 정도로 여성들도 군인을 직업으로 선택한다. 요즘은 군인을 '남군'과 '여군'으로 분류한다.

7. 휴전선의 여대생

6·25전쟁 당시 철의삼각전투로 유명한 강원도 철원 중부전선에 여대생들이 찾아왔다. 여대생들은 버스에서 내리자마자 수학여행을 온 듯 사단장과 기념촬영을 했다. 장차 여군이 되고 싶어 미리 군대를 살펴보기 위해 참석한 여대생도 많았다.

기념촬영이 끝나자 6·25전쟁에서 혁혁한 공을 세운 부대의 역사를 듣는 순서가 기다리고 있었다. 작은 박물관과 같은 전사기념관에는 부대가 자랑하고 싶은 역사가 보란 듯이 자리 잡고 있었다.

이때 갑자기 여대생들이 동요하기 시작했다. 여대생들은 삼삼오오 모여서 어디론가 흩어졌다. 철저히 통제되고 있는 지휘통제실 방향으로 올라가는 여대생이 있는가 하면 사령부 건물로 오르는 무리도 있다. 곧장 전사기념관으로 직행을 해야 하는데 도대체 어디로들 가는 것일까.

버스를 오랫동안 타고 온 여대생들은 화장실이 급한 모양이었다. 하지만 군부대 시설 자체가 전투에 대비한 건물인 데다 남자 위주로 만들어 놨기 때문에 여성이 쓸 수 있는 화장실이 많지 않았다. 군부대 시설이 아직은 남군 위주로 설치돼 있어 여군들의 고생이 많은데 그 가운데 하나가 화장실 문제였다. 남자들에게는 병영 사방 천지가 화장실이지만 여자들에게는 화장실 문제가 시급했다. 화장실 앞의 긴 줄이 사라지고 여대생들의 얼굴에서 긴장감이 사라진 뒤에야 부대 역사에 관한 브리핑이 시작됐다.

여대생들이 점심식사를 위해 들렀던 신병교육대에서는 여군들이 여러 명 눈에 띄었다. 직업으로 여군을 선택하고 싶은 여대생들은 예비 선배들과 이야기를 나누었다. 학생들의 눈은 호기심으로 가득했고, 이런저런 현장 경험을 한 여군들은 딱딱 부러지는 말투로 답변했다. 여대생들이 평생 처음 군부대 밥을 먹고 나오자 회색빛 하늘에서 눈발이 날리기 시작했다. 눈발은 철의삼각전투가 벌어졌던 전방 고지로 가는 길에 더 굵어졌다.

부대측은 여대생들을 위해서 장소 선택에 신중을 기했다. 현대식 건물로 지은 부대를 병영체험 장소로 선정해 씻고 급한 일을 보는 데 불편함이 없도록 배려했다. 눈 내리는 휴전선을 찾아온 여대생들은 털이 달린 방한모와 방한복을 갖춰 입었다.

땅거미가 내리기 시작하자 여대생들은 초병들과 GOP 경계초소로 들어갔다. 여학생들이 각 초소에 도착할 무렵 야간근무 장면을 담기 위해 눈길을 나섰다. 최전방이라는 곳은 시시각각 날씨의 변화가 심하다. 이곳은 몇 년 전 폭설 스케치를 하기 위해 방문했던 경험이 있었다. 그날 지프차를 끌고 올라갔다 눈앞이 캄캄했던 기억이 새롭다. 해가 떨어질 무렵에 가파른 내리막길은 눈으로 뒤덮여 거의 스키장 수준이었다. 날씨 변화를 예상하지 못하고 차를 끌고 갔던 어리석음을 탓해도 소용이 없었다. 오늘 오르는 길도 그때 수준이다. 눈이 내리면 부식을 추진하는 데 어려움이 있어 병사들은 미리 산악 도로를 두꺼운 비닐 천막으로 덮어 두었다. 반질반질한 비닐 천막에 눈이 덮여 빙판이 따로 없었다. 앞서거니 뒤서거니 하면서 '어이쿠' 하는 비명과 함께 '쿵' 하는 소리가 들렸다. 아무도 웃는 사람은 없었다. 어느 순간 바로 자신이 그 주인공이 될지 모르기 때문이었다.

부대측에서는 이날 과도한 연출 사진을 자제해 달라고 요청했다. 가령 야간근무 장면을 멋지게 찍기 위해 여대생들에게 총을 들게 하거나, 적에게 발견되도록 초소 위에서 찍는 것은 실제 근무 모습과는 다르기 때문에 곤란하다는 당부였다. 사실 몇 년 전까지 전방에서 경계근무를 서는 사진을 대부분 이렇게 CF 광고 수준으로 연출해 찍어 세상에 그렇게 경계근무하는 서는 곳이 어디 있느냐는 비난을 받기도 했다.

안내 장교와 함께 경계근무에 투입된 여학생들의 모습을 연출하지 않고 찍을 수 있는 초소를 찾느라 눈 덮인 휴전선을 헤맸다. 폭설로 계단조차 분간할 수 없었다. 칠흑 같은 어둠 속에서 작은 랜턴 하나에 의지해야 했다. 미끄러지지 않기 위해 눈에 덮여 있는 철제 난간을 붙잡고 설설 기듯이 계단과 샛길을 오르내렸다. 여대생들이 초병들과 함께 근무하는 초소가 있었지만 너무 높은 데 있거나 바로 앞에 철조망이 가로막고 있어 찍을 수는 없었다. 마침내 연출하지 않고 경계근무 장면을 담는 데 성공하긴 했으나 눈 덮인 휴전선을 헤맨 것에 비해 소득은 적었다.

그날 한 초소에서는 스트로보가 요란하게 계속 터졌다. 며칠 뒤 인터넷에 떠도는 사진을 보니 초병이 투광등이 켜진 초소 밖으로 나와 늠름하게 총을 들고 있었으며, 여대생들은 그 앞에서 장갑을 벗어 놓고 입김으로 언 손을 녹이는 장면이 찍혀 있었다. 그날 생생하게 연출했던 모양이다. 확실히 연출한 사진은 멋지고 아름다워 보인다. 필요한 대로 구도와 포즈를 요구하다 보니 보기에는 '완벽한' 사진을 만들어내지만 울림을 주지는 못한다. 아무리 사소한 것일지라도 연출한 사진에는 느낌이 없다.

중부전선 GOP 체험에 나선 여대생들.

여대생들은 그날 밤 초병들이 들려주는 이야기를 들으며 경계근무를 섰을 것이다. 군대라는 곳이 특유의 과장법이 허용되는 세계이니 초병들은 여대생들에게 영화 속의 주인공처럼 이야기를 들려줬으리라. 그래도 눈이 내리는 겨울밤에 투광등이 훤하게 켜져 있는 휴전선에서의 하룻밤은 여대생들이 분단현실을 체험하기에 충분했을 것이다.

8. 독버섯이 세상을 속이는 이유

지루한 장맛비가 그친 산길에 꽃처럼 아름다운 생명들이 등장했다. 소녀의 눈망울 같은 봄의 꽃이 어디론가 사라지고 습기가 가득한 숲 속에서는 버섯들이 올라오기 시작했다. 버섯의 모양은 이 세상 꽃만큼 다양하다. 그러나 비가 온 뒤에 피어나는 버섯은 대다수가 독버섯이다. 예쁘거나 탐스러운 것은 기본이고, 신부의 드레스처럼 온 마음을 한순간에 빼앗는 독버섯도 많다.

독버섯은 소녀가 숲 속에 남긴 발자국 같다. '저를 따라와 보세요. 어서요. 이리로.' 사람들은 작고 귀여운 그 모양에 빠져 정신을 빼앗긴다. 급기야 버섯의 아름다움과 먹고 싶다는 욕망까지 가세해 등산객은 버섯을 채취한다. 집으로 돌아온 등산객은 아름다운 버섯으로 맛있는 요리를 한 뒤 식탁에 모여 만찬을 즐긴다. 독버섯 만찬의 최후는 병원으로 실려 가거나 심지어 목숨을 잃게 한다.

비가 갠 뒤 솟아오르는 독버섯을 피하는 방법은 일단 경계하고 먹지 않는 것이다. 하지만 쉽지 않다. 하얀 속살을 드러내는 독버섯은 아름다움을 훔치고 싶은 욕망을 자극하기 때문이다. 버섯에 대한 잘못된 지식도 사고를 부른다. 조금 아는 지식이 위험하다는 말은 독버섯을 두고 하는 말인지도 모른다. 버섯의 갓이 세로로 찢어지면 먹어도 괜찮다는 상식도 위험하다. 독버섯도 세로로 찢어지기는 마찬가지이기 때문이다.

독버섯을 피하는 방법은 잘 아는 전문가가 안심해도 좋다는 확신을 주기 전에는 절대로 먹지 않는 것이다. 현실적으로 버섯을 잘 아는 사람은 실험실이나 연구실에서 찾기보다 산골 주민이나 농부를 찾는 것이 낫다. 자연의 순리대로 살아온 이들은 아름다운 것은 훔쳐야 한다는 욕망이나 내 몸을 위해 꼭 먹어야

가뭄 뒤 중부전선에 등장한 야생 영지버섯.

한다는 이기심으로 똘똘 뭉친 도시 사람들과는 거리가 있다. 내가 먹어 본 것만 골라서 따고, 아직 크지 않은 버섯은 제자리에 놔두는 아량이 있다. 그러나 껍데기로 자신의 가치를 열심히 포장하는 도시인들은 촌부에게 물어볼 생각조차 하지 못한다. '저들이 뭘 알아.' 얕은 지식이 어떤 경우에는 자연과 살아온 촌부의 지혜보다 쓸모가 없다는 사실을 알 리가 없다.

찔끔찔끔 내리던 비가 그치고 파란 하늘이 얼굴을 내민 어느 해 7월, 강원도 철원군 비무장지대 주변에도 어김없이 버섯이 돋아났다. 봄 가뭄에 먼지가 날리던 자연은 언제 버섯 씨를 숨겨 놓은 것일까. 채소밭 가장자리와 지뢰밭 오솔길에도 버섯이 피어났다. 버섯에 대해 특별히 배운 것은 없지만 농부들은 모르는 버섯을 대할 때 준수하는 철칙이 하나 있다. 그것은 절대로 욕심내 따지 않고 아는 사람을 찾아 물어보는 것이다.

독버섯과 DMZ는 공통점이 있다. 독버섯이 사람들을 유혹하기 위해 아름답게 가장하는 것처럼 말로 요란하게 꾸며 놓은 비무장지대는 진짜 비무장지대의 모습을 가려 버린다. 학자들은 비무장지대를 생태계의 보고로 기본 화장한 뒤 '처음'이나 '최초'와 같은 수식어로 덧씌운다. 그들은 제법 학력도 갖췄다. 비무장지대와 전혀 관련이 없는 학문을 국외에서 답습한 학자들은 기회가 있을 때마다 감언이설을 쏟아 놓는다.

일반인들은 그 화려함에 미혹돼 한반도 비무장지대가 아직 적대적인 두 세력이 대치하는 군사지역이라는 사실을 까마득하게 잊어버리고 동물의 왕국쯤으로 착각을 한다. 야생동물들이 뛰노는 세계적인 생태공원을 둘러본 사람들은 정부나 자치단체의 용역비나 조경 사업을 따기 위한 그들의 주장이 독버섯과 같다는 것을 느낌으로 안다. 비록 비무장지대를 처음 보는 외국인들이 쏟아내는 주장이라고 하더라도 이들을 안내한 단체의 의도가 그대로 반영돼 있어 액면 그대로 수용하기에는 무리가 있다.

비무장지대는 격렬한 전쟁으로 상처 받은 땅이다. 한반도는 아직 전쟁이 끝나지 않은 정전협정 상태로 궁극적인 평화에 이르기 위해서는 갈 길이 멀다. 총을 서로 겨누고 있는 이 땅에 평화의 균사체가 찾아들도록 환경을 갖추는 것이 급선무가 아닐까.

적이 접근하는 것을 감시하기 위해 소나무 하나 살려 두지 않았던 비무장지대에서 보여주기 위한 사업을 벌이기보다는 상처를 회복시키려는 노력이 먼저다. 지뢰는 캐내되 서울 도심지 주변에 마구잡이로 들어섰던 탐욕스런 건물이 그대로 들어서도록 해서는 곤란하다. 동물의 낙원이라는 주장은 이 땅을 포장하기에만 급급한 독버섯 같은 사람들의 맹신일 가능성이 높다.

도시인보다 버섯을 잘 아는 농부는 화려한 독버섯을 경계한다. 요순임금은 농업정책에 대해서는 농민이 더 잘 안다고 말했다. 농민이 필요하고 농민에게 도움이 되는 정책을 만들기 위해 그들의 목소리에 귀를 기울이고, 현명한 판단을 내려 태평성대를 만들었다.

아직 민간인들이 발길조차 들여놓기 힘든 비무장지대를 특별히 화려하고 요란하게 포장하는 일은 수천만 원짜리 용역사업과 연관된 경우가 많다. 현명한 일반인들이 해야 할 일은 그들이 식용 버섯인지 독버섯인지를 가려내는 것이다.

진실은 자신의 빛을 있는 그대로 발한다. 대개 요란한 것은 거짓이 많다. 비무장지대의 상처를 보듬기 이전에 화장부터 현란하게 하는 그들은 자식의 미래를 걱정하는 어머니가 아니라 취객을 유혹해 주머니를 터는 요부일지도 모른다.

9. 리빙스턴교, 노블레스 오블리주를 깨우다

지금 그 사람 이름은 잊었지만
그의 눈동자 입술은
내 가슴에 있어

바람이 불고
비가 올 때도
나는 저 유리창 밖
가로등 그늘의 밤을 잊지 못하지.

「목마와 숙녀」를 쓴 시인 박인환의 고향은 중동부전선 최전방 지역인 강원도 인제다. 박인환은 6·25전쟁을 겪은 뒤 감상적인 시를 남겨 '댄디 보이'로 불렸다. 시인에게도 같은 민족끼리 서로 죽이는 난리는 고통스러운 상처를 주었던 모양이다.

군부대가 밀집해 있는 그의 고향 인제를 찾아간 것은 물난리 때문이었다. 박인환의 고향 인제는 그가 세상을 떠난 뒤에도 물난리를 모르던 평화로운 동네였다.

인제읍 덕산리로 들어가는 모든 길은 끊어진 상태였다. 마을로 들어가는 길을 찾고 있을 때 '리빙스턴교'라는 낯선 다리가 눈에 들어왔다. 일반적으로 다리 이름은 마을 이름을 따서 짓는데 이 시골에 영문 명칭의 다리가 들어선 까닭이 궁금했다. 경찰은 리빙스턴교 입구에 순찰차를 세우고 교량이 노후해 붕괴될지도 모른다며 사람과 차량의 통행을 통제했다.

리빙스턴교가 산골에 자리 잡은 것은 6·25전쟁에 참전한 어느 미군의 가슴 아픈 유언 때문이다. 6·25전쟁이 계속되던 1951년 7월 인제지구 전투에 참가한 리빙스턴 중령의 포병부대는 작전상 후퇴를 해야 했다. 그러나 폭우로 강물이 범람하면서 지체하다 현재의 합강정 부근에 매복하고 있던 적의 기습공격을 받아 많은 부하를 잃고 자신도 크게 다쳤다. 야전병원으로 급히 후송돼 치료를 받던 리빙스턴 중령은 '이 강에 다리가 있었더라면 전투에 승리하고, 이렇게 많은 인명 피해가 발생하지도 않았을 텐데'라고 탄식했다. 그는 고향에 있던 부인에게 사재를 털어서라도 이곳에 다리를 가설해 달라는 마지막 유언을 남기고 숨을 거두었다.

그의 유언으로 인북천에는 1957년 12월 4일 길이 150미터, 폭 3.6미터의 교량이 건설됐다. 당시는 목재 교량에 붉은 색칠을 해 '빨간 다리'로 불렸다. 리빙스턴교가 노후되자 1970년 12월 한국군 207공병단은 길이 148미터, 폭 7미터의 콘크리트 교량을 새로 건설했다. 리빙스턴교는 이렇게 진화했으나 이름은 아직

현재의 리빙스턴교(왼쪽)와 교각만 남은 옛 리빙스턴교.

집중호우로 물이 불어난 강원도 인제의 군축교 부근 풍경.

도 그대로 간직하고 있다.

리빙스턴교를 지나 힘들게 찾아간 덕산리는 산사태로 흙에 뒤덮여 마을의 흔적을 찾을 수 없었다. 마을회관은 엄청난 물세례를 받아 가운데가 뻥 뚫려 있었다. 도로변에 세워 뒀던 자동차는 떠내려가 장난감처럼 처박혀 있었다.

물난리로 한순간에 집을 잃은 주민들에게는 임시로 머물 수 있는 컨테이너가 한 동씩 지급됐다. 수마가 할퀴고 지나간 동네에는 곧바로 무더위가 찾아왔다. 단열재가 부실한 한여름의 철제 컨테이너 내부는 찜통 같았다.

덕산리의 컨테이너 촌에서 멋쟁이 할아버지를 만났다. 박인환보다 1년 먼저 태어난 이 '댄디 파파'는 얼린 물수건을 머리에 얹고 무더위와 씨름하고 있었다. 그 물수건마저 머리에 얹고 잠시 앉아 있으면 컨테이너 열기에 금방 녹아 버렸다. 할아버지와 할머니는 물수건을 얹은 채 너털웃음을 지었다. 할아버지에게 무더위보다 더 힘든 문제는 새로 집을 지어야 하는 현실이었다. 맨몸으로 집을 빠져나와 남은 것 하나 없는 할아버지 할머니 부부는 수천만 원이나 들어가는 새 집을 지을 엄두가 나지 않았다. 80살이 넘었으니 노동 현장에서도 받아 주지 않아 빚을 갚을 수 있는 길은 아득했다. 젊은이도 일자리를 얻기 힘든 대한민국에서 산골의 할아버지가 일을 할 수 있는 곳은 사실상 없었다. 6·25전쟁을 겪은 '댄디 보이' 박인환은 '목마를 탄 사랑의 사람이 보이지 않는다'라며 안타까워했다. 수해로 모든 것을 잃은 '댄디 파파'는 이 순간 삶의 길이 보이지 않았다.

필리핀에서 덕산리로 시집온 크리시아 씨도 숟가락 하나 건지지 못했다. 태평양을 건너 농사일을 하는 남편에게 시집온 크리시아는 흙탕물에 젖은 옷가지를 빨아 빨랫줄에 널다 웃음을 지어 보였다.

"너모(너무) 쏙쌍(속상)해요. 아기 사진이 모두 없어졌어!"

수해로 집까지 사라진 판에 세 살짜리 아들의 사진이 없어진 것을 걱정하는 모습이 안타깝다.

수해 현장은 사실상 자원봉사 활동을 증명하기 위한 사진촬영 현장이었다. 수해 현장에서 자원봉사를 벌인다고 보도자료를 돌리고 기자들까지 부르는 기업체가 있는가 하면 한 종교단체는 디지털 카메라를 쥐어 주며 자신들의 사진을 찍어 달라고 발길을 붙잡았다. 그리고 수해 복구를 위해 지휘봉을 잡아야 할 자치단체장은 수해 복구 물자를 싣고 온 사람들과 하루 종일 현관 앞에서 증빙 사진을 찍고 있었다.

전부가 그런 것은 아니지만 수해 현장에 오는 물건들을 자세히 들여다보면 유효기간이 지난 재고품이 많았다. 기업체로서는 재고 상품을 방출하고 세제 혜택도 받을 수 있으니 일석이조가 아닐 수 없을 것이다. 남을 도울 때는 내게 필요 없는 물건이 아니라 소중한 것을 주라는 말이 분득 떠올랐다.

그래도 인정이 각박해진 것만은 아니어서 다행이다. 먼지가 날리고 악취가 진동하는 수해 현장이지만 뜨거운 햇빛 아래 생수 상자를 이고 가던 어느 자원봉사자의 모습은 아름다웠다. 그 모습을 찍으려고 카메라를 들이대자 그녀는 손으로 얼굴을 가리며 사양했다. 사진으로 남길 수는 없었지만 그녀의 얼굴에 깃들어 있던 행복한 표정을 잊을 수 없다. 사고로 한 팔을 잃은 네팔의 대학생은 나머지 한 손으로 수해 현장에서 자원봉사를 하고 있었다. 남을 진정으로 돕는 것은 요란하지 않은 데 있는 것 같았다.

마을을 나오는 길에 리빙스턴교를 다시 둘러봤다. 리빙스턴교 아래로는 리빙스턴 중령이 전투를 벌였던 당시의 상황처럼 급류가 흐르고 있었다. 오늘날 리빙스턴교는 우리에게 무슨 의미가 있을까. 이 교량은 산골 주민들의 통행 수단으로 중요하고, 군사교량으로서도 비중이 높다. 6·25전쟁 당시 인천상륙작전에 참가했던 부대가 인제에 아직도 주둔하고 있다.

박인환 시인과 같은 시대를 살았던 댄피 파파 할아버지, 태평양을 건너와 물난리를 당한 필리핀 새댁이 고통스러워하는 덕산리에서 노블레스 오블리주에 대해 생각해 봤다. 가진 자의 사회적 의무를 뜻하는 노블레스 오블리주는 법과 규정을 따지는 정부기관과 공무원들이 아무 도움도 주지 못하는 재난 현장에서 더 필요했다. 리빙스턴 중령의 유언이 가난한 산골에 다리를 놔 줬듯이 삶의 터전을 송두리째 빼앗긴 수재민에게 희망의 가교를 놓아 줄 대기업이나 독지가가 절실했다.

10. 전쟁을 평화로 재활용할 수 없을까

봄바람은 잠잠하고 농부의 손길은 분주했다. 중부전선의 최전방 지역인 철원 평야의 봄이 눈부시다. 농사철 못자리에 설치한 비닐하우스가 반짝였다. 긴 겨울이 가고 최전방에도 따스한 봄기운이 감돌기 시작하자 농부의 손길은 바빠졌다.

아지랑이 사이로 북한 땅이 보이는 철원평야에서는 이른 봄부터 못자리 설치 작업이 한창이었다. 농부는 볍씨를 뿌리고 비닐 씌우는 일을 하느라 분주했다. 그런데 못자리를 설치한 곳이 특별했다. 주변이 온통 철조망이다. 군사작전에 사용하는 철조망이 논 한가운데로 지나갔다. 최전방이다 보니 철조망에 의해 하나의 논이 나눠지는 분단 상황이 발생한다. 논 한쪽에서는 대민지원을 나온 군인들이 모판에 흙을 담아 날랐다. 젊은이들이 없는 최전방 농촌에서는 일손이 부족해 군인들의 손을 빌릴 수밖에 없다.

"바람이 불면 비닐을 덮지 못합니다. 바람이 일기 전에 오늘 일을 마쳐야 하거든요."

농부가 일을 서두르는 것은 자연의 숨결 때문이다. 봄바람은 간지럽기도 하지만 거세지면 비닐을 씌우는 일을 포기해야 하다. 작은 바람이라도 비닐 속으로 들어가면 돛처럼 부풀어져 아무리 기를 써도 소용이 없다. 농부와 군인들은 자연의 순리에 최대한 순응하기 위해 모판을 부지런히 운반했다.

그해 가을, 논에는 허수아비가 등장했다. 야산의 참새들이 벼이삭에 덤비지 못하도록 허수아비를 세웠다. 하지만 허수아비는 헝겊으로 만든 것이 아니라 군인들이 사용하는 사격 표지판으로 만들었다. 사격 표지판은 인민군의 형상

철원평야를 지키고 있는 허수아비.

을 단순화시킨 플라스틱 제품이었다. 사격장에서나 볼 수 있는 표지판이 어떻게 황금빛 벌판에 서 있는지 알 수는 없었다. 하지만 누렇게 익은 벌판을 지키는 사격 표지판은 평화스럽게 보였다. 비무장지대 하늘 위로 뭉게구름이 흘러갔다.

사격 표지판을 다시 마주한 곳은 철원 읍내였다. 한 타이어 가게 앞에 인민군 모양의 사격 표지판이 세워져 있었다. 한 타이어 가게 주인이 인테리어용으로 재활용한 것 같았다. 예전 같으면 군인들이 보자마자 회수했겠지만 그 표지판은 계속 제자리를 지키고 있었다.

인민군 모습의 사격 표지판을 재활용하는 현장은 비무장지대에서도 찾을 수 있었다. 가곡 「비목」이 태어난 백암산 비무장지대로 가는 길은 험준한 산악도로였다. 폭우로 끊어진 비포장도로를 군인들이 나와 보수작업을 벌이고 있었다. 백암산으로 오르는 길에는 호박돌이 뒹굴었다. 가파른 경사에 민간인들은 몇 걸음 걷지 못하고 길바닥에 주저앉을 정도다. 백암산에 점점 가까이 다가갈수록 다리는 팍팍해지고 숨이 가빠 고통스럽다. 그러나 걷지 않으면 백암산에 오를 수가 없다. 그만큼 백암산은 사람의 발길을 쉽게 허용하지 않는 비무장지대 깊은 곳에 숨어 있다. 오르다 보면 어느 한순간 앞을 가로막고 있던 나무숲이 사라지면서 북녘의 산하가 펼쳐진다.

백암산에서 내려오는 길도 수월치 않다. 후들거리는 다리를 이끌고 내려오다 보면 몸은 지칠 대로 지친다. 그러나 녹음이 짙어 가는 백암산 기슭은 산나물이 지천이다. 쌈을 싸서 먹을 수 있는 산나물이 주변에 널려 있다. 손바닥만한 떡취가 고개를 내민 곳에 앉으려다 깜짝 놀랐다. 산나물 사이에서 뭔가가 혀를 날름거리고 있지 않은가. 독사였다. 한창 독이 오른 독사는 자신의 보금자리로 들어오는 이방인을 잔뜩 경계하고 있었다.

백암산에서 하산해 숨을 돌리다 한곳에 모여 있는 사격 표지판을 보았다. 군인들이 사격 연습을 하고 폐기한 사격 표지판에는 손가락만한 구멍이 수십 군

카센터 인테리어 소품으로 재활용된 사격 표적판.

데 나 있었다. 본래의 임무를 마친 사격 표지판들이 재활용을 위해 쓰레기 처리
장에 분리돼 있었다. 재활용이 화두가 되고 있는 요즘 비무장지대에도 그 물결
이 밀려온 것이다. 벌집처럼 구멍이 숭숭 뚫린 사격 표지판이 외롭게 산골을 지
키고 있는 것 같았다. 재활용되는 사격 표지판처럼 이 땅의 전쟁을 평화로 재활
용할 수는 없는 노릇일까.

VI

공존의 지혜를 묻는 DMZ

DMZ는 평화와 공존의 땅이어야 한다.
전쟁의 광풍이 지나간 DMZ에서
인간과 야생동물, 이념과 실용, 문화재는
어떻게 접점을 찾아야 할까.

멧돼지 사파리 공원을 만들기 위해
먹이를 메고 북한강을 오르는 주민들.

1. 영양실조 물고기들

"거참 이상해!"

2007년 가을. 중부전선 비무장지대 앞에서 그물을 끌어올리던 사람들은 이해할 수 없는 현상을 목격했다. 그들은 중앙생태계 환경보존연구회 소속 조사원들로 철원군 강산저수지에 사는 물고기들을 조사하고 있었다. 하지만 물고기들의 형태가 예상과 달랐다. 붕어들은 배가 쑥 들어가 있었고, 잉어는 둥그런 체형을 유지하는 것과 달리 머리만 크고 꼬리 부분으로 갈수록 가늘어졌다. 그물에 걸린 토종 물고기들의 모양은 거의 비슷한 상태였다.

그 동안 민간인들이 접근할 수 없었던 최전방 저수지에 사는 물고기들은 비무장지대를 지키는 군인들의 철저한 보호를 받았다. 저수지의 수원은 북한의 평강고원이 바로 보이는 비무장지대였다. 환경문제를 최고의 가치로 숭배하는 사람들은 비무장지대를 생태계의 보고라고 말해 왔다. 그렇다면 후방 지역 저수지에 사는 물고기보다 더 튼튼하고 건강해야 하지 않은가. 마침내 이들은 이렇게 잠정 결론지었다.

"물고기들이 영양실조에 걸렸다고 볼 수밖에 없네요."

너무 풍족해 비만이 문제 되는 요즘에 영양실조라는 말은 충격이었다. 하지만 눈앞에 잡힌 물고기들의 배는 쑥 들어가 있었다. 오랫동안 굶주린 것 같았다.

의문의 실마리는 저수지 탄생과 관련 있는 것이 아닐까. 강산저수지는 인공 저수지였다. 인공 저수지라고 해서 아주 오래된 구조물은 아니었다. 철원평야의 농민들은 일제강점기부터 북한 봉래호의 물로 농사를 지어 왔다. 그러나 남북으로 분단되면서 물길도 끊어지는 운명을 맞았다. 북한이 봉래호의 물줄기를 차단하면서 철원평야에서는 물 부족 대란이 벌어졌다. 가뭄 때문에 농사를 지을 수 없게 되자 남한으로서는 새로운 수원을 마련해야 했다. 물줄기가 끊어진 비무장지대에서 저수지 공사가 시작됐다. 군사작전처럼 전개된 공사가 끝나자 물을 담는 일만 남았다.

영양실조 물고기가 탄생하게 된 것은 바로 이 시기와 연관이 있을지도 모른다. 수풀이 있는 상태에서 담수하면 물이 썩는 문제가 발생한다. 사람의 힘으로 이 풀을 모두 제거하기에는 한계가 있었다. 수중에 잠기는 풀을 해결하기 위해서는 풀을 뜯어 먹고 사는 초어를 방류해야 했다.

주민들로 이뤄진 조사원들은 초어의 기능에 주목했다. 처음에는 수중에 잠기는 풀을 먹고 살더라도 개체수가 급증해 먹이가 부족해지는 것은 아니었을까. 일반적으로 담수 지역에 풀어놓는 초어는 생식 기능을 발휘하지 못하도록 조치를 취한다. 하지만 하루라도 빨리 물을 채워야 했던 당국은 초어가 수중 환경에 미치는 영향에 대해 미처 신경 쓰지 못했다. 당장 먹을 것이 없어 굶주리는 사람들이 많았던 가난한 시절에 환경에 미치는 영향을 고려할 형편이 아니었다. 그때 풀어놓은 초어들이 성장해 저수지를 점령하면서 붕어와 잉어들은 먹이가 부족해지고 몸을 숨길 곳조차 없어진 것이다.

주민 조사단이 잠정적으로 내놓은 이러한 결론은 전국적으로 뜨거운 논란거리가 됐다. 물고기에 대해 전문가라고 자부하는 사람들은 "말도 되지 않는 무식한 소리"라며 흥분했다. 일부 어류 전문가는 초어로 인한 피해 가능성을 인정했지만 전문가라고 주장하는 사람들의 의견은 제각각이었다.

강태공들도 전문가 편에 가담하는 추세였다. 하지만 일반 하천이나 저수지의 환경은 비무장지대와 차이가 있다. 비무장지대의 전문가는 비무장지대 주변에서 사는 사람이다. 그들의 지식이 일천하다고 주장하는 '종이 박사'들은 비무장지대 생태계에 무슨 영향을 미쳤을까.

물고기 박사라고 주장하는 사람들은 초어가 붕어와 잉어의 영양실조에 직접 영향을 미쳤다고 볼 수 없다는 주장을 내세우며 기를 꺾으려 했다. 만약 초어가 영향을 미쳤다고 하더라도 그 정도는 아닐 것이라는 주장이었다.

"강산저수지를 아십니까?"

"…."(물고기 박사들)

"그곳은 상류로 물고기들이 오고 갈 수 있는 댐이나 저수지와 다릅니다. 강산저수지는 '접시형 저수지'입니다. 우기를 제외하고는 평상시 유입되는 물이 거의 없습니다. 통 안에 모여 있는 셈이지요."

중앙생태계 환경보존연구회 관계자는 물고기들의 영양실조 문제가 잠잠해진 겨울날 또 다른 사실을 털어났다.

"원래 남대문에 가 보지 않은 사람이 남대문에 대해 더 말을 잘하잖아요. 이번 일도 그래요. 물고기 박사라는 사람들은 실제 현장에 와서 보지도 않았어요."

초어라는 물고기는 수초를 왕성하게 먹어 치워서 환경 변화를 일으킨다는 지적을 받고 있다. 강산저수지에서는 60킬로그램짜리 초어까지 그물에 올라왔다. 60킬로그램짜리 초어가 1년에 먹어 치우는 수초는 8백-1천 킬로그램 정도다. 그런데 그물을 끌어내도 저수지 바닥에서는 풀뿌리가 보이지 않았다. 문제는 이보다 더 큰 초어도 많다는 것이다. 주민들은 62센티미터 크기의 초어만 공개했지만 2미터 가까이 되는 초어도 있었다고 귀띔했다. 이런 초어들이 수초를 먹어 치우는 양은 상상하기 어렵다. 군부대가 장비를 제한하는 바람에 큰 초어를 직접 잡지는 못했지만 배의 크기를 봐서 어림짐작할 수 있었다.

강산저수지 옆에는 또 다른 인공 저수지가 있다. 철원평야의 젖줄인 토교저수지다. 토교저수지의 탄생도 강산저수지의 사연과 같다. 전쟁이 끝난 들판에서 물길을 헤치고 다녔던 이 땅의 토종 물고기들은 처음 보는 외래종과 만나게 됐다.

배스와 블루길. 이 낯선 외래 어종은 가난에서 벗어나기 위해 몸부림쳤던 남한의 지도자 박정희 대통령과 인연이 깊다. 박 대통령은 미국 루이지애나 주에서 배스와 블루길을 수입했다. 성장 속도가 높은 배스가 가난한 국민들에게 높은 단백질을 제공할 것이라고 기대했기 때문이다. 수입한 배스를 증식하는 임무는 국립수산진흥원 산하의 한 내수면연구소에 전달됐다. 그후 태평양을 건너온 배스는 중부전선 최전방에 만들어진 토교저수지에 1974년 들어왔다. 3년 뒤에는 주민들도 배스를 길러 보기 위해 도입했지만 군당국의 통제가 심해 양식장을 포기했다. 이때 150마리 가량의 외래 어종이 탈출했다. 하지만 외래 어종을 도입한 일본에서도 생태계에 교란이 일어나기 시작하자 토교저수지에 외래 어종을 도입한 관료와 연구자들은 꼬리를 감추어 버렸다. 그리고 책임을 지지 않으려고 풀어놓은 외래 어종을 다 수거하지 않은 채 방치했다.

그 뒤 언제부터인가 토교저수지는 '물 반, 고기 반'이라는 소문이 나돌았다. 공식적으로 표본조사를 실시한 적은 없었지만 소문이 나돌자 강태공들이 눈독을 들이게 됐다. 주민들 사이에서는 배스 낚시의 손맛을 즐기는 사람은 고위 군인들이라는 소문이 돌았고, 몰래 들어가 물고기를 잡던 주민들은 군인들에게 붙잡혔다. 군인들은 불법으로 어로 행위를 했다며 주민들을 경찰서에 넘겼고 이들은 벌금을 물어야 했다. '누구는 되고 누구는 되지 않다니!' 주민들은 그때마다 분을 삭이지 못했다.

토교저수지가 결국 배스와 같은 외래 어종의 온상이 되자 관계기관과 중앙 생태계 환경보존연구회가 시범 포획에 나섰다. 2006년 11월, 토교저수지에 자치단체장과 유지들이 모였다. 조사원이 쪽배를 타고 들어가 미리 설치했던 정치망을 들어 올리자 낯선 물고기들이 올라왔다. 그물망 사이로 물고기들의 비늘이 햇살에 반짝거렸다. 아는 사람들만 손맛을 즐기던 배스와 블루길이 실체를 드러냈다. 배스는 왕성한 식성을 자랑하듯 이악스럽게 입을 벌렸다. 어른의 주먹도 들어갈 만한 입을 한 물고기들을 대량 포획했다.

배스의 배 안에는 토종 물고기들이 들어 있었다. 배스라는 물고기는 같은 종족끼리도 잡아먹는 습성이 있었다. 큰 배스의 배를 열어 보니 작은 배스가 먹이로 확인됐다. 2차 조사까지 실시한 결과 토교저수지에 사는 물고기 가운데 96.9퍼센트가 외래 어종으로 나타났다. 붕어와 메기, 누치, 모래무지, 참마자와 같은 토종 물고기는 3.1퍼센트에 불과했다. 토종 물고기뿐만 아니라 갑각류, 수서 곤충, 조개류까지 피해를 보고 있어 저수지의 자정 능력도 악화되고 있었다. 수중 생태계를 교란시킨 주범이 외래 어종으로 증명됐지만, 그 단초는 결국 외래 어종을 풀어놓은 국가기관이 제공했던 셈이다.

주민들이 이번에 직접 생태계 조사에 나선 것은 외래 어종을 스스로 퇴치하기 위해서였다. 앞으로 환경이 소중한 시대가 올 것에 대비해 외래 어종으로 망가진 수중 생태계를 되살려 후손에게 전달하고 싶었던 것이다.

"우리는 논문 만드는 데 관심이 없어요. 생태계 대란을 우리 손으로 막아 보자는 것이었죠. 생태계를 파괴한 외래 어종을 잡아내 비무장지대를 찾아오는 철새들의 먹이로 주고 싶었어요. 이동하는 시기에 배고픈 철새들에게 배스를 먹이로 주면 다시 자연으로 돌려보내는 것이 됩니다. 이제는 정부나 학자들이 일방적으로 생태계 보존지역을 지정해 보호하는 방식은 바람직하지 않아요. 주민들이 스스로 자연환경을 가꿔 나가야 합니다."

외래 어종의 이동에는 제2차 세계대전과 6·25전쟁을 치른 한국·일본·미국 사이의 보이지 않은 국제 관계가 얽혀 있다.

일본에서도 일왕이 외래 어종을 도입한 것을 고통스러워했다. 그도 전후에 식량을 대용할 수 있도록 외래 어종을 도입했는데 결국 일본의 생태계를 위협하는 처지에 이르렀다. 그는 왕세자 신분이었던 50년 전 미국의 시키고 수족관을 방문해 당시 시카고 시장으로부터 블루길을 선물받았다. 이 블루길은 일본 비와호 옆에 있는 연구시설에 전달됐다. 일본에서 단백질이 부족하던 시절 블루길이 충분한 단백질을 제공할 수 있는지 조사하기 위해서였다. 일본에서 가장 큰 호수인 시가현의 비와호는 각종 물고기가 서식하는 담수어의 보고이기도 하다. 하지만 연구실을 빠져나온 블루길이 야생으로 퍼지면서 왕실이 보호하는 납줄개와 같은 토착 어종을 급격하게 감소시켰다. 일왕은 일본 사람들의 단백질 부족 문제를 해결하길 희망했지만 연구센터에서 탈출한 몇 마리의 블루길은 무서운 속도로 일본 전역으로 퍼져 나갔다.

일왕은 식량을 제공하기 위한 노력이 토종 물고기를 위협하는 결과가 됐다는 점에 고통스러워했다. 그는 수산과 보존에 관한 연례 모임에서 블루길로 인해 토종 물고기들이 더 이상 전멸하지 않도록 조치를 취해 달라고 호소했다.

일본은 비와호에 퍼진 250톤 가량의 블루길을 먹어서 없애자는 운동을 벌이

토교저수지에서 열린 수영대회에서 '한반도의 섬' DMZ를 향해 헤엄치는 철인들.

고 있다. 하지만 미국 시카고 사람들이 블루길을 주요 요리에 애용하는 것과는 달리 일본 사람들은 이 요리를 별로 좋아하지 않는다. 배스로 배운탕을 끓이면 값비싼 쏘가리의 맛과 비슷하다지만 우리나라에서도 배스나 블루길을 국민들이 단백질 섭취용으로 받아들이지 않는다는 데 고민이 있다.

한국이 일본을 모방해 외래 어종을 수입해 방사했는지는 확인할 길이 없으나 환경 같은 분야에서 일본의 사례를 무조건 쫓아가는 행위는 이제 그만두어야 할 것 같다.

배스와 블루길이 비무장지대 호수를 점령하자 우리나라 지방자치단체도 몸에 좋다며 퇴치 운동에 나섰다. 화천군은 "배스는 단백질이 풍부하고 맛이 좋다"며 배스 횟집까지 지정해 홍보했지만 찾는 사람이 없었다.

일왕과는 달리 우리나라에서는 배스나 블루길을 도입했던 당사자나 이를 연구했던 기관은 현재까지 침묵으로 일관하고 있다. 일부 연구자는 주민들이 비무장지대 강산저수지의 붕어와 잉어들이 영양실조에 걸린 현상을 초어에 의한 생태계 파괴로 추정하자 "너무 성급하다" "무식한 발상"이라며 몰아붙였다. 정부의 연구기관이 생태계에 미치는 영향을 고려하지 않은 것과 민초들이 삶의 터전에서 직접 보고 터득한 것 가운데 어느 것이 더 성급했고 무식한 행동이었는지는 상식선에서 따져 봐야 할 일이다. 비무장지대 주변의 망가진 수중 생태계는 국가기관이 다시 앞장서 복원해야 할 것이다.

2007년 7월 22일, 비무장지대가 바라보이는 토교저수지에서는 저수지 축조 이후 최초로 이색적인 수영대회가 열렸다. 철인 3종경기의 하나인 수영경기가 비무장지대를 마주하고 있는 이곳에서 마련됐다. 전국에서 모인 철인들은 출발신호와 함께 반환점을 향해 뛰어들었다.

반환점에는 갈 수 없는 섬 같은 비무장지대가 버티고 있었다. 철인들은 상류로 회귀하는 물고기들처럼 그 섬을 향해 물살을 갈랐다. 그때마다 수면에서는 배스가 몸부림치는 것 같은 포말이 일었다. 철인들은 북녘 땅까지 물길을 따라 오르는 꿈을 꾸고 있었을까. 비무장지대는 그날 하루 종일 푸른 안개가 장막을 치고 있었다.

2. 지뢰밭도 이젠 안전지대가 아니다

동장군이 기승을 부리던 철원 최전방에도 봄은 어김없이 찾아왔다. 햇살이 따사롭게 변하자 이곳의 모든 생명들도 일제히 기지개를 폈다. 버드나무에서는 새의 혓바닥 같은 귀여운 새싹들이 돋아나기 시작했다. 봄이 싱그럽지 않은 곳이 어디 있을까마는 첨예한 군사적 대결로 얼어붙어 있던 비무장지대에서 느끼는 봄은 더욱 새롭다. 산과 들판에 사는 동물들은 자연의 법칙에 따라 바빠진다. 봄은 동물들의 번식기다. 비무장지대와 주변에 사는 대표적인 들짐승이 고라니이다. 고라니는 동북아시아에 서식하는 야생동물인데 성질이 급해 보이지만 아주 귀엽고 순박하다.

하지만 고라니들이 이 땅에서 성장하기는 순탄치 않다. 어느 해 봄날 한국조류보호협회 철원지회가 운영하는 야생동물보호소에 고라니 새끼들이 들어왔다. 어미를 잃고 헤매는 고라니 새끼들을 농부가 발견해 연락한 것이다. 비슷한 시기에 인근에서도 고라니 한 마리가 들어왔다. 둘 다 태어난 지 얼마 안 돼 어미를 잃었다. 사람은 자기가 낳은 자식을 몰래 버리는 경우가 있어도 동물은 그런 법이 없는데 필시 어미에게 무슨 일이 있었을 것이다. 버림받은 아이가 부모 없이 세상을 살아가는 게 쉽지 않듯이 어미를 잃은 고라니 새끼도 홀로 성장하기가 힘들다. 어미가 곁에 없어진 사실을 안 고라니는 살아가기 위해 나섰다가 길을 잃었을 것이다. 전쟁이나 재해가 발생한 지역에서 부모를 잃은 어린 아이들이 정처없이 길을 떠나는 것처럼…. 이런 야생동물이 봄철에 적지 않지만 두 고라니는 마음씨 좋은 농부의 눈에 띄어 다행히 여기로 오게 됐다.

고라니 새끼들은 널빤지를 잘라 만든 상자에 보금자리를 잡았고, 강아지처럼 재롱을 부렸다. 고라니 새끼는 앙증맞다. 고라니들은 우유로 생명을 이어 가고 있었는데 막 돋아난 들풀을 뜯어 주면 손끝을 간질이며 받아먹었다. 새끼 고라니들은 점차 돌봐 주는 사람에 익숙해지고 장난까지 쳤다.

그해 여름 꽤 성장한 고라니 한 마리가 들어왔다. 구호차에서 내려지는 고라니는 이미 숨이 끊어져 있었다. 들판에서 사람을 경계하던 목은 땅바닥으로 처져 버렸고 눈동자는 움직이지 않았다.

기록을 남기기 위해 고라니는 들것에 실려 저울에 올랐다. 저울 눈금이 파르르 떨다가 멈추며 야생에서 살던 고라니의 마지막 기록이 남는다. 12킬로그램. 고라니의 이름이 따로 있을 리 없다. 발견 장소와 날짜·몸무게가 전부다. 쓸쓸하다. X-선 사진들은 모두 골절되거나 부러진 것을 증명할 뿐이다.

"교통사고예요."

최전방 지역에서도 야생동물들이 교통사고로 목숨을 잃는 일이 늘어나고 있다. 사람들이 타는 자동차가 많이 늘어났기 때문이다. 거기에다 마음껏 뛰어다니던 들판의 수로가 콘크리트로 바뀌어 한 번 빠지면 나오기 힘든 함정이 됐다.

사람들은 지뢰밭에까지 올무를 놓아 고라니를 희생시킨다.

사람은 환경 변화에 쉽게 적응하지만, 들짐승들은 그렇지가 않다. 처음 보는 자동차의 불빛은 야간에는 순간적으로 사각지대를 만들어 버린다. 달아나는 방향이 도로 밖이면 운이 좋지만, 자동차가 달려오는 쪽이면 사정은 달라진다. 고라니의 운명은 한순간 본능에 따라 결정된다.

그해 겨울, 비무장지대 지뢰밭에서 숨진 고라니가 발견됐다. 고라니는 철사로 만든 올무에 걸려 있었다. 들짐승을 구조해 보호하는 사람들은 경악을 금치 못했다. 인간이 지뢰밭까지 들어가 설치한 올무에 고라니가 희생됐기 때문이다. 그 동안 지뢰밭은 야생동물들에게는 최후의 피난처였다. 밀렵꾼이 따라 들어올 수 없는 성스러운 장소였다. 고라니가 희생된 곳은 누가 봐도 알 수 있는 지뢰밭이었다. 미확인 지뢰밭도 아닌 지뢰지대를 알리는 경고문이 곳곳에 설치돼 있는 곳이었다.

"조심하세요. 절대 들어가지 마세요!"

고라니가 숨졌던 장소로 안내하던 초병은 지뢰밭을 따라가며 바짝 신경을 곤두세웠다. 지뢰밭과 철조망이 나란히 달리는 숲 속에는 수십 년이 지난 고목들이 쓰러져 있었다. 전쟁이 아니었더라면 일제강점기 당시 의정부와 인구가 비슷했던 이 자리에는 지뢰밭 대신 빌딩 숲이 들어섰을 것이다.

고라니가 희생된 지점은 지뢰밭 안이었다. 구조대원들은 철조망 사이로 풀이나 낙엽이 없는 땅만 딛고 숨진 고라니를 끌어냈다. 나뭇잎이 조금이라도 있는 곳에는 사람을 노리는 지뢰가 묻혀 있었다.

"로봇의 다리를 달았나! 지뢰밭에까지 올무를 놓을 생각을 하다니…."

오래전에 희생된 또 다른 고라니 한 마리는 구조대원들의 손길이 닿을 수 없는 곳에 누워 있었다. 지뢰밭 안으로 들어가는 방법은 현실적으로 없었다. 고라니의 몸에서는 이미 털이 빠져 내리고 있었다. 죽은 고라니는 봄이 오면 지뢰밭에서 녹아내려 나무와 풀을 키우는 영양분이 될 것이다.

인간이 만들어 놓은 DMZ 지뢰밭도 이젠 들짐승들이 편안히 살 수 있는 최후의 피난처가 아니었다.

3. 독수리의 역습

"새가 그렇게 만들었으니 어떡해. 그렇지만 독수리를 담당하는 국가 공무원은 책상에 앉아만 있지 말고 나와 봐야지!"

겨울철마다 독수리들이 날아오는 철원군 중부전선 최전방 농민들이 단단히 화가 났다. 예상하지 못했던 독수리의 공격을 받았기 때문이다. 내년 농사를 위해 겨울철에 지어 놓은 비닐하우스가 독수리 발톱에 긁혀 구멍이 뻥 뚫렸다. 독수리들이 고의로 산골 주민들의 비닐하우스에 구멍을 낸 것은 아니었다. 농민들에게는 '공습'으로 보일 정도이지만 독수리에게도 딱한 사정은 있었다.

철원군 김화읍 청양1리 주민들이 난데없는 독수리들의 공습으로 비닐하우스가 망가졌다고 하소연했다. 대선정국으로 혼미했던 2007년 12월 중순, 독수리들이 비닐하우스 위에 내려앉았다. 독수리의 날카로운 발톱은 얇은 비닐하우스에 구멍을 내 버렸다. 내년에 고추 농사를 짓기 위해 일주일 전에 비닐하우스를 설치한 이수진(42) 씨는 기가 막혔다. 6천만 원을 들여 비닐하우스 6동을 지었는데 독수리 발톱에 벌써 2개 동에 19군데나 구멍이 났다.

철원평야를 찾는 독수리들은 살아 있는 생물을 채 가는 여느 맹금류와는 다르다. 이곳의 독수리들은 죽은 생물의 사체만 먹는다. 그러니까 독수리는 자연을 깨끗하게 청소하는 성자였다.

이런 독수리가 이번 겨울에는 조금 달라졌다. 비닐하우스 옆에 미리 내놓은 거름더미에 독수리들이 몰려들었다. 독수리들이 거름더미까지 찾아오는 까닭은 먹이가 부족해졌기 때문이다. 겨울철 눈 내린 철원평야에서 먹잇감을 구하기는 쉽지 않다. 한두 마리라면 몰라도 수백 마리가 내려와 월동하는 현실에서

한반도 DMZ에서 월동하는 독수리들은 부족한 먹이를 두고 치열한 경쟁을 벌인다.

이들이 하루하루 생활하는 데 필요한 먹이를 제때 구하기 힘들다. 게다가 몇 년 전부터 독수리를 담당하는 국가기관인 문화재청으로부터 먹이 구입 비용도 뚝 끊겼다. 사정이 이렇다 보니 지방자치단체가 독수리 먹이를 구입할 비용은 한 푼도 없었다. 결국 독수리들은 농부들이 밭에 뿌려 놓은 거름더미로 먹을 것이 있는지 모여들었다. 그 과정에서 힘에 부친 독수리가 비닐하우스를 스쳐 지나가고 일부는 비닐하우스에 내려앉았다.

"사람만한 독수리들이 내려앉는데 어떡해요! 그냥 쳐다볼 수밖에…."

이씨가 옥상에 올라가 성능 좋은 망원경으로 쳐다보니 거름더미를 뒤지는 독수리는 37마리나 됐다. 비닐하우스 한 동을 설치하는 데 비닐 값으로 1백만 원이 들어간다. 하지만 한 번 농사를 지어 보지도 못하고 독수리 발톱에 비닐하우스가 망가진 것이다. 독수리 발톱이 할퀴고 지나간 구멍이 지금은 작아 보여도 거친 바람이 들어가면 커지고 비닐의 수명도 줄어들기 때문에 손해가 이만저만이 아니었다.

이씨는 화가 치밀어 문화재청에 전화를 걸었다. 천연기념물은 국가기관이 보호하고 있으니 그로 인한 피해보상도 국가가 해줘야 한다는 판단에서다. 하지만 그의 이야기를 듣던 문화재청 공무원은 "이 아저씨 말이 독수리가 비닐하우스를 공격했대나!"라며 수화기 너머로 키득키득 웃기만 했다. 독수리가 비닐하우스를 공격했다는 사실이 황당해 무심코 웃음이 나왔을 것이다.

"지금 농사철이 아니어서 한가하니 배낭 하나 메고 문화재청장의 사과를 받으러 가겠소!"

그의 말에 공무원은 심각성을 알고 본의가 아니라며 사과했다.

"관계 공무원들이 너무 무심해요."

"무슨 말씀이지요?"

"법적 조치를 하나도 해 놓지 않았잖아요. 독수리가 천연기념물로 지정되는 바람에 포획조차 할 수 없어요. 국가가 보호하는 독수리들이 피해를 줬으면 보상해야 할 것 아닙니까. 하지만 농작물 피해는 보상이 돼도, 비닐하우스 같은 시설물은 보상 규정이 없대요."

"벌판에 먹이를 주면 독수리들이 여기까지 오겠어요. 독수리들이 비닐하우스에 덤비지 않도록 국가가 모이를 줘야 하잖아요. 모이를 주지 않으니까 독수리들이 날아다니다 지쳐 비닐하우스에 피해를 주게 됐지요!"

농부의 주장대로 독수리는 갓 설치한 비닐하우스에 내려앉았다. 사람 손이 닿지 않은 높은 곳이어서 구멍 난 곳을 때울 수도 없었다. 칼로 갈라놓은 듯한 곳도 있었고, 어떤 곳은 독수리 발톱이 콕콕 찍혀 있었다. 이방인의 눈에는 잘 보이지 않아도 농부는 독수리 발톱자국을 곳곳에서 찾아냈다.

"야생동물을 관리하는 국가기관이 이원화해 있는 게 문제예요. 새라도 천연기념물로 분류되는 것은 문화재청이 맡거든요. 그리고 일반 새나 고라니·멧돼지·노루는 환경부가 관리해요. 농민들은 양 기관을 쫓아다니다 나중에는 지쳐버려요. 이곳에 가면 거기 가라고 하고 저기 가면 다시 이쪽으로 가라는 말이죠. 바쁜 농사철에 그렇게 시키면 속이 뒤집어져요."

"독수리들을 쫓을 생각은 해봤나요."

"깡통을 두드려도 한 번 쳐다보고는 꿈쩍하지 않아요. 이제는 독수리들이 언제 또 날아올지 걱정돼 밤에 잠이 오지 않아요."

발걸음을 옮기려 해도 농민의 하소연은 계속됐다. 먹이가 부족해 힘이 떨어진 독수리나 지은 지 일주일 만에 비닐하우스에 구멍이 숭숭 뚫려 버린 농민의 심정 모두 안타깝다.

한반도를 찾는 독수리들은 번식지인 몽골에서 먹이 경쟁에 밀린 것들이다. 힘세고 덩치가 큰 독수리들은 몽골에서 겨울을 날 수 있지만 그런 독수리들에게 밀린 약자나 어린 것들은 먼 한반도 비무장지대까지 내려와 먹이를 구해야 한다. 독수리들은 비무장지대에서 동물의 사체를 구하기 어려워 돼지와 소를 키우는 축산 농가 주변까지 배회하게 된다. 추운 겨울에 고향을 버리고 직장을 찾아가는 사람이나 먹이를 찾기 위해 이곳으로 내려온 독수리나 딱한 형편은 마찬가지다. 이 땅의 젊은이들도 직장을 구하기 위해 타향이나 해외로 발길을 돌리지 않는가. 모두 힘 있는 자에게 밀리거나 생계를 꾸릴 수 있는 기회를 얻지 못한 생명들의 마지막 선택이 아닐까.

추운 겨울 타향에서 굶주리며 인간의 눈총을 받는 독수리들의 몸부림이 측은했다. 먼 길을 떠나온 독수리들이나 변방의 가난한 농민들이 서로 잘살 수 있는 길은 관계기관 공무원들이 책상에만 앉아 있지 말고 현장으로 나와서 찾아보는 것이 아닐까. 그 일을 위해 국민이 낸 세금으로 관계 기관을 설립하고, 담당 공무원들에게 월급을 지급하고 있으니 말이다.

4. 야생 멧돼지와 공존의 조건

'유해 조수'의 대명사인 멧돼지와 동거를 꿈꾸는 산골 동네가 있다. 산골 땅에서 나오는 곡식으로 살아가는 주민들에게 멧돼지는 폭군이나 다름없어 골치가 아프다. 하지만 북한강 최상류에 있는 화천군은 멧돼지와 사람이 공존할 가능성을 시험하고 있다. 이 고장의 마지막 꿈은 멧돼지 사파리 공원을 조성하는 것이다. 관광객들이 차를 타고 아프리카 초원에서 사자와 표범·기린·코뿔소·누떼를 구경하는 것처럼 DMZ 주변에서 멧돼지들을 대상으로 사파리 관광 시대를 열자는 취지이다.

멧돼지 사파리 공원의 후보지는 평화의 댐 상류의 민간인출입통제선 지역이다. 민간인이 전혀 살지 않는 북한강 상류에는 안동포 철교가 있다. 하지만 안동포는 경북 안동과는 관련이 없다. 비무장지대 주변에서 임의로 부르기 위해 붙였을 뿐이다. 그런 명칭은 비무장지대 주변에 수없이 널려 있다.

멧돼지 사파리 공원의 적지로 꼽히는 지역이 안동포 철교에서 바라다보이는 강기슭이다. 강 뒤로는 산양까지 산다는 험준한 산자락이 자리 잡고 있지만 강변에는 초승달 모양의 개활지가 펼쳐진다. 개활지는 장마철 상류에서 떠내려온 퇴적물이 여름철에 모여 있다가 가을철에 비옥한 땅을 만들었다. 인류의 초기 문명이 강변 초승달 지역에서 꽃핀 이유를 여기서 알 것 같다. 이곳에서 멧돼지와 고라니들은 봄부터 짝을 짓고 평화롭게 뛰어다닌다. 이러한 특성 때문에 멧돼지들이 민간인들이 사는 세상으로 탈출하기 힘들어 사파리 공원으로는 이상적이다. 얼마 전 한 방송사가 'DMZ는 야생동물의 보고'라고 소개했던 곳이 여기다. 하지만 유감스럽게도 이곳은 비무장지대가 아니다. DMZ 후방이나 민통선 지역이라고 부르는 것이 바람직하다. 사실 비무장지대는 군사작전으로 산짐승과 들짐승이 살 만한 터전이 대부분 훼손됐다. 그래서 야생동물들이 밀집해 사는 곳은 DMZ 남방한계선에서 민통선 사이다. 이곳뿐만 아니라 전국적으로 멧돼지와 고라니가 너무 많아 농민들이 골치를 앓고 있는 현실이어서 굳이 비무장지대에서만 야생동물을 찾을 필요는 없다.

멧돼지들을 길들이기 위해서는 미확인 지뢰부터 제거해야 했다. 지뢰는 산짐승뿐만 아니라 민간인의 생명까지 한순간에 앗아 가는 무시무시한 존재다. 그런데 비무장지대에서 떠내려 온 지뢰들이 어디에 묻혀 있는지 알 길이 없었다. 담당 공무원은 군부대의 문턱이 닳도록 쫓아다니며 지뢰 제거 작업을 부탁했다. 그는 공병대원들이 출동해 지뢰 제거 작업에 들어가자 빵과 우유를 사서 부지런히 날랐다. 마침내 군인들이 지뢰 탐지 작업이 끝났다는 표시를 해 놓고 철수하자 민간인들이 투입됐다. 멧돼지들의 먹이인 돼지감자를 이 초승달 모양의 개활지에 심어 재배해서 멧돼지들을 불러 모으겠다는 계획이었다.

그해 봄 화천 산골에서는 동네별로 뚱딴지(일명 돼지감자)를 캐는 운동이 벌어졌다. 면사무소의 주요 업무는 뚱딴지를 채집하는 것이었다. 하지만 그 뚱딴지를 지뢰를 캐낸 자리에 심자마자 멧돼지 입으로 들어갔다. 멧돼지들이 주둥이로 냄새를 맡으면서 땅속에 심어 놓은 뚱딴지를 삼켜 버렸던 것이다.

나중에 돼지감자 재배가 실패했던 원인을 두고 인근의 한 주민과 이야기하게 됐다. 그는 이런 식으로 돼지감자를 심으면 멧돼지들이 모두 파먹어 실패한다고 지적했다. 멧돼지들은 갑자기 생긴 먹잇감을 두고 경쟁하듯 먹어 치울 수밖에 없다는 말이었다.

"그럼 어떻게 돼지감자를 심어야 합니까?"

"방법이 있지요. 멧돼지들이 한 입에 먹어 치우는 곳에 심어서는 효과가 없습니다. 멧돼지들도 돼지감자가 자기들의 먹이인 줄 알 수 있도록 광범위하게 심어야 합니다."

애써 심은 돼지감자를 멧돼지들이 모두 먹어 치웠다고 사파리 공원을 추진하는 사람들의 풀이 죽는 것은 아니었다. 민통선 출입통제소 앞으로는 그해 겨

멧돼지 사파리 공원 조성사업이 추진되는 북한강 상류의 개활지.

울 먹이를 잔뜩 실은 차량과 주민들이 모여들었다. 갑자기 눈발이 굵어지기 시작했다. 눈처럼 하얀 위장복을 껴입은 수색대원들이 눈발을 뚫고 어디론가 사라졌다. 이 겨울 최전방에서 움직이는 존재는 군인과 야생동물밖에 없다. 그때 땅을 울리는 소리가 들렸다. 최전방 방면에서 나오는 탱크였다. 탱크는 흰 천으로 덮여 있었다. 탱크들이 모두 사라진 뒤에야 멧돼지의 보금자리로 가는 길이 열렸다. 민간인들은 먹이 포대를 등에 메고 산길을 타기 시작했다. 강변을 휘감는 눈발을 뚫고 구불구불한 길을 오르는 모습이 장엄해 보였다. 지구촌 어떤 곳에서도 선보이지 않은 멧돼지 사파리 관광을 DMZ 주변에서 성사시키겠다는, 마치 인간의 자연에 대한 도전 의식 같았다.

멧돼지와 공존하는 모습을 마주한 곳은 비무장지대를 지키는 철원의 한 수색대였다. 이 수색대의 동물농장에는 멧돼지 한 마리가 있었다. 사실 비무장지대 주변의 군인들이 먹고 남은 음식을 멧돼지들에게 주는 모습은 이제 진부한 풍경이 됐다. 자연 상태에서 칡이나 풀뿌리를 캐 먹던 멧돼지들은 요즘 군부대 음식물 찌꺼기를 먹어서 집돼지처럼 토실토실 살이 쪘다. 초창기에는 음식물을 재활용하면서 야생동물을 보호한다는 군부대 홍보 자료들이 넘쳤지만 요즘에는 잠잠해졌다. 멧돼지들이 비무장지대 철책선 안에 산다면 괜찮지만 대개 비무장지대 후방에 서식하고 있었다. 문제는 군부대 음식물을 먹고 성장한 멧돼지들이 농사철에는 농민들이 심어 놓은 농작물에까지 덤비는 것이다. 추석을 며칠 남기고 철원의 한 농민은 멧돼지들이 고구마밭을 쑥대밭으로 만들어 놨다며 허탈한 표정이었다. 손자에게 주려고 고구마를 심었는데 멧돼지 입으로 들어갔기 때문이다. 그 농민은 고육지책으로 개를 밭에 매 놓았다. 컴컴한 밤에 시커먼 물체들이 접근할 때마다 그 개는 사력을 다해 짖었을 것이다. 하지만 이 수색대의 멧돼지는 인간을 필요로 하고, 인간은 멧돼지를 필요로 했다.

입대 전 외아들로 부모의 귀여움을 독차지했던 요즘 신병들은 군대에서 정서 불안으로 고통을 겪는다. 상명하복이 일상화해 있고, 전쟁에 대비해 운영하는 조직이다 보니 적응하는 데 어려움을 겪는 병사들이 많다. 이들을 과거에는 '고문관'이라고 불렀지만 요즘 순화된 말로 '관심사병'이라고 부른다. 멧돼지는 동료들과 적응하기 힘겨워하는 관심사병이 마음을 줄 수 있는 친구였다. 아이나 자식, 배우자가 없는 사람들이 반려 동물과 함께 사는 모습과 비슷하다.

멧돼지도 병사가 필요했다. 양

다친 멧돼지를 데려와 보살피는 수색대원.

육강식의 법칙이 지배하는 자연에서 멧돼지가 병사를 더 필요했는지도 모른다. 어려서 다리를 다친 멧돼지 한 마리가 있었다. 초병들이 순찰 중에 홀로된 멧돼지를 발견했다. 이미 다리를 다친 상태였고, 주변에는 어미 멧돼지의 흔적이 보이지 않았다. 어린 멧돼지가 자연에서 혼자가 되고 다리까지 다쳤다면 죽음과 마찬가지다. 병사들이 빗으로 쓰다듬어 줄 때 멧돼지의 불편한 다리가 눈에 들어왔다. 멧돼지는 병사들이 빗으로 거친 털을 빗어 주는 것을 좋아하게 됐다. 야성을 지닌 멧돼지는 군인들의 손길에 익숙해졌다. 누가 멧돼지를 저돌적이라고 했는지 이곳에서는 그 말의 의미를 다시 생각해 봐야 할 정도였다.

초소 주변에서 군부대 음식을 먹이며 야생 멧돼지들은 키우는 행위는 인간이 자연의 법칙에 간섭하는 것과 마찬가지다. 어쩌면 골치가 아픈 잔반을 처리하기 위한 수단인지도 모른다. 하지만 다리를 다친 멧돼지를 거둬 주었던 초병과 멧돼지와의 공존 관계는 아름다웠다. 도움이 필요한 생명에게 손길을 주는 것은 남아도는 음식물을 던져 주는 행위와 차원이 다르다. 진정한 도움은 상대가 필요한 것을 전달하는 것이라고 하지 않은가.

멧돼지와 인간은 서로 소중한 부분을 나누지 않으면 관계가 깨진다. 이것이 공존의 조건이다.

5. '불발탄'과 멸공훈련장

차에서 떨어진 것 같은 물건이 도로 위로 보였다. 가지를 모두 잘라 버려 플라타너스의 성장이 멈춰 버린 것 같은 춘천시 외곽도로를 오르던 길이었다. 달리는 차들은 중앙선을 침범하며 땅에 떨어진 물체를 피했다. 물체는 움직이진 않았지만 파르르 떨고 있었다. 개 한 마리였다. 길을 건너다 차에 치여 그 자리에서 한 걸음도 움직이지 못하고 달려오는 차량들을 응시하고 있었다.

그 순간 '불발탄'이 떠올랐다. 그 짧은 순간에 저 개보다 더 명확하게 눈앞에 등장한 것은 2006년 7월 15일, 철원군 김화읍 민간인 출입통제선 내 최전방 마을에서 차에 치였던 '불발탄'이었다. 그날 북한에서 내려오는 남대천의 수위는 순간순간 불어났다. 마을 사람들은 흙탕물이 밀려드는 제방 위에 올라가 불안하게 수위를 지켜보고 있었다. 이 동네의 물난리는 벌써 네 번째다. 남대천의 수위는 올해도 심상치 않았다. 물이 제방을 넘어오지 않더라도 남대천의 수위가 올라가면 역류현상 때문에 침수되는 피해가 이미 세 차례나 반복됐다.

벌써 집 몇 채는 안방까지 물이 찼다. 안방은 온기가 끊어지고, 마당은 물바다가 됐다. 농부들은 물이 차지 않는 도로변으로 소를 끌어내 고삐를 묶었다. 마당의 물이 창고로 밀려오자 개들은 포대 위로 올라가 불안하게 움직였다. 천장 아래에 있는 포대까지 물이 들어차면 더 이상 피할 곳이 없다.

그때 도로에서 움직임이 거의 없는 개 한 마리와 마주쳤다. 사람들이 물난리를 피하기 위해 정신이 없던 사이 이 개는 도로를 건너다 차에 치였다. 두 다리를 치여 움직일 수 없던 강아지는 그 자리에서 온종일 비를 맞고 있었다. 물에 빠진 생쥐처럼 흠뻑 젖은 개는 아스팔트 도로 위에서 심하게 떨고 있었다.

"그 강아지 죽었어요."

며칠 뒤 마을 이장은 개의 최후를 알려줬다. 홍수로 집이 물에 잠기는 난리에 교통사고를 당한 개를 거두어 줄 수 있는 여유는 없었다. 홍수보다 더한 6·25전쟁을 겪었고, 전쟁이 남긴 폭발물에 의해 사람들이 죽는 것을 보았던 주민에게 개 한 마리가 차에 치여 죽는 것은 대단한 일이 아닐지도 모른다.

나는 그 강아지에게 '불발탄'이라는 이름을 지어 주었다. 비무장지대 주위에 널려 있는 '불발탄'처럼 하늘이 내려 준 생명이 이승에서 불발로 끝났기 때문이다. 그리고 강자에 밀린 약자들, 사람의 부주의로 다치거나 숨지는 생명이 더 이상 불발로 끝나지 않기를 빌었다.

사람의 뇌는 아주 짧은 순간에도 지나간 일들을 한 편의 파노라마처럼 기억해 낸다. '불발탄'의 최후까지 떠올린 순간 이 녀석 앞을 지나치게 됐다. '그냥 지나갈까. 내려서 구해 볼까.' 뒤따라오는 차들이 많아서 일단 지나치기로 했다.

로드킬 사고로 부상당한 멸공 훈련장 인근의 강아지. '우리에겐 분명한 적이 있다'라는 문구가 눈길을 끈다.

다른 차들도 그 개를 피해 그대로 따라왔다. 그러나 그 다음 교차로를 지나는 순간 '불발탄'이 내게 말을 걸어왔다. '저 생명을 그냥 두고 갈래?' 나는 휴대전화로 지방자치단체 당직실로 전화를 걸었다.

우회도로를 지나 다시 외곽도로를 오르면서 떨치기 어려운 장면이 아른거렸다. 끊임없이 지나가는 차량에 불발탄이 다른 '로드킬(road kill)' 동물처럼 최후를 마치는 모습이었다. 커브 길에 그 개는 보이지 않았다. 무슨 일이 벌어진 것 같았다.

비상등을 켜고 주위를 둘러보니 길옆의 옹벽 부근에 그 개가 쓰러져 있었다. 조금 전보다 상태가 더 나빠지지는 않았다. 다행이다. 내 뒤에 따라오던 어느 운전자가 차를 멈추고, 그 개를 길옆으로 옮겨 놓은 것 같았다. 아름다운 손길이 참사를 피하게 했다. 그에게 감사할 일이다.

'우리에겐 분명한 적이 있다.'

구조 장비를 갖고 나타날 공무원을 기다리며 주변을 둘러보니 눈에 들어오는 구호였다. 이곳은 예비군 훈련장(멸공 훈련장)으로 들어가는 입구다. 멸공 훈련장의 구호는 아직도 냉전적 사고를 유지하고 있는가 보다. 이념의 벽이 조금씩 주저앉을 기미를 보이고 있는 요즘에 분명한 적은 생명을 위협하는 모든 것들이리라. 횡단보도를 건너가다 달리던 차에 치인 개로서는 인간이 부주의하게 운전하는 차들이 적이었을 것이다. 하지만 죽음은 삶의 적이 아닐지도 모른다. 소외받는 어린이와 노인, 여성 같은 약자에게는 알고도 모른 체하는 무관심이 더 큰 적이 아닐까.

"오늘은 일요일인데…."

담당 공무원은 휴일에 신고를 받고 출동한 것이 불만인 것 같았다. 그는 개를 한두 번 건드려 보았고, 개는 바짝 긴장하며 그를 노려봤다. 그는 밧줄로 만든 올무로 한 번에 개의 목을 낚아챘다. 개는 눈을 감지 않았다. 끝까지 삶의 고삐를 놓지 않았다. 저 개의 생명이 불발로 끝나지 않기를 빌어 주었다.

6. 반공에서 환경으로

한밤중에 시골 파출소에 매운탕이 등장했다. 각종 물고기가 고루 들어간 매운탕은 함지만한 그릇에 담겨 평창군 진부파출소에 들어왔다. 몇 시간 전까지 강에서 펄쩍펄쩍 뛰던 모래무지가 김이 모락모락 오르는 수제비 사이에 섞여 있었다.

매운탕은 파출소에서 준비했다. 산속에 떨어져 있는 독가촌을 대상으로 선무방송을 하고 돌아온 파출소 직원들은 자정으로 넘어가는 시간에 속이 후출했던 모양이다. 평소 서너 명이 근무하던 곳에 뉴스 통신사와 신문·방송사 기자들이 몰려오면서 산골 파출소는 붐볐다.

산골의 인심은 도심처럼 야박하지 않았다. 직원들은 기자들이 너무 많이 와서 일하기 힘들다며 협조를 부탁했지만 저녁밥만 먹으면 바로 불을 끄는 산골에서 기자들이 따로 취재 나갈 수 있는 공간은 없었다. 가끔 파출소로 전화가 걸러 오면 실종된 주민과 관련 있는지 귀를 쫑긋했다. 한밤에 사건 취재를 나온 기자들과 비상근무 중인 파출소 직원들은 커다란 그릇에 나온 매운탕을 함께 나눠 먹었다.

1996년 9월 18일, 강릉 앞바다에서 발각된 북한 잠수함 주변에서 실탄이 발견되고 승무원들은 내륙으로 달아나는 사건이 발생했다. 군경이 강릉의 칠성산에서 무장공비 몇 명을 사살했지만 나머지의 행방이 묘연했다.

1996년 10월 9일, 평창의 산골에서 총소리가 울려 퍼졌다. 강릉과 평창은 거리가 멀었다. 총을 맞은 사람들은 그 전날 버섯 따러 갔다가 돌아오지 않았던 진부면 탑동리 주민들로 확인됐다. 주민들이 숨진 곳은 1968년 이승복 군이 무장공비에 의해 최후를 마쳤던 곳과 바로 산 하나를 사이에 두고 있었다.

남북한 사이에 대화 분위기가 조성되던 시기에 강릉 앞바다에서 북한 잠수함이 좌초되고, 그 승무원들이 달아나는 과정에서 주민 세 명이 피살되자 주민들은 불안에 떨었다.

주민들이 최후를 마쳤던 현장으로 가기 위해 오르던 산비탈에서 두 명이 잇따라 넘어졌다. 한 명은 커다란 엉덩이를 시골 파출소 책상에 올려놓았던 중앙지 사건기자였다. 그의 앞에서 길을 안내하던 육군 소령도 산죽이 깔려 있는 오솔길에 넘어지면서 철모와 차고 있던 권총이 모두 떨어져 나갔다.

하늘을 찌를 듯한 참나무들이 우거진 정상 부위에 이르자 주민들이 무장공비에 의해 최후를 마쳤던 현장이 나왔다. 주민 세 명이 피살된 자리는 조금씩 떨어져 있었다. 이들은 무장공비와 마주치자 달아나다 뒤에서 총격을 받았다. 낙엽 위로는 총을 맞은 주민들의 머리에서 흘러나온 뇌수가 떨어져 있었다. 주민들이 쓰러진 주변의 참나무에는 손가락이 들어갈 만한 크기의 총알 자국이 생겼다. 나무는 총알에 맞아 껍질이 튕겨 나가면서 속살을 드러냈다. 피살된 주민들은 발견 당시 낙엽과 나뭇가지로 덮여 있었다. 현장에는 주민들이 산에서 채취했던 오미자와 머루가 남

달아나던 무장공비에 희생된 군인들을 추모하는 탑은 칼을 모티브로 설치됐다.

아 있었다. 자루를 열자 오미
자의 시큼한 향이 코를 톡 쏬
다.

  다음 날 한 중앙지에는 이
들이 남긴 머루와 오미자 사
진이 나왔는데 설명이 서로
바뀌어 있었다. 도심에서 자
란 사람들이 머루와 오미자를
혼동하는 것은 어쩌면 당연한
일인지도 모른다.

'환경보호'와 '무장공비 사살지점'이 중첩된 안내문.

  평창에서 주민들이 피살된 뒤, 군경은 백두대간을 중심으로 포위망을 좁히
며 무장공비들을 추격했다. 미시령의 차량 통행은 밤 8시 이후에는 금지됐다.
평창에서 종적을 감춘 무장공비는 백두대간을 타고 북상해 이곳에서 다시 모
습을 드러냈다. 수색작전에 나섰던 기무부대장과 군인들이 인제군 용대휴양림
으로 접어드는 순간 매복하고 있던 무장공비들이 사격을 가해 왔다. 반격을 가
해 나머지를 사살했지만 1명은 사라졌다.

  최후의 한 사람을 쫓던 추격전은 얼마 뒤 중단됐다. 작전에 참가했던 병사들
은 주둔지로 돌아갔다. 그후 그들이 최후를 마친 곳에는 스테인리스 스틸로 만
든 추모비가 세워졌다. 인제에서 진부령 방면으로 올라가는 산길 옆이었다. 칼
처럼 하늘로 솟은 금속 재질은 눈을 부시게 했다.

  추모비의 안내판의 글씨는 '환경보호'였지만 그 안에는 '무장공비 사살지점'
이라는 글씨가 그대로 남아 있었다. 한반도의 시대정신이 반공에서 환경으로
넘어가는 시기에 두 가지를 이처럼 함축적으로 담고 있는 이정표가 또 있을까.

  그 추모탑 앞에서는 황태를 말리는 작업이 한창 진행되고 있었다. 대민지원
을 나온 병사는 무장공비와의 숨막혔던 추격전이 벌어졌던 그날의 일을 아는
지 모르는지 가을 햇살 아래서 태평스럽게 황태를 널고 있었다.

7. 경원선 역고드름과 도사견

개 짖는 소리가 멀리서 나지막하게 들렸다. 서울에서 원산까지 기차가 달리던 경원선의 흔적을 찾아 홀로 답사를 나선 길이었다. 오늘날의 경원선 열차는 경기도 연천군 신탄리역에서 멈춰 섰다. 신탄리역이 오늘날 기차가 닿는 마지막 역이다. 철로가 단절된 마지막 역에는 '철마는 달리고 싶다'라는 비원이 망부석처럼 서 있다. 오늘의 나홀로 답사 코스는 6·25전쟁 이후 철로가 사라진 지점부터 시작됐다.

머지않아 신탄리역부터 10리가 조금 넘는 철원 대마리까지 철로 복원공사가 시작된다. 열차가 다니던 철길은 가난한 산골 사람들이 고추와 같은 농작물을 심는 밭으로 변했다. 다시 공사가 시작돼 흔적을 없애기 전에 50년 이상 끊어졌던 철길을 기억해 두고 싶었다.

기적 소리가 사라진 지 오래된 산골은 바람 소리만 유영했다. 산기슭에 일직선으로 뻗어 있는 흔적이 경원선 기차가 달리던 철길이다. 철길 둑을 뒤덮고 있는 수풀은 참새들의 비행로이자 놀이터로 변했다. 그렇지만 새들의 한가로운 소리만 들리는 것은 아니었다. 숲 속에서는 나뭇가지를 밟는 소리가 들렸다. 군인들이었다.

"야전삽 가져와!"

기차가 다니지 않은 철길은 군인들이 진지 구축을 연습하는 훈련장으로 변했다. 남북한을 갈라놓은 휴전선이 들어선 지 반세기가 넘은 이 시대에 철길이 참새들과 까치들의 놀이터로만 이용될 수는 없었다. 진지구축 훈련을 하던 병사들을 피해서 걷기 시작했다. 그들은 본연의 의무를 다하고 있었지만, 나는 거동수상자로 오해를 받을 수도 있어 발걸음을 재촉했다. 사라지는 경원선 옛 구간을 기록하기 위해 왔다는 말을 그들이 이해할 리가 없었다.

철로가 걷힌 채 공터로 버려졌던 길에는 콘크리트로 만들어진 탱크 방호벽이 풀숲에 서 있었다. 탱크 방호벽은 칡덩굴과 나무·풀로 포위돼 있다. 저렇게 위장돼 있어야 작전상 기능을 수행할지도 모르겠다.

'역고드름 가는 길'

역고드름은 땅바닥에서 자라는 고드름을 말한다. 기차가 지나갔던 폐터널에는 겨울철마다 자연이 빚어내는 신비스러운 현상이 재현됐다. 처음 그곳을 찾았을 때는 세상에 이런 곳이 있을까 생각했다. 터널 입구는 하얀 고드름 기둥이 창살처럼 촘촘하게 박혀 있어 비현실적이었다. 천장에서 한두 방울씩 떨어지는 물방울이 아래서부터 얼기 시작해 터널 중간에서 만났다. 땅바닥과 천장에서 종유석처럼 자라기 시작한 고드름 끝은 바늘처럼 가늘었다. 고드름 발로 엮

경원선 열차가 달리던 터널 바닥에서 자라는 고드름.

인 터널 입구는 신비한 세상으로 들어가는 마법의 문 같았다. 예전에는 역고드름이라는 명칭도 없었다. 나는 고드름이 달려 있던 터널을 다시 보고 싶었다.

개 짖는 소리가 더 가까워졌다. 멀리 떨어진 어느 집의 개가 짖는 소리로 알았는데 분명하게 들리기 시작했다. 그리고 작은 두 물체가 멀리서 등장했다. 소실점으로 떠오르기 시작하더니 순간순간 커졌다. 누런 두 마리의 개는 나를 향해 달려오고 있었다. 오던 길을 돌려 달아나기 시작했다. 한 마리라면 모르지만 저돌적으로 달려오는 개 두 마리를 혼자서 감당하기는 힘들었다. 달아나는 길은 쉽지 않았다. 어깨에 멘 무거운 카메라 가방과 목과 손에 들고 있는 묵직한 두 대의 카메라, 그리고 추위에 대비해 입고 온 두꺼운 바지는 마음처럼 발걸음을 움직여 주지 않았다. 땅을 뒷발로 차며 입에 침을 흘리고 달려오는 도사견들의 모습이 더 크게 다가왔다. 개들과의 거리가 좁혀지고, 뛰는 것은 더 이상 소용이 없다는 판단이 서자 달아나기를 포기했다. 열차가 다녔던 철길 둑에 들깨를 심었던 공간이 있었는데 다른 평지보다 조금 높았다. '이곳에서 도사견들을 맞으리라.' 도사견들이 물어뜯기 위해 달려들면 카메라 몸체로 내리치는 수밖에 없지 않은가. 내 주변에는 도움을 받을 수 있는 사람이 보이지 않았고, 막대기 하나조차 없었다.

일단 투석전부터 시작했다. 수류탄을 던지듯이 주변의 돌을 위협적으로 내던졌다. 도사견들의 추격이 주춤해졌다. 돌을 던질 때마다 목에 걸린 카메라가 한 바퀴씩 빙빙 돌며 목을 조여 왔다. 도사견들은 돌멩이가 떨어지는 공간으로는 더 이상 접근하지 못했다. 마침내 던질 돌멩이마저 주변에서 보이지 않았다. 그때 도사견들이 엉덩이를 보였다.

개들은 다시 소실점으로 사라졌다. 도사견들의 접근을 막기 위해 얼마나 긴장했는지 숨이 가쁘고 얼굴은 창백하게 느껴졌다. 맞은편 야산에 나무를 심어 카드섹션처럼 꾸민 글씨가 눈에 들어왔다. '통-일'

사람이 살 것 같지 않은 깊은 산골에서 사람을 놀라게 하는 것은 동물이 아니다. 갑자기 사람을 마주치면 머리털이 쭈뼛해진다. 그를 만난 것은 갈대밭이었다. 도사견에 쫓겨 역고드름이 자라고 있는 터널을 보지 못하고 멀리 돌아서 닿은 곳이 철원읍 대마리 입구의 옛 교각이었다. 50년 전 원산이나 금강산으로 가던 열차는 이곳을 통해 지나갔으리라. 철로는 누군가 모두 뜯어 가 흔적조차 없지만 다행히 이곳 교각의 철로는 남아 있었다. 대체 누가 6·25전쟁 이후 방치됐던 철로를 뜯어 간 것일까. 단절된 구간의 철교는 더욱더 고립됐다. 철교 남쪽과 북쪽으로는 사람과 차량이 다시 접근하지 못하도록 다시 둑을 걷어 버렸다. 파낸 둑의 폭은 차량이 지나다닐 정도다. 누군가 철교를 이용하지 못하도록 봉쇄한 것이다. 여기에다 철교의 북쪽 끝에는 철조망이 눈에 들어왔다. 둥근 윤형 철조망은 사람이 기어 올라가는 것을 막기 위해 설치돼 있었다. 기차가 다닐 수 없도록 철길이 제거된 철교 주변으로는 둑을 파내고 철조망까지 칠 필요가 있었을까. 철조망에는 초겨울 햇살이 고여 있었다. 이 철교는 복원공사가 시작되는 순간 고철덩이로 사라질지 모른다.

"역고드름 가는 길을 아시는지요?"

나도 모르게 역고드름 가는 길을 물었다. '역고드름 가는 길은 사실 내가 더 잘고 있지 않은가.' 햇살이 부서지는 갈대밭에서 출현한 그의 모습에 긴장해 반사적으로 말이 튀어나왔다. 가을 추수가 끝난 요즘 이런 산골에 사람이 나타날 것이라고 예상하지 못했다. 조금 전 달려오던 도사견 두 마리를 만나 고전했던 나는 낯선 사람의 등장에 당황하며 말을 머뭇거렸다.

"모르겠어요. 그냥 바람 쐬러 온 사람입니다."

관광지도 아니고 버려진 철교 교각 아래로 바람을 쐬러 오는 사람이 도대체 이 세상에 얼마나 될까. 그는 등산용 얇은 모자를 쓰고 있었고 등에는 가방이 둘러져 있었다.

"공보실에서 나왔어요?"

그의 입에서 공보실이라는 말이 튀어나와 조금 안심할 수 있었다. 공보실을 아는 사람은 그 분야 사람이 아닌가.

"아니요. 그냥…."

"저는 공직에 있었어요."

그는 나를 조금 안심시키고 싶었는지 신분을 에둘러 말했다.

"어느 기관에서 근무를 하셨는데요."

"강남에서 경찰로….."

그는 강남경찰서 형사계에서 정년퇴직한 김 반장이었다.

"혹시 도사견을 보셨나요?"

"아니요. 내가 올 때는 없었는데."

나는 폐터널을 가 보고 싶다는 속내를 내비쳤고, 그도 나의 말에 관심을 보였다. 우리는 어느새 발걸음을 맞추며 걷고 있었다.

"카메라를 들고 이런 전방 지역을 다닐 때면 거동수상자로 보일까 신경 쓰여요."

"지금 시대가 어느 시대인데요. 신분 확실하잖아요."

경원선 폐터널의 남쪽에는 그새 집이 들어섰다. 6·25전쟁 당시에는 양민들이 북한 사람들에 의해 터널 안에서 학살됐다는 소문이 떠돌았던 곳이다. 기차가 지나갔을 법한 공간에는 개집이 들어서 있었다. 개 소리는 들렸지만 조금 전의 도사견은 어디로 갔는지 보이지 않았다.

우리는 터널로 다시 발걸음을 옮겼다. 이끼와 오래된 나무들이 터널을 아주 오래된 동굴처럼 만들었다. 역고드름을 볼 수 있던 겨울과는 달리 입구에서는 물방울이 떨어지고 있다. 터널로 들어가자 붕괴된 흙더미가 보였다. 휴전선 근처에 있던 터널들은 모두 가운데가 주저앉아 마치 공사로 붕괴된 현장 같다. 터널로 병력과 물자가 이동하는 사태를 막기 위한 고의적인 조치였으리라.

김 반장이 찾아낸 오솔길로 내려가 보니 그와 처음 조우했던 갈대밭 인근의 철교로 돌아왔다. 지난번에 왔을 때는 수해로 유실된 발목 지뢰를 조심하라는 안내판이 있었다. 우리는 발목을 자르는 지뢰가 혹시 남아 있을지 모른다는 생각에 호박돌만 조심스럽게 밟고 실개천을 건넜다.

헤어질 무렵 김 반장은 중부전선 비무장지대에서 복무했던 군대 시절 이야기를 들려줬다. 그는 수색대원으로 복무하던 1970년대를 아직도 뚜렷이 기억하고 있었다. 그곳은 남대천 비무장지대 안이었으니 이 철교를 지난 기차가 과거에는 그곳으로도 지나갔을 것이다.

"탄피를 수거하기 위해 비무장지대에 들어갔어요. 박격포탄 탄두 하나에는 막걸리 한 말과 바꿀 수 있는 가치가 있었지요. 그 당시만 해도 비무장지대에는 6·25전쟁 때 쓰던 포탄들이 수두룩하게 쌓여 있었어요."

군인들은 탄피에만 관심이 있었지만 남대천 주변에는 피난민들이 미처 가지고 가지 못한 물건들이 무덤을 이루고 남아 있었다. 나무는 피아가 쏜 실탄이 박혀서 톱으로 켤 수 없었다. 군사분계선 인근에는 녹슨 철조망들이 버려져 있었다. 그곳을 넘어가면 바로 이북이었다. 그것들이 6·25전쟁의 상처를 간직하고 있는 진정한 타임캡슐이 아니었을까.

"한 30센티미터 가량 되는 낙엽을 걷어 내면 피난민들이 가져왔던 물건들이 나왔어요. 6·25전쟁 때 사용하던 철조망과 수저·밥그릇·벽시계 같은 것이 대부분이었어요."

그 순간 나는 박수근 화백을 떠올렸다. 한국 미술계의 그림 값이 천정부지로 올라가 그의 〈빨래터〉는 얼마 전 45억 원에 거래됐지만 그림을 그린 작가는 평생 가난하게 살다 숨졌다. 박수근 화백의 가족은 김 반장이 말하던 비무장지대의 남대천을 건너 피난을 왔다. 그 가족들의 증언에 따르면 남대천 어딘가에 유화를 항아리에 넣어 묻고 나오다 매복 중인 미군을 만났다고 한다. 나는 그가 박수근의 가족이 피난 왔던 공간에서 군대 생활을 했다는 사실만으로도 전쟁이 남긴 당시의 풍경을 떠올릴 수 있었다.

『박수근 생애와 예술』(삼성미술문화재단 예술총서)에는 휴전선 비무장지대에 잠자고 있는 그의 그림에 대해 소개하고 있다.

"1935년 이후 1950년까지 십여 년 동안 제작한 수백 편의 그림이 지금 중부전선 휴전선상의 비무장지대에 묻혀 있다. 그것은 박수근의 아내가 금성에서 남대천을 건너 춘천 쪽으로 피난을 올 때 휴대품들을 많이 지니고 다닐 수가 없었기 때문에 그 일부를 땅에 묻어 놓았다. 금성과 남대천 중간의 산에 묻었는데 그곳은 지금 비무장지대로 지뢰가 묻혀 있는 곳이며, 직접 묻었던 박수근의 아내는 세상을 떠났고, 함께 있었던 박수근 동생의 처, 그러니까 제수는 알고 있지만 오래되어 기억해 낼 수 없다고 증언했다.

통일이 되고 비무장지대에 지뢰가 제거되어 그곳에 관광호텔이라도 들어선다면 불도저로 땅을 밀다가 단지 속에 들어 있는 박수근의 그림들을 찾아낼지 모르지만 지금으로서는 천재 화가의 위대한 작품, 미술사적으로 중요한 연구 자료가 될 그의 초기 작품을 찾기는 힘든 일이다.

그림을 종이로 싸서 단지에 넣어 뚜껑을 덮고 진흙으로 밀봉해서 보존시켰다고 하는데 그 그림 단지를 찾아내면 박수근의 초기 작품 대부분을 볼 수 있을 것이다. 통일될 때까지 땅 속에 보존되기를 바란다."

"비무장지대 남대천에도 철로가 있었다고 하던데 대체 누가 뜯어 갔는지 모르겠어요."

"그거요? 혁명 세력들이 그랬어요!"

5·16쿠데타에 참가했던 군인들은 그 당시 무소불위의 권력을 휘둘렀던 모양이다. 월급만으로 생활하기에 힘들었을지 모르지만 그들이 뜯어 간 철로가 헐값에 고물상으로 들어갔을 생각을 하니 안타까울 뿐이다.

김 반장은 오후 6시에 신탄리역에서 서울로 가는 기차를 탈 예정이라고 말했다. 아직 시간이 있어 옛 철원 수도국 자리를 함께 둘러보기로 했다.

"일제강점기에 수돗물을 공급하던 곳인데 예전에는 쓰레기 더미가 쌓여 있었어요. 그 문제를 보도했더니 당국이 보수공사를 마쳤어요. 사실 처음 왔을 때는 수풀 사이의 함정 같은 구멍에 발이 빠질 뻔했거든요. 군인들이 길을 헤치며 안내해야 할 정도였으니 비무장지대와 분위기가 비슷했어요."

폐허가 되었던 수도국은 다시 제 모습을 갖췄다. 김 반장을 신탄리역에 내려 주고 차를 돌렸다. 그때서야 기념사진 하나 남기지 못했다는 아쉬움이 밀려들었다.

8. 감성을 말살하는 근대 문화유적 복원

가시밭길 같은 한반도의 현대사를 지켜본 증인이 있다. 일제강점기와 6·25전쟁을 거치면서 탄생한 유적들은 그 자체가 살아 있는 역사여서 근대 문화유적으로 지정됐다. 박물관에 갇혀 있는 유물이 아니라 근현대사를 지켜본 가치를 인정해 주는 것이다. 근대 문화유적으로 대접받기 이전에는 폐허로 방치됐던 아픔도 간직하고 있다. 근대 문화유적은 우리네 동네와 언덕·들판 그리고 빛바랜 삶 속에서 숨쉬는 가장 친근한 문화재다. 뒤늦게나마 이들의 존재에 눈을 뜨고 복원하는 데는 찬성하지만 아쉬움이 있는 것도 사실이다.

초여름 중부전선의 비무장지대로 들어가는 길은 아찔했다. 길옆으로 지뢰가 매설돼 있는 숲은 항상 죽음의 들판이었지만 오늘 정신을 아찔하게 만드는 것은 가시밭에서 피어나오는 아카시아 향기다. 아카시아 향기는 지뢰밭을 가득 메웠고 오래전부터 반쯤 파괴된 벙커가 지뢰밭 천국을 지켜보고 있었다. 벙커 안에는 철조망과 농사에 필요한 도구가 한구석을 차지하고 있었다.

병풍처럼 가로지르는 아카시아 꽃밭을 둘러보기 위해 잠시 찾은 곳은 현재 콘그리트 바닥만 남아 있는 철원읍 사요리 철원공립보통학교 건물이다. 1906년 목조건물로 교사를 신축해 1910년 첫 졸업생을 배출했다. 1945년 해방 당시 6년 과정의 24학급 2천6백여 명이 다니던 굴지의 학교였으나 6·25전쟁으로 수업이 중단되고 건물의 형체는 모두 파괴됐다. 교정 주변은 현재 지뢰밭으로 변했다. 그렇지만 이 폐허에 앉아 있으면 누군가 말을 걸어올 것 같은 기분이 든다. 사라진 벽 사이로 누가 뛰어나오지 않을까. 이 순간에는 마치 폼페이 유적을 걷는 것 같은 기분이 든다. 고개를 돌려보니 콘크리트 폐허 사이로 노란 씀바귀 꽃이

폐허로 변한 옛 철원공립보통학교.

위, 왼쪽 사진 반대편에서 바라본 일제시대 금강산 전기철도의 모습. 두 아낙네가 서 있는 지점은 남북 분단으로 철마의 운행이 중단되면서 지뢰밭으로 변했다.
왼쪽, 안보관광지를 개발하기 위해 정비하면서 옛 정취가 사라진 금강산 전철 교각.

눈웃음을 쳤다. 콘크리트 건물은 폭격으로 폐허가 됐지만 식물들은 흙 한줌 보이지 않는 틈새에 생명의 뿌리를 내렸으니 고마울 뿐이다.

폐허를 거닐다 쇠 파편을 하나 발견했다. 건물을 파괴했을 때 나온 많은 파편 가운데 유일하게 아직까지 현장에 남아 있는 전쟁의 증거였다. 파편 조각에서 따뜻한 봄 햇살이 그대로 전해졌다. 농부들이 주변에서 농사를 짓고 고물 수집상이 많이 지나갔을 텐데 제자리를 지키는 것이 신기하다. 이제 비무장지대와 그 주변에서도 전쟁이 남긴 직접적인 풍경은 찾아보기 어렵다. 구멍 뚫린 철모 사이로 야생화가 피어나는 것은 사실 억지로 연출해서 촬영한 사진에서나 등장할 뿐 현실은 아니다. 1980년대까지만 해도 농경지 주변에서 6·25전쟁이 남긴 흔적을 쉽게 찾아볼 수 있었다. 찔레를 꺾으러 들어간 개울가에는 어린이 키만 한 항공포탄이 누워 있어 기겁하기 일쑤였다. 어느 순간 그런 것들이 깨끗하게 사라졌다. 지뢰밭과 폐허로 변한 철원공립보통학교 앞에서 노부부가 씨앗을 뿌리고 있었다. 할머니는 새참에 막걸리를 한 병을 꺼내더니 할아버지에게 한 잔을 권했다. 할머니는 할아버지가 잔을 비우는 모습을 흐뭇하게 쳐다봤다. 주름이 졌어도 사랑하는 사람을 쳐다보는 눈길은 언제나 다정스럽다.

　다음 해 이곳을 지나가다 잠시 들렀다. 전에는 없던 검은색 철제 펜스가 빙 둘러 가며 설치돼 있었다. 그 사이 근대 문화유적 정비 사업이 진행됐던 모양이다. 콘크리트 사이의 식물들은 모두 제거돼 보이지 않았다. 건물 바닥 주변으로는 자갈을 깨끗하게 채워 놓았다. 하지만 찾는 것이 보이지 않았다. 폐허의 한 구석을 지키고 있던 포탄 파편이 보이지 않았다. 문화재 전문가라는 사람들이 뛰어난 안목으로 정비했겠지만 포탄 파편을 쇳조각으로 치부해 치워 버린 것 같았다. 그 포탄 파편은 보호 대상으로 지정할 것은 아닐지 모른다. 하지만 유적과 사람 사이를 감성으로 이어 주는 역할을 간과한 것은 아닐까. 건물을 사라지게 했던 포탄 파편은 이곳의 상징적인 요소일 수 있다. 폐허를 정비하는 것도 의미가 있겠지만 폐허와 함께했던 부속물도 있어야 생각의 여백을 풍부하게 채울 수 있지 않을까.

　새마을운동처럼 정비되는 근대 문화유적이 또 하나 있다. 휴전선이 지나가는 한탄강 상류에 자리 잡은 금강산 전기철도 교량(등록문화재 112호)이다. 침목은 비바람에 낡았고 교량의 출입구는 녹슨 철조망이 길을 가로막았었다. 하지만 철조망의 가시보다 더 날카로운 것은 초병의 눈길이었다. 비무장지대를 감시하던 초병들은 교각에 민간인이 접근하는 것도 통제했다. 교각에 카메라를 들이대면 언덕 위의 초소에서는 거동이 수상한 자로 간주해 초병들을 보냈다. 그래서 이곳으로 가는 길에는 군부대 안내자가 늘 함께 갔다. 하지만 최근에는 관광객이 교각을 편하게 둘러볼 수 있도록 편의시설을 설치하기에 이르렀다.

　결론적으로 말하면 이곳도 감성의 싹을 잘라 놓았다고 말할 수밖에 없다. 기차가 달릴 수 없는 폐교각의 슬픔은 침목에 숨어 있었다. 방부재로 처리했지만

안보관광지를 개발하기 위해 정비하면서 금강산 전철의 옛 침목이 쓰레기처럼 한편에 버려져 있다. 금방 제재소에서 나온 나무보다는 전쟁을 겪고 비바람에 노출됐던 침목이 더 많은 역사의 느낌을 주는 것이 아닐까.

분단의 세월 앞에서 침목은 썩어 가기 시작했고 그 사이로 나무의 씨가 날아들었다. 침목이 썩기까지 많은 시간이 걸렸고, 그 틈으로 나무가 뿌리를 내리는 데는 더 많은 시간이 필요했을 것이다. 나무들은 교각이 끝나는 지점의 철조망 사이에서 자라고 있었다. 뿌리를 내릴 흙과 물이 없는 곳에서 자라는 모습이 생명의 위대함을 말해 주었다.

하지만 편의시설 설치 작업은 어린 나무들을 모두 제거하고 사람들이 편하게 다닐 수 있도록 합판을 깔아 버리는 방식으로 이뤄졌다. 초겨울 눈이 내리자 비무장지대의 관광상품을 소개하는 자리가 마련됐고, 사람들은 편리하게 철교를 밟고 다녔다. 비무장지대를 편하게 관광할 수 있었을지는 모르지만 분단의 현실을 느껴 볼 수 있었던 침목의 나무들은 이미 사라져 버렸다. 그리고 정비당한 예전의 침목들은 교량 아래에 겨우내 버려져 있었다. 마치 불에 타 주저앉은 숭례문의 잔해들을 쓰레기 취급하듯이….

9. 국밥집으로 변한 박수근의 아틀리에

박수근 화백의 이야기를 처음으로 접한 것은 초등학교 시절이다. 박 화백의 고향인 강원도 양구군 양구읍 비봉공원에서 이 지역 초등학교 학생들의 사생대회가 열렸다. 어린이의 걸음으로도 쉽게 오를 수 있는 언덕 위에 박수근 화백의 동상이 서 있었다. 박 화백의 고향이었지만 이곳 어린이들은 그가 누구인지 잘 몰랐다.

최전방 시골 어린이들이 그 당시 많이 그렸던 그림은 반공 포스터였다. 미술 숙제의 대부분은 반공 포스터와 표어를 그려 가는 것이었다. 어린이들은 갖가지 상상력을 동원해 북한 사람들을 괴물처럼 그려 갔다. 비봉공원에서 5분 거리에 초등학생 박수근이 찾아와 그림을 그렸던 느릅나무가 있다는 사실도 몰랐다. 국군의 날 어린이들이 모여 글짓기를 하거나 그림을 그리던 부대 연병장 옆에 박수근 화백의 생가가 있었다는 것도 훗날 알게 됐다. 냉전 시절에는 박 화백의 고향에서조차 그를 아는 사람은 많지 않았다.

국민 화가 박수근의 삶은 6·25전쟁과 얽혀 있다. 박수근은 1950년 북한 지역이었던 금화군에서 6·25전쟁을 맞았다. 산속의 방공호에서 피난 생활을 하던 박수근은 처남이 서울 창신동에 있다는 말을 듣고 먼저 남하했다. 그러나 아내와 자식을 두고 피난 온 박수근은 가족을 다시 만나지 못할지도 모른다는 두려움에 서울 거리를 배회했다. 그가 아내와 다시 만난 것은 1952년 늦가을 창신동에서였다. 박수근의 아내 김복순은 남대천 지뢰밭을 뚫고 내려와 춘천역에서 기차를 타고 서울 청량리에 도착했다. 그 뒤 안양의 피난민 수용소로 옮겨졌다 돈을 빌려 박수근이 있던 창신동을 찾아갔던 것이다.

박수근은 1953년 5월 미8군 PX 초상화 매점에서 초상화를 그리게 됐다. 그는 초상화를 그린 돈을 모아 창신동에 35만 원을 주고 판잣집을 샀다.

박수근의 아내가 피난을 떠났던 길을 더듬어 보기 위해 춘천에서 기차를 탔다. 경춘선 열차는 그때나 지금이나 단선이어서 마주 오는 기차를 위해 비켜서는 일이 잦다. 아내와 두 딸과 함께 지하철을 갈아타고 도착한 창신동에서 박수근 화백이 살던 집을 찾는 일은 예상만큼 쉽지 않아 창신동 파출소를 찾아갔다. 파출소는 길가의 생선을 구우며 행인들의 발길을 붙잡는 식당가 사이에 보일 듯 말 듯 숨어 있었다. 형광등 불빛마저 흐린 출입문을 두드리자 경찰관이 잠가 두었던 문을 열어 줬다. 그는 혼자 근무 중이었다.

"창신동 393-16번지를 찾고 있어요. 박수근 화백이 살던 집이라고 해서…."

경찰관은 순찰도에서 해당 번지를 찾아냈다.

"이 길로 나가서 죽 가다가 왼쪽으로 들어가면 되겠네요."

마치 다 찾은 듯 인사를 하고 뛰어나간 골목길에 정작 그가 살던 옛집은 보이지 않았다. 목욕탕 주변을 헤매던 중 밥상을 머리에 인 중년의 아낙네가 걸목으로 사라졌다. 그녀가 사라진 골목길에는 아직도 1950년대 주택의 흔적이 남아 있었다. 낡은 대문과 기와집 사이에서 맨몸으로 벌어먹는 사람들이 오고 갔다.

박 화백의 옛날 번지를 물어도 장사하는 주인들은 한결같이 모른다고 대답했다. "우리는 장사만 해서 번지수는 몰라요." 물건을 사러 들어온 고객도 아닌지라 상인들은 별 관심이 없었다. 그러다 약국집 주인인 듯한 사람이 한마디 했다. "저쪽 식당으로 가세요!"

그곳은 국밥집이었다. 문을 열고 들어갔더니 할아버지가 손녀와 외출을 나와 국밥을 먹고 있었다.

"여기가 박수근 화백이 살던 집이 맞나요?"

"네, 맞습니다."

국밥집 주인은 시원스러운 목소리로 대답했다. 우리는 국밥집 앞을 몇 번이나 지나갔지만 그가 살던 집이 국밥집으로 변했을 것이라고는 조금도 생각하지 못했다. 상호도 그의 이미지를 떠올리기에는 너무 낯설었다. '여기 어때 국밥집'

국밥집 내부는 좁았고 서너 개의 테이블이 놓여 있었다. 박수근 화백이 1952년부터 1963년까지 살았던 흔적은 찾을 수 없었다. 박 화백의 아틀리에로 쓰였을 마루의 벽면에는 국밥 그릇과 요리 도구들이 걸려 있었다.

"옛날 집의 형태는 이제 볼 수 없어요. 집 뒤에는 창고가 들어섰어요. 화장실에 가면서 예전의 기둥을 알아보는 사람도 있지만…."

가게 주인 유희문 씨의 말대로 화장실을 가면서 박수근 화백이 살던 흔적을 돌아보기 위해 국밥을 주문했다. 옆자리에 할아버지와 앉아 있던 손자가 국밥에 관심이 없었던 것처럼 우리 집의 두 딸도 국밥을 좋아하지는 않았다. 하지만 집을 그냥 구경하는 것이 미안해 국밥을 먹고 가기로 했다.

"저도 박수근 화백이 살던 곳이라는 이야기를 듣고 집수리를 할 때 자리를 뜨지 않았어요. 혹시 그분이 남긴 그림이나 붓이라도 나올지 모르잖아요. 하지만 아무것도 나온 것이 없었어요. 하하하. 집은 수리했지만 옛날의 기둥은 그대로 남겨 뒀습니다."

흰색 페인트를 칠하긴 했지만 기둥은 예전 그대로 보전돼 있었다. 주문한 국밥이 나오기 전에 가스 배관과 전깃줄이 얽혀 있는 출입문을 지나 화장실에 들어갔다. 박 화백이 살던 집의 대들보를 보기 위해서였다. 문을 열자마자 바로 콘크리트로 만든 창고가 있었고 그 오른쪽이 화장실이었다. 화장실은 한 사람이 들어가 몸을 겨우 가눌 수 있는 정도의 크기였다. 화장실 벽면의 기둥과 고개를 들어 바라본 틈새의 기둥이 예전의 대들보였다. 그 사이로는 절연 테이프로 마감한 전깃줄이 얽혀 있었고 백열전구는 졸리는 듯한 빛을 냈다. 가장 빛나는 작품을 남긴 화가의 옛집이 저 알전구처럼 사람들의 기억에서 잊혀

국밥집으로 변한 서울 창신동 박수근 화백의 옛집.

지고 있다는 것은 충격이었다. 화려한 조명기구가 쏟아져 나오는 요즘 시대의 희미한 알전구는 힘겹게 살아가던 그를 반추하게 했다.

화장실에서 나오자 국밥이 테이블에 올라 있었다. 넉넉지 않은 사람들을 대상으로 장사하지만 주인아주머니의 인심은 넉넉했다. 반찬으로 커다란 오이고추를 몇 개 갖다 주었다. 가만 보니 우리 식구가 국밥을 뜨고 있는 곳이 그의 마루였다. 그럼 안방은 어디에 있었을까. 그곳은 또 어떻게 변했을까.

"안방은 호프집이에요."

하루 종일 미군들의 초상화를 그리느라 지친 박 화백이 가족들과 함께 몸을 녹였던 안방을 보고 싶었다. 안방으로 가려면 다시 화장실을 거쳐야 했다. 아니면 밖으로 나가서 다른 문을 이용해야 한다. 마루와 안방이 붙어 있던 집을 반씩 나누어 서로 다른 주인이 각기 다른 용도로 이용하고 있기 때문이다. 길가에서 보았을 때 왼쪽은 국밥집이고 오른쪽이 호프집이다. 같은 지붕을 두 가게가 나누어 쓰고 있으니 이마저 남북으로 분단된 우리 현실을 닮은 것일까.

조금 전까지 닫혀 있던 호프집의 여주인이 문을 열고 손님을 맞을 준비를 했다. 점심시간이어서 아직 손님이 없었고 주인은 「전국노래자랑」을 시청하고 있었다.

"잠깐 들여다보세요!"

마음씨 좋은 국밥집 주인 덕에 남의 가게까지 들여다볼 수 있는 행운을 얻었다. 고르지 못한 벽면과 천장 사이에는 선풍기가 몇 대 걸려 있었고, 화장실의 백열전구보다는 조금 더 오래 가는 절전형 형광등이 실내를 밝혔지만 눈이 부실 정도로 밝은 요즘 가게와는 거리가 멀었다.

서민화가 박 화백이 살던 집은 오늘날 서민들이 찾는 공간으로 남아 있었다. 국밥집과 마찬가지로 그 호프집 벽면에는 박 화백 작품의 복사본조차 걸려 있지 않았다. 가난한 서민들의 삶을 담았지만 서민들은 엄두조차 낼 수 없이 뛴 그림값의 현실이 아닐까. 정작 그의 가족이 소장한 그림은 하나도 없지 않은가. 그의 생가에 건립한 양구군립 박수근미술관은 개관할 때 진짜 그림을 한 점도 입수하지 못해 복사본으로 시작했다. 그림값이 올라갈수록 느꼈던 허전함이 그의 창신동 옛집에서도 전해졌다. 오늘의 삶에 지친 서민들은 부담이 적은 이곳에 들어와 호프 잔을 기울인 뒤 귀가하리라. 미군 PX에서 까다로운 미군들의 요구에 지친 그가 술로 회포를 풀었듯이….

집을 나와서 지붕을 둘러보기 위해 계단을 올랐다. 그가 살던 집은 주변의 고층 빌딩에 둘러싸여 더욱 초라하고 낮아 보였다. 기와지붕에서는 기와의 흔적을 찾기 힘들었다. 비가 새서 슬레이트로 바꾸고 비닐천막으로 덮어 놓았기 때문이다. 비록 판잣집이었지만 박 화백이 집 밖 멀리서 미소를 지었던 까닭을 알 것 같았다. 전쟁터에서 헤어졌다 다시 찾은 가족들이 그 안에서 숨쉬고 있었기 때문이었다.

골동품을 파는 노점상이 즐비한 골목을 빠져나와 돌아오는 지하철에는 행선지를 알 수 없는 모녀가 곤히 잠에 빠져 있었다. 고단한 삶을 품어 줄 수 있는 이 세상의 보금자리는 가족이다.

며칠 뒤 박수근미술관 근처 비행장에서는 대규모 항공작전이 예정돼 있었다. 합동참모본부가 주관하는 호국 훈련에 참가한 항공작전사령부의 헬기 수십 대가 야간비행을 준비하고 있었다. 저녁노을이 박 화백의 생가의 뒷산으로 넘어가면서 땅거미가 깔리자 헬기들은 활주로를 이륙했다.

30분 뒤, 박 화백의 생가 앞에서 떠올랐던 헬기 가운데 두 대가 인제 상공에서 부딪쳐 추락했다. 마흔 살의 헬기 부조종사는 아내와 두 딸을 남겨 놓고 그날 자정 무렵에 숨을 거두었다. 박 화백이 맞았던 이 땅의 전쟁은 여전히 그의 고향에서 현재 진행형이었다. 그날 새벽 잠을 이룰 수 없었다.

10. 지뢰밭보다 무서운 단속반

"일하는 거 하나도 안 힘들어! 지뢰도 안 무서워! 폴리스 제일 무서워!"

6·25전쟁 당시 최대 격전지 가운데 하나였던 강원도 양구군 해안면 펀치볼에서는 쫓고 쫓기는 전투가 벌어지고 있었다. 쫓는 사람은 한국인 단속반이었고, 쫓기는 자는 농사일을 하러 온 외국인 불법체류자들이었다.

외국인 노동자들이 가슴을 졸이며 뙤약볕 아래 하루 10시간씩 농사일을 하는 현장을 찾아가는 길에 마음이 무거웠다. 그들은 낯선 차량이나 사람이 나타나면 일손을 놓고 도망쳐 버리기 때문에 단속반으로 오해받는 일부터 피해야 했다. 해안면 현3리의 제4땅굴 방면으로 접어들자 햇살이 아카시아 꽃잎 사이로 부서져 내렸다.

드넓은 펀치볼 분지에서 외국인 노동자들을 찾는 것은 힘들다. 그들에게 다가가는 순간 단속반으로 오해하고는 목숨을 걸고 달아나기 때문이다. 다행히 주민들에게 헌신적인 한 공무원의 도움으로 이 문제는 해결했다. 한 농부에게 미리 방문 목적을 말하고 외국인 노동자들이 달아나지 말 것을 당부해 놨다.

길안내를 자청한 공무원은 오늘의 일이 잘못되면 모두 책임을 지겠다고 농부에게 약속했다. 일할 사람이 없는 농촌에서 외국인 근로자들이 불안에 떨지 않고 일할 수 있는 방법은 없을까.

산기슭에서 만난 농부는 하소연을 시작했다.

"요즘 우리나라 젊은이들은 힘든 농사일을 기피해요. 거기다가 예전에 일하던 농촌 사람들이 고령화해서 농번기에는 일손이 많이 부족합니다. 비닐 씌우는 일은 기계가 한다고 하더라도 무나 배추·감자 씨를 뿌리는 일은 사람이 직접

중부전선 펀치볼에서 가슴 졸이며 일하는 외국인들이 일당으로 받은 돈을 만져 보며 코리안 드림을 키워 가고 있다.

해야 하거든요."

농부는 일할 사람이 없는 비무장지대 인근 최전방 지역의 농촌 현실에 안타까워했다.

"외국인 노동자들은 하루 몇 시간 일을 하나요."

"아침 7시부터 저녁 6시까지 10시간씩 일하지요."

점심을 먹는 한 시간을 제외하고 하루 종일 그늘 하나 없는 땅바닥에서 10시간 일하면 남자는 5만 원, 여자는 4만 원을 받는다.

"지구촌 끝자락인 비무장지대까지 외국인 노동자들이 찾아오는 이유는 무엇일까요?"

"아무래도 현지보다는 인건비가 높기 때문이 아닐까요. 먹고 자는 것은 자기들이 방을 얻어 해결해요. 대부분 환경이 좋지 않은 집에서 살고 있어요."

"고용주의 입장에서는 어떠세요?"

"우리도 너무 안타까워요. 아주 착하고 열심히 일하는 사람들인데 낯선 사람들이 오면 도망부터 가요. 단속을 나오면 어떻게 먼저 알고, 일이고 뭐고 다 집어치우고 일단 도망가요. 출입국관리소에서 단속 나오면 2-3일 산속으로 도망가 있다 나와요. 오전에 단속을 나오면 하루 인건비는 인건비대로 다 주고 며칠간 농사일이 중단돼요. 농사일은 절대로 때를 놓치면 안 되는데 말이에요."

최전방 마을인 이곳까지 외국인 노동자들이 들어오기 시작한 지는 벌써 3년이 됐다. 농사일이 시작되는 3월부터 찾아오는 외국인 노동자는 한 해 120~150명에 이른다. 이 외국인 노동자들은 농사일이 끝나는 11월까지 일한 뒤 공장이 있는 수원 등으로 떠나간다.

하지만 일거리가 마땅치 않은 외국인들은 동장군이 맹위를 떨치는 최전방 해안분지에서 봄이 오기를 기다리며 겨울을 나는 경우도 있다. 돈이 없어서 기름을 사지 못해 방에 불도 거의 때지 못하고 전기장판 하나에 의지한다. 전기시설이 갖춰지지 않거나 난방조차 되지 않는 곳에서 겨울을 보내는 경우도 있다. 이런 경우 마을 사람들이 보일러를 놔 주거나 나무를 해다 줄 때도 있다.

외국인 노동자들의 어려움은 추위나 불편보다 언제 단속의 손길이 미칠지 모른다는 불안감이다. 힘든 농사일을 하면서도 누가 오는지 늘 주변을 살핀다. 그래서 알지 못하는 누군가가 나타나면 일단 숨기부터 한다.

"누가 오면 아무데로나 막 도망가요. 주변에 지뢰가 있다는 것을 가르쳐 주지만 단속 나오면 목숨을 걸고 달아나요. 참 위험해서 우리도 안타까워요. 단속반이 갔다고 말해도 믿지 못해 산속에서 며칠간 비를 맞으며 버틸 때도 있어요. 어쩔 수 없어 외국인 노동자들을 쓰는 우리도 어떻게 생각하면 불법이지요. 합법적인 방안이 있었으면 좋겠어요."

일꾼이 부족한 최전방 산골 농부들이 생각하는 대안은 산업 현장에 외국인 노동자를 쓸 수 있는 제도를 농업 현장에까지 확대해 주는 법규를 정부가 만드는 것이다. 외국인들이 최전방의 농경지에서 고된 일을 하면서도 한순간도 편하게 마음을 놓지 못하고 있기 때문이다.

20대 초반의 외국인 여성은 얼굴을 거의 다 가리고 헌 남자 옷을 입고 있었다. 태국에서 1년간 한국말을 배우고 왔지만 한국말을 모른다며 더 이상 답변하지 않았다. 이들 옆에는 한국인들도 함께 일을 하고 있었다. 중년의 한 여인은 사업이 망해 이곳까지 왔다며 혹시 지인들이 알아볼까 봐 계속 얼굴을 가렸다. 먼 곳에서 온 외국인 근로자나 인생의 변방으로 몰린 우리나라 사람들이나 모두 지구촌의 변방에서 희망의 끈을 악착같이 붙잡았다. 그들은 놓칠 수 없는 마지막 행복을 위해 고통스러운 무더위와 싸우고 있었다. 숨죽이며 살아가는 그들은 지구촌 최후의 변방에 얼마나 더 기댈 수 있을까.

그때 외국인 노동자가 한 명 나타났다. 트럭을 운전하며 농사일을 돕는 태국인 프른이었다. 불법으로 일하는 대다수의 외국인 노동자들과는 달리 그는 합법적으로 일하고 있다. 프른은 태국의 수도 방콕에서 5백 킬로미터 가량 떨어진 농촌 마을 쓰호타이에서 오렌지 농사를 짓던 농부였다. 국제운전면허가 있는 그는 8인승, 2톤 미만의 차를 한국에서도 운전할 수 있어 모종을 나르는 일을 맡고 있었다. 2년째 최전방 마을에서 일하는 그에게 무엇이 가장 힘든지 물었다.

"안 힘들어요. 사장님 맘 좋아 힘 안 들어요. 불법 때문에 많이 힘들어요. 폴리스 무서워요. 낯선 사람 무서워 산으로 도망가. 밤 7시, 8시에 내려와. 지뢰는 안 무서워. 폴리스 무서워 (동료가) 죽었어도 못 갔어."

프른은 한 달 전 마을에서 발생한 컨테이너 화재를 떠올렸다. 산골 허허벌판에 설치된 컨테이너에서 태국인 3명이 숙식하며 하루 10시간씩 일했는데 한밤중에 화재가 발생해 모두 불에 타 숨진 참사였다.

밤 12시가 조금 넘은 시간에 컨테이너에서 치솟는 불길을 보고 마을 사람들이 달려갔으나 사태를 되돌릴 수 없었다. 한국에서 돈 벌어서 고향에 돌아가 행복하게 살겠다던 이들은 깊은 잠에 빠져 불이 난 컨테이너에서 미처 빠져나오지 못했다.

그들이 사고를 당한 현장을 찾았다. 불에 녹아내린 컨테이너는 너무 흉물스러워 이미 철거됐다. 하지만 화재현장에는 그날 밤 참사를 말해 주는 물건들이 아직 남아 있었다. 녹아내린 옷가지와 침구류가 검은 재로 자리를 지켰다. 방바닥에는 목숨을 이어 수던 밥그릇 3개가 깨진 채 나뒹굴었다. 깨진 밥그릇에서 깨진 코리안 드림을 보았다. 불법 신분이라서 한푼도 보상받을 길이 없는 이들이 사라진 현장에는 꽃 한 송이 놓여 있지 않았다. 모두 힘들고 어렵게 사는 처지에서 그럴 여유가 없었으리라.

쭈그려 앉아 깨진 밥그릇을 살펴보다 화들짝 놀랐다. 엉덩이를 통해 뜨거운 느낌이 몸으로 전해졌다. 돌아보니 하루 종일 햇볕에 달구어진 호박돌이었다.

이들은 더 뜨거운 불길 속에서 사라졌으리라. 불기운이 사라진 지 한 달이 넘은 이곳에는 들꽃 한두 송이가 꽃을 피웠다. 나는 민들레 세 송이를 꺾어 빗물이 고여 있는 깨진 밥그릇에 꽂아 주었다.

숨진 태국인 3명의 시신은 별다른 의식 없이 화장장에서 한줌의 재로 변했다. 화마로 사랑하는 사람을 잃은 여인 우디차이는 "그를 너무 사랑해 운다. 그를 기다리는 태국의 가족이 너무 불쌍하다"며 주저앉았다. 말이 통하지 않는 이국에서 만난 그들은 연인 사이였다. 장례 절차를 협의하러 나온 태국 대사관 직원의 얼굴에는 귀찮은 일거리를 만났다는 표정이 역력했다. 우리나라 국민이 외국에서 불법체류하다 불에 타 숨졌을 경우 장례 절차를 논의하는 공무원들이 이들보다 더 나을 것이라고 자신할 수 없었다. 자국민이 해외에서 위험에 처했을 때 바쁘다는 핑계를 대며 전화조차 퉁명스럽게 받았다는 우리의 재외공관 직원들의 이야기에 한숨 쉬지 않았던가. 국민 소득이 많고 적음을 떠나 그런 재외공관 직원들이 사라지지 않는 한 비슷한 처지에 놓이지 말라는 법도 없다. 불법 체류를 할 수밖에 없는 처지가 아픔이라면 죽어서도 자국의 재외공관으로부터 푸대접을 받는 현실은 슬픔이었다.

천주교 춘천교구의 사회복지회와 해안면사무소 그리고 형사 몇 명이 마지막 자리를 지켜봤다. 고향의 유족들은 아무도 참석하지 못했다. 신부님은 마지막 사도예절을 진행했다. "하느님의 자비로 안식을 얻게 하소서. 천상의 낙원으로 이들을 이끄소서." 그들은 단속반이 더 이상 쫓아오지 않는 곳으로 떠났다. 그들

외국인 노동자 3명이 화마로 목숨을 잃은 자리에 민들레 세 송이를 꽂아 주고 돌아섰다.

에게 내 마음의 성호를 그었다. 부디 이승에서 이루지 못한 행복을 누리라고.

우리나라 사람조차 기피하는 농사일을 외국인 노동자들이 맡는 현실은 깊이 생각해 볼 문제다. 최전방 마을까지 외국인들이 들어와 일을 해야 하는 상황을 인정해야 한다. 비무장지대는 지구촌 이념의 대결 때문에 한민족이 전쟁을 벌였던 킬링필드였지만 외국인 노동자에게는 코리안 드림을 실현하기 위한 삶의 현장이기도 하다.

해안면에 태국인이 많이 들어오면서 그들 입맛에 많은 식재료를 조달하는 사람까지 등장했다. 한국에 시집온 태국인 여성들이 향신료 같은 식재료를 배달하는 것이다. 이들을 위한 미장원 차량도 등장했다. 150여 명에 이르는 이들은 이제 지구촌 최전방 마을의 구성원이 됐다. 한국으로 시집온 다른 지역의 태국인 여성들이 고향의 음식이 그리울 때 찾아올 정도다.

한민족도 세계로 진출하면서 해외에서 외국인 노동자가 되는 경우가 많다. 한국이 지구촌에서 두 번째로 가난했던 시절 1인당 GNP는 87달러였다. 일자리가 없어 우리 정부는 광부와 간호원을 서독으로 보내야만 했다. 광부들이 30킬로그램이 넘는 장비를 들고 일하는 지하에서 느끼는 온도는 70도에 육박했다. 말이 통하지 않은 한국의 광부들은 지하 1천-1천5백 미터 막장에서 다른 광부들보다 더 고생을 했다. 그들은 남의 나라의 막장에서 구박받으며 가슴속으로 울어야 했다. 그 돈은 고스란히 한국으로 보내져 경부고속도로를 건설하는 등 한국경제를 부흥시키는 종자돈이 됐다. 훗날 이들이 일하는 현장을 찾은 박정희 대통령은 '내가 내 민족을 팔아먹었다'라며 눈물을 흘렸다. 우리는 가난한 시절 한푼의 외화라도 벌기 위해 정부가 독일에 우리의 간호원과 광부들을 수출했던 일을 벌써 잊었는지도 모른다. 우리나라가 외국에서 고생한 경험을 평생 가슴에 담고 살아가듯이 지뢰밭으로 도망치며 농사일을 하는 외국인 노동자들도 죽기 전까지 그런 아픔을 잊지 못할 것이다.

뙤약볕 아래서 하루 종일 일한 외국인 노동자들은 해질 무렵 지친 몸을 이끌고 잠시 쉴 곳으로 발걸음을 옮겼다. 어떤 이는 트럭 짐칸에서 몰아치는 흙먼지를 마시지 않으려고 입을 꽉 다물었다. 임시 주거지로 돌아가는 그들에게 미소와 함께 손을 흔들어 주었다. 농사일에 지친 그들이 낯선 사람의 등장으로 긴장하지 않고 가벼운 발걸음을 옮길 수 있도록 돕고 싶었다. 그들은 해바라기 꽃처럼 환한 표정으로 답례를 했다. 때마침 넘어가는 햇살이 고단한 그들의 얼굴과 마주쳐 밝게 빛났다. 쫓기면서 일하는 그들의 고된 삶이 긴 그림자를 남겼다.

VII

DMZ, 길을 묻다

한반도 평화의 키는 비무장지대에 숨어 있다.
산짐승과 들짐승 문제에만 집착하지 않는다면
우리는 전쟁이 남긴 DMZ에서 평화의 길을
찾을 수 있지 않을까.

한반도 DMZ에는 평화의 열쇠가 숨겨져 있다.
우리가 할 일은 그 평화의 실마리를 찾는 것이다.

1. 탱크 방호벽, 관광자원으로 다시 태어나다

탱크 방호벽은 남북 분단 이후 비무장지대 주변에 들어선 대표적인 군사시설물이다. 6·25전쟁 당시 소련제 탱크에 밀렸던 아픈 기억을 갖고 있는 남한은 탱크를 막기 위한 방호벽을 곳곳에 설치했다. 마찬가지로 북한도 탱크 방호벽을 세웠다. 미군의 북침에 대비하자며 북한은 주요 길목에 콘크리트를 부어 방호벽을 세웠다. 남과 북은 비무장지대를 사이로 탱크 방호벽을 세우기 위한 경쟁을 벌였다.

반세기가 흐른 요즘, 탱크 방호벽은 병목현상을 일으키고 있다. 도로가 좁아지는 지역에서는 트랙터 같은 농기계가 지나다니기에 불편하다. 야간에는 눈에 잘 띄지 않아 운전자들이 목숨을 잃는 경우도 있다. 하지만 도로에 설치돼 있는 탱크 방호벽을 철거하자는 이야기를 꺼낼 수 있는 사람은 아무도 없다. 그랬다가는 사상을 의심받는다. 심지어 새로 만든 도로는 탱크 방호시설이 갖춰지지 않았다는 이유로 개통이 늦어진다. 냉전시대에 등장한 탱크 방호벽이 흉물 취급을 받는 시대가 됐다.

"웽-, 드르륵- 드르륵-."

2006년, 중부전선 비무장지대의 출입문에 해당되는 철원군에서 탱크 방호벽을 관광자원으로 이용하는 일이 벌어졌다. 육중한 콘크리트 덩어리 위에서 작업하는 인부들은 개미처럼 작아 보였다. 인부들은 탱크 방호벽을 리모델링하고 있었다. 언제 땅에 떨어질지 모르는 이 생명 없는 콘크리트 덩어리를 관광자원으로 바꾸는 일이었다.

인부들이 탱크 방호벽을 궁궐 모양으로 리모델링하고 있다.

리모델링하는 탱크 방호벽의 모델은 궁궐 건축양식인 궁예도성이다. 후삼국 시대의 궁예가 현재의 비무장지대인 풍천원에 태봉국을 세웠는데, 궁예의 꿈이 어린 궁예도성을 탱크 방호벽으로 형상화한 듯하다.

탱크 방호벽 위에서 며칠 동안 쇠파이프를 이어 붙이자 궁예도성의 누각과 비슷한 윤곽이 드러났다. 땅에 뿌리를 박고 있는 콘크리트 벽은 이제 성벽처럼 보였다. 사람들은 육중한 콘크리트 군사시설물을 지나가던 무거운 마음을 덜게 됐다. 운전을 하며 지나가 보니 궁예도성으로 진입하는 기분이 들었다.

한탄강 가운데 만들어진 승일교 주변의 탱크 방호벽도 무거운 국방색을 살짝 감췄다. 네모난 콘크리트 덩어리 주변으로 나무판자 느낌이 물씬 풍기는 건축자재를 둘렀고, 조명을 설치해 밤에는 부드러운 색을 발산하게 했다.

대마리 최전방 마을의 탱크 방호벽은 강원도가 선정한 아름다운 간판으로도 뽑혔다. 흉측한 탱크 방호벽도 인간의 노력에 따라 전쟁의 기억을 털어 내고 관광자원이 될 수 있다는 사실을 보여준다.

먼 훗날의 어느 분단유적연구소는 비무장지대 주변의 땅을 파다 20세기 6·25 전쟁이 남긴 수많은 전쟁 유적과 만날 것이다. 요즘 우리들이 청동기시대 원시인들이 물고기를 잡아먹고 불을 피웠던 주거공간을 찾아내고 상상력을 동원해 생활상을 재구성하듯이 말이다.

탱크 방호벽은 현대판 성벽과 성문이다. 조상들의 축성 기술이 현대로 이어진 것일까. 차량 이동이 많은 요충지에는 대개 탱크 방호벽이 들어섰다.

이제부터 휴전선이 들어섰던 비무장지대를 따라 사이프러스 나무처럼 생긴 평화의 나무들을 한 그루씩 심는 것은 어떨까. 휴전선이 산을 넘고 강을 건너던 자리에 평화의 상록수를 심으면 먼 훗날 이탈리아 토스카나 지방처럼 아름다운 풍경이 탄생할 테니까.

2. 머나먼 평화의 길

"오는 길이 만만치 않았습니다. 평화의 길은 멀고도 험한 것 같습니다."

삶을 진지하게 노래하는 가수 안치환은 화천군 비목문화제를 찾아 이렇게 입을 열었다.

"네비게이션에 잡히지 않는 곳, 갈라진 조국의 땅 그리고 북녘의 땅을 바라보며 부르겠습니다."

안치환은 중동부전선 최전방 깊은 계곡을 바라보며 노래를 부르기 시작했다. 눈을 지그시 감고 혼신을 다해 부르는 그의 노래에서 평화에 대한 열정이 느껴졌다.

호국영령의 넋을 위로하는 현충일의 대표적인 추모행사가 비목문화제이다. 비목공원에서 열린 추모제에는 6·25전쟁과 베트남전쟁에 참전했던 군인과 주한 외국 대사들도 참석했다. 이번에는 벨리댄스를 연상하게 하는 파격적인 추모공연도 등장했다. 몇 해 전까지만 해도 비목문화제의 추모공연은 소복 차림의 무용가들이 슬픈 곡조에 맞춰 공연한 게 전부였다. 추모공연이 끝날 때면 으레 긴 적막이 흘렀고, 침묵을 깨는 사회자의 목소리가 유난히 크게 들렸었다. 이번 추모공연의 분위기를 바꾸는 데는 산골 군수의 생각이 적극 반영되었다.

"호국영령이 계셨기에 오늘의 번영이 있습니다. 숭고한 뜻을 이어받아 민족의 재도약과 조국통일의 기틀을 다지겠습니다."

추모행사가 모두 끝나고 모두가 자리를 뜨려는 시간에 정갑철 화천군수가 조금 긴장된 표정으로 말했다.

"괜찮았어요? 호국영령의 넋을 추모하는 정신은 유지해야 하지만 너무 무겁게만 가는 것은 다시 생각해 볼 문제가 아닌가 생각합니다."

정 군수는 내빈들 위주로 무겁게 진행되는 추모행사를 지양하고 일반인들이 참여하는 호국문화제를 염두에 두고 한 말이었다.

남북 갈등으로 탄생한 평화의 댐과 비목공원 주변에는 이제 평화의 메시지를 끊임없이 보내기 위한 평화의 종이 세워진다. 6·25전쟁이 벌어졌던 한반도 비무장지대 그리고 종교와 인종·이데올로기 때문에 전쟁이 끊이지 않는 지구촌 곳곳에서 탄피를 수집해 1만 관짜리 평화의 종(무게 37.5t, 폭 3m, 높이 5m)을 제작하는 프로젝트다. 정 군수는 평화의 댐을 지구촌의 모든 전쟁이 끝나고 평화가 시작되는 성지로 만드는 꿈을 꾸고 있었다.

하지만 탄피 수집은 쉽지 않았다. 한반도 비무장지대에서 탄피를 수집하는 계획도 어려움이 많은 형편에 탄피를 지구촌 각 나라에서 들여오는 과정은 더 어려웠다. 국내에서 수집한 탄피는 오랫동안 땅속에 버려져 있어서 손으로 건드리면 부서졌다. 크기는 대부분 손가락 굵기만하고, 평화의 종을 위해 수집했기보다는 6·25전쟁 이후 방치해 놓은 유해를 발굴하는 현장에서 수거한 부산물이었다. 당시 북한군이 사용했던 소련제 모시나칸트 탄피와 국군과 미군이 쓰던 기관총과 M-1, 카빈 소총 탄피 20킬로그램은 국방부 유해발굴단이 수집한 것이었다. 이런 탄피로는 종 제작에 한계가 있다.

다행히 지구촌에서 평화와 생명을 앗아 갔던 탄피들이 하나 둘 한반도 중동부전선의 최전방 마을인 화천군으로 도착하기 시작했다. 이스라엘 군대가 팔레스타인 사람들에게 발포했던 탄피가 중동에서 도착했고, 필리핀에서는 권총 탄피가 들어왔다.

평화의 종 제작을 위해 모인 탄피 가운데 눈길을 끄는 것이 가난과 내란의 대명사인 에티오피아에서 온 탄피였다. 탄피 크기만 해도 한 뼘이 넘을 정도로 꽤 컸다. 이 탄피는 에티오피아에 갔던 윤오순 씨가 직접 가지고 왔다. 산천어축제장에서 홍보업무를 맡았던 윤씨는 에티오피아의 친구를 만나러 가는 길에 정 군수로부터 '명예평화대사'라는 타이틀을 하나 받았다. 하지만 그 감투는 문득

에티오피아 아디스아바바 시의 어린이들이 보내
온 평화의 엽서.

이 높은 기관의 도움을 받는 데는 별 소용이 없어 혼자서 탄피를 수집해야 했다. 그녀가 가져온 탄피는 에티오피아가 독립 문제로 에리트리아와 전쟁을 벌였을 때 사용됐던 것이었다.

한반도와 멀리 떨어진 열대의 대륙 아프리카와 중동부전선은 아무런 연관이 없어 보이지만 6·25전쟁으로 깊은 인연을 맺었다. 아프리카에서 유일하게 파견됐던 에티오피아의 지상군은 이곳 화천에서 처음으로 실전에 투입됐다.

탄피를 넣었던 가방은 입국 과정에서 공항 검색대를 통과할 때마다 모조리 풀어헤쳐지는 수난을 당했다. 그럴 때마다 이 한국의 여성은 테러리스트와는 아무런 관련이 없으며 지구촌 평화의 종을 제작하기 위해 수집한 평화의 탄피라는 설명을 반복해야 했다.

탄피와 함께 지긋지긋한 내란과 배고픔의 고통으로 가장 큰 피해를 봤던 에티오피아 어린이들의 '평화의 메시지'도 함께 도착했다. 에티오피아의 수도 아디스아바바 시(市) 외곽에 자리 잡은 한 초등학교의 어린이들이 고사리 손으로 무려 5백여 장의 평화 메시지를 보내왔다. 이 초등학교는 6·25전쟁에 참가했던 에티오피아 참전용사들이 모여 사는 아디스아바바 코리안 빌리지에 위치해 있다. 이 학교에는 한국전쟁에 참전했던 노병들의 후손들이 주로 다니고 있다.

평화 메시지는 넉넉지 못한 형편을 반영하듯 도화지를 잘라 만들었다. 어린이들은 에티오피아의 암하릭어나 영어로 "저는 평화를 사랑합니다. 전쟁은 싫어요" "평화" 등을 적었다. 그림들은 전투기와 총에 의해 죽어 가는 사람들의 모습과 꽃을 물고 있는 비둘기 등으로 전쟁과 평화의 세계를 대비시키고 있었다. 우리 어린이들이 생각하는 평화와 비슷했다. 커다란 나무 아래의 목가적인 에티오피아의 전통 가옥이나 아름다운 꽃·비둘기·풀 뜯는 소·사자 등을 담은 엽서도 있었다. 그 밖에 6·25전쟁을 통해 혈맹관계를 맺은 한국과 에티오피아의 관계가 돈독해지기를 희망하는 듯 태극기와 에티오피아 국기를 함께 그리거나 양국 어린이들이 손을 잡고 있는 모습도 보였다. 에티오피아 어린이들은 히브렛 피레 초등학교에서 코이카(한국국제협력단) 단원으로 일하는 한국의 젊은이로부터 배우는 미술 시간에 이 평화의 메시지를 작성했다.

몇 해 전 에티오피아를 방문했을 때 마주쳤던 어린이들의 맑은 눈동자가 떠올랐다. 엽서 크기의 메시지에는 가난하지만 때 묻지 않은 이 나라 아이들이 꿈꾸는 평화가 담겨 있었다. 에티오피아 어린이들이 보내온 엽서들을 하나씩 카메라로 담았다. 아직 찬 기운이 가시지 않은 바람이 심술궂게 엽서들을 채 갔다. 따뜻함이 그리운 이 땅과 저 땅의 사람들에게 봄은 언제쯤 오는 것일까.

자작나무 단풍이 눈부시게 빛나던 2007년 가을, 평화의 종과 공원을 조성하기 위한 첫 삽을 떴다. 지구촌 각 나라에서 찾아온 종교 및 평화 지도자들은 단

지구촌의 탄피를 모아 만든 DMZ 평화의 종은 세계평화의 메시지를 끊임없이 전달할 것이다.

풍과 호수가 어우러진 평화의 댐 아래에서 열리는 기공식에 참석했다. 그들의 손에는 작은 종과 탄피가 쥐어져 있었다. 탄피는 다시 총에 장전하지 못하도록 납작하게 눌려 있었다.

참가자 가운데 코리건 마기르 여사가 있었다. 1944년 북아일랜드 벨파스트에서 태어난 그녀는 여동생과 조카 세 명의 참혹한 죽음을 계기로 평화단체인 '피스 피플(Peace People)'을 창설했으며, 평화운동을 벌인 공로로 1976년 베티 윌리엄스와 공동으로 노벨평화상을 수상했다. 그녀는 걸프전쟁 이후 이라크에 대한 경제 제재로 5살 미만의 어린이 50만 명이 죽었다며 미국의 백악관 앞에서 시위를 벌이다 체포되기도 했던 평화의 전사였다.

투쟁으로 점철된 투사의 얼굴을 기대했으나 예상은 보기좋게 빗나갔다. 사회자의 소개로 그녀를 처음 본 순간 투쟁의 이미지는 찾아볼 수 없었다. 그녀의 얼굴은 평화 자체였으며, 그 화사한 얼굴에서 투쟁의 그림자는 찾아볼 수 없었다. 평화를 갈구하는 그녀의 메시지는 명료했다.

"철조망으로 가로막혀 남북한 사람들이 서로 만날 수 없는 현실이 너무 슬픕니다. 철조망을 지나 북으로 걸어갈 수 없어 참으로 안타깝습니다. 분단의 벽이 허물어져 북아일랜드에서와 같이 한국인들이 평화와 용서·화해를 찾을 수 있기를 기원합니다."

평화의 종은 2008년 가을에 준공된다. 한반도 비무장지대와 세계 분쟁지역에서 인명을 살상했던 탄피들이 녹아 평화의 메시지를 울릴 것이다. 하지만 평화의 종은 미완의 종으로 남을 것이다. 지구촌의 탄피를 모아 일단 9,999관짜리로 만들었다가 한반도에 평화가 정착되는 날 다시 1관(3.75kg)의 탄피를 추가해 완전한 1만 관짜리로 만들 예정이기 때문이다.

3. 사라진 철길, 열려야 할 철길

1.

철원 민통선 마을의 김 이장에게는 꿈이 있다. 쉰 살을 내다보는 그이지만 강원도 철원군 김화읍 생창리 최전방 마을에서는 아직도 청년이다. 그가 사는 전략촌은 6·25전쟁이 끝나고 버려져 있는 황무지에 1960년대 말 사람들이 입주하면서 만들어졌다. 정전협정이 맺어진 뒤 20년 가까이 버려진 이 동네는 전쟁 이전까지 옛 김화군의 군청 소재지로 번영을 누렸다. 마을에는 금강산으로 가던 열차가 사람들을 태우기 위해 잠시 정차했던 김화역의 흔적이 남아 있다.

마을 앞으로는 북에서 내려와 굽이쳐 빠져나가는 남대천이 흘러간다. 남대천 강바닥에는 6·25전쟁의 상처를 안은 채 기차가 묻혀 있다. 이 기차는 남대천을 건너다 폭격을 받아 추락해 강물에 밀려 내려오다 지금은 모래와 자갈 더미에 파묻혀 잘 보이지 않는다.

민통선 지역의 농경지를 개척하기 위해 김 이장이 가족과 함께 어려서 들어왔을 때는 이 기차가 남대천 바닥에 노출돼 있었다. 마을의 개구쟁이들은 뼈대만 남아 있는 기차의 잔해 위에서 강으로 뛰어들며 물놀이를 했다. 그 당시 물속에는 녹슨 대전차 지뢰와 같은 폭발물이 남아 있었다.

기차는 해가 갈수록 여위어 갔다. 북한에서 내려오는 물줄기가 잦아들고 강바닥이 드러나면 고물장사들이 몰려와 철판을 떼어 갔다. 하지만 물 위로 드러난 것보다 땅속에 묻힌 것이 더 많아 골격은 유지하고 있었다.

남대천에서 수해를 방지하기 위해 제방을 넓히는 공사가 벌어진 적이 있었다. 기차는 강물이 굽이쳐 흐르기 시작하는 지점에 있었다. 강물의 흐름이 기차

중부전선 남대천 바닥에 버려져 있는 금강산 가던 화물열차의 잔해.

잔해와 부딪쳐 제방으로 향하면 제방이 패일 수 있어 공사업체로서는 강바닥을 평평하게 하는 하상 정리가 필요했다. 마치 강 가운데 큰 바위가 있으면 물길이 옆으로 바뀌는 현상과 비슷했다.

"기차가 너무 길어서 못 캤어요. 용접기로 뚝뚝 잘라도 봤는데 결국 캘 수가 없었지요. 쇠가 두꺼워 1백 년은 더 간다고 하던데…."

그와 마을 사람들은 남북한의 교류가 가시화하자 강바닥에 묻힌 금강산 전철의 화물칸을 발굴하자는 의견을 내놓았다. 강바닥에 매몰된 상태로 남겨 두면 썩어 없어지기 때문에 발굴해 관광자원으로 활용하자고 제안했다. 지방자치단체도 발굴사업을 벌이기 위해 예산을 마련하고 군당국에 지뢰 제거 협조를 요청하기에 이르렀다. 그러나 군당국은 기차의 화물칸을 꺼내기 위해서는 수중에서 지뢰 탐지를 해야 하는데 이 작업이 불가능하다고 입장을 밝혔다. 군당국이 지뢰 폭발사고를 걱정하는 것은 1996년과 1999년 이 지역에서 큰 수해가 나면서 주변에 매설해 놓은 지뢰가 떠내려왔을지도 모른다는 불안감 때문이었다. 주민들의 생각은 이와 달랐다.

"제방공사를 하면서 공사업체들이 이미 지뢰를 다 제거했다고 봐야 하지 않겠어요?"

군당국은 수중의 지뢰 제거 작업이 어렵다는 입장을 굽히지 않았다. 주민이나 지방자치단체가 민간인 지뢰제거팀을 고용하는 방안에 대해서는 "작전지역이기 때문에 곤란하다"라며 거절했다. 그렇지만 수장된 기차는 주민들에게 단순히 쇳덩어리나 고철이 아니었다. 반세기 전에 마을 사이로 다녔던 기차였기에 발굴 자체가 기차의 부활을 의미했다.

"또 포크레인으로 찍어서 그냥 묻어서야 되겠습니까? 금강산 전철이 다시 이어지려면 수장된 저 기차부터 꺼내야지요. 사람들이 반세기 전에 기차가 다녔다는 사실조차도 잘 모르고 있으니까요."

그는 최전방 산골 하천에 처박힌 낡고 볼품없는 기차의 잔해가 금강산 전철의 존재를 세상에 알리고 다시 열차가 다닐 수 있는 날을 앞당겨 주길 꿈꾸고 있었다.

기차 화물칸이 묻혀 있는 남대천 옆으로는 원산까지 거리를 가리키는 이정표가 총상을 입은 채 서 있었다. 농사철을 맞은 농민들이 농기계를 끌고 이정표 앞을 지나갔다. 기차가 다녔던 옛 철길은 소실점처럼 비무장지대 안으로 사라지고 있었다.

2

기차는 작은 점으로 등장해 철조망 터널을 지나 다가왔다. 기차는 예상보다 천천히 고성군 제진역으로 들어섰다. 브레이크 소리가 그치고 내연 602호 기차는 완전히 정차했다. 기차는 짙은 국방색이었다. 기관차의 창문 너머로는 낯선 얼굴이 하나씩 보였다. 분단 이후 처음으로 북한의 얼차가 남한 땅에 도착하는 순간이었다.

기차가 종착점에 멈추기 직전 여성 열차원(승무원) 두 명이 창밖으로 남측의 세상을 구경하고 있었다. 갈 수 없는 세상이 궁금하기는 마찬가지가 아닐까. 탑승자들은 짤막한 도착 소감을 밝히고 만찬장으로 자리를 옮겼다. 그 사이 기관차를 다시 북쪽 방향으로 돌려 놨다. 기차에는 '북남철도 련결구간 시험운행

2007. 5. 17 '3대 혁명 영예상' '위대한 수령 김일성 동지께서 몸소 오르셨던 차 1968. 8. 9' 같은 문구가 적혀 있었다.

2007년 5월 17일 남북 열차가 경의선과 동해북부선에서 동시에 휴전선을 넘었다. 오전 11시 30분 경의선 문산에서는 남측 열차가 북측 개성으로 향했고, 같은 시각 북측 열차는 금강산 청년역에서 고성 제진역으로 출발했다. 각 기차에는 1백 명씩 탑승했다.

아침 일찍부터 동해안 최북단 제진역을 찾아와 자리를 떠나지 않고 지켜보고 있는 한 사람이 있었다. 동해북부선이 끊어지기 직전까지 증기 기관차를 몰고 양양과 원산 사이를 운행했던 강종구(85) 씨였다.

그는 아침부터 선로 점검을 하기 위해 갖다 놓은 새마을호 열차 주변을 맴돌았다. 강씨는 1942년부터 1944년까지 동해북부선에서 기관사로 일했다. 그로서는 단절된 동해북부선이 살아 있을 때 다시 연결되고, 그 길로 북측의 열차가 다시 내려오는 이 순간을 몹시 기다려 왔을 것이다. 금강산으로 수학여행을 가

분단 이전까지 동해선 열차를 몰던 강종구 씨.

분단 이후 처음으로 남쪽으로 내려온 북측 열차.　북측의 열차원.

는 학생들을 실어 날랐던 강씨는 이산가족과 금강산 관광객을 싣고 다시 한 번 달리고 싶었다. 하지만 그는 이번 열차 시험운행에 초청받지 못했다. 강씨는 바닷물이 모래톱에 부서지는 동해북부선의 비무장지대 구간을 달리고 싶었지만 정부로부터 초청장이 오지 않은 탓에 북측에서 내려오는 열차를 멀리서 바라만 봐야 했다.

동해선 첫 운행에 초청을 받지 못한 사람들이 그 말고 또 있었다. 실향민들이다. 이북에 고향을 둔 속초 아바이마을의 실향민들도 초대받지 못했다.

"연락조차 없었어. 우리는 열차 시험운행에 빌 관심이 없어!"

실향민들은 서운한 속내를 애써 감추려 했다.

동해선의 탄생은 일제강점기로 거슬러올라간다. 동해선은 1928년 2월 함경북도 안변을 기점으로 북부 구간에 대한 노반공사가 먼저 시작됐다. 이어 1930년 7월 부산진-울산 구간(72km)의 공사가 시작돼 1935년 12월 완공됐다. 북부 구간인 안변-양양(192.6km)은 1937년 12월 개통됐다. 양양-삼척 구간 103.9킬로미터와 동막-매원 구간 3.7킬로미터는 공사 도중에 해방을 맞았다.

동해선의 총 연장은 부산에서 안변에 이르는 622.1킬로미터다. 남측 구간은 동해북부선 제진-강릉 구간 120킬로미터, 동해중부선 삼척-포항 구간 171.3킬로미터가 단절돼 있다. 현재 동해남부선은 부산-포항 구간 145.3킬로미터 사이에 단선궤도 열차가 운행되고 있다.

북측 구간은 금강산역에서 원산 사이에 전차 선로와 철도 노반이 남아 있다. 남측 구간의 철로가 누군가에 의해 모두 사라진 것과 비교하면 보존 상태가 좋은 편이다. 푸른 바다와 함께 달리던 동해선 철로는 6·25전쟁을 거치면서 처참하게 부서졌다.

이날 제진역 역장은 57년 만에 처음으로 시험운행하는 열차를 맞이했다.

"반세기 동안 멈췄던 열차가 이어지는 순간에 역장으로 근무해 가문의 영광이죠. 날씨가 좋지 않아 내심 걱정했는데 하늘도 축복을 해주는 모양입니다."

그의 말대로 오전에 내리던 비가 기차가 도착할 무렵에 그치고 파란 하늘이 최북단 제진역 상공으로 펼쳐졌다.

남측 새마을호와 어깨를 나란히 했던 북측 열차가 짧은 만남을 뒤로하고 출발할 시간이 됐다. 역장은 연출사진을 요구하는 사진기자들의 요구를 뿌리치지 못해 북측 기관사에게 요청했다.

"기자들이 악수하는 것을 찍지 못했다고 하니까 한 번 더 부탁합니다."

"지금 제동시험 중이라서…."(북측 기관사)

"지금 악수하세요. 옆으로! 왼쪽으로 조금만 더. 감회가 어때요?"(취재진)

"영광스럽죠. 가슴이 두근거려요. 이 일로 통일이 되는 것은 아닌가 하는 생각도 들고…."(남측 역장)

"악수 한 번 더 부탁드립니다."(취재진)

"감사합네다."(북측 기관사)

"기관사님 성함은."(취재진)

"…."

"오시는 길은 어땠어요?"(취재진)

“…”

“감사합니다. 됐어요?”(남측 역장)

북으로 가는 열차의 출입문을 닫은 북측 여성 열차원의 얼굴에서 엷은 미소가 번졌다. 그 창가에는 파란 구름이 가득했다. 그때 아쉬운 듯 북측 탑승자가 창문을 반쯤 올리고 밖을 내다봤다.

“고저(그저) 열차를 타고 오니까 통일이 다 된 것 같은 기분이 듭니다. 아직은 앞에 많은 일이 남아 있고, 아직 정식 개통식이 아니지만 다음에 개통해 운행하면 우리 통일될 것입니다. 이 기차를 타고 저기 부산까지 나갔으면 좋겠습니다.”

“한마디 더 해주시죠?”

그는 담배연기를 내뱉으며 말을 이었다.

“환대해 줘서 고맙지만 솔직한 심정은 앉아서 한 잔씩 먹어야 나오지 않습니까. 그래야 진실한 소리가 나오는데….”

“금강산역에서 보이지 않는 군사분계선을 넘어 내려올 때 소감을 말씀해 주시죠?”

“우리가 언어도 하나, 핏줄도 하나, 몽땅 같은데 왜 이렇게 오랫동안 있다가가야 합니까? 군산분계선을 넘을 때는 ‘아, 우리도 (내려)가누나’ 하는 생각이 있었습니다. 하지만 우리가 같은 민족이니까 앞으로는 일없습니다(문제없습니다). 앞으로 정상 운영되고 개통식도 하면 (통일)될 수 있습니다! 그런데 우리는 제한을 받습니다. 왜 제한을 받습니까? 미국이 나쁩니다. 그만합시다. 다시 만납시다.”

누군가기 다가와 창문을 내렸다. 출발을 앞두고 여성 열차원들이 출입구에 정렬했다. 잠시 후 열차는 파란 구름이 떠 있는 하늘을 뒤로하고 제진역을 떠나갔다. 필름 조각처럼 이어진 창가로는 뭉게구름이 함께 따라갔다. 북쪽의 열차원들은 제진역이 시야에서 살아질 때까지 손을 흔들었다. “철커덩-철커덩-철커덩-, 뿌엉-” 레일을 따라 열차는 아득히 멀어졌다. 푸른 파도를 끼고 사라진 이북의 열차는 아직 모습을 다시 드러내지 않고 있다.

4. 한반도 펀치볼과 아프리카 스톤볼

1) 펀치볼

길은 섬이었다. 고지로 올라가는 산등성이 양쪽으로 포진한 안개는 바닷물이었다. 안개는 징검다리처럼 고지와 고지를 연결시키는 군사작전 도로를 삼킬 듯이 스멀스멀 밀려왔다. 안개가 평정한 주변은 심연처럼 깊이를 헤아리기 어려웠다. 중동부전선 최전방 가칠봉으로 올라가는 길은 안개 바닷길을 헤치는 여정이었다.

가칠봉은 일반인들에게는 생소한 곳이다. 그곳은 등산객들이 다가갈 수 없는 비무장지대였다. 그곳은 무장한 군인들만의 세상이다. 민간인들의 모습을 볼 수 있는 경우는 1년 내내 손에 꼽을 정도다. 특별한 행사가 있을 때만 저 구름 아래에 사는 민간인들이 올라왔다.

가칠봉은 금강산의 일곱 번째 봉우리라는 뜻을 담고 있다. 북한 비로봉에서 시작된 금강산의 남쪽 마지막 봉우리다. 금강산과 가칠봉 사이에 존재하는 신이 있다면 그는 단숨에 징검다리를 건너듯이 비로봉과 가칠봉 사이를 오고 갈 것이다.

전국의 대학생들이 가칠봉으로 평화행진에 나섰다. 소총을 든 군인들이 행군하며 오르던 산길을 오늘은 대학생들이 도보로 답사하고 있다. 산허리를 잘라 내어 만든 도로에는 빗물이 군데군데 고여 있었다. 주변의 지뢰밭에는 당귀꽃과 같은 야생화가 비를 맞고 서 있었다.

가칠봉으로 오르는 길에는 천봉이라는 표지판이 눈에 들어왔다. 하늘의 봉우리라는 뜻이니 하늘과 가까이 있는 가칠봉 주변을 이처럼 잘 말해 주는 명칭

가칠봉 고지의 수영장은 우리나라 전쟁유물 중에서 가장 높은 곳에 만들어진 시설물이다.

은 없다. 하지만 그곳에는 신이 아닌 군인들이 사는 모양이다. 갈잎과 풀을 철모에 꽂은 수색대 병사들이 지나갔다.

가파른 길을 지나자 산등성이의 경사가 완만해진다. 길은 평탄해졌다가 다시 구불구불하게 이어졌다. 그때 남방한계선이란 팻말이 등장했다. 1953년 정전협정 당사자들은 군사분계선에서 남과 북으로 각각 2킬로미터 지점에 북방한계선과 남방한계선을 그었다. 그 안이 완충지대인 비무장지대였다. 남방한계선을 지나는 것은 비무장지대로 들어간다는 의미다. 반세기 동안 남방한계선과 북방한계선 사이의 비무장지대는 절반으로 좁혀졌다.

두어 시간을 오르자 버섯 모양으로 생긴 건물이 하늘을 이고 있었다. 가칠봉이었다. 이슬비에 젖은 철조망과 지뢰 표지판에는 보석보다 더 영롱하게 빛나는 구슬들이 매달려 있었다. 철조망은 살을 할퀴는 물체가 아니라 구슬들을 꿴 실처럼 보였다.

가칠봉 고지에는 지구촌의 전쟁이 남긴 특별한 시설이 있다. 우리나라에서

잠수함처럼 운해에 떠 있는 최전방 고지는 '육지 속의 섬'으로 전락한 DMZ의 오늘을 보여준다.

가장 높은 지역에 위치한 야외 수영장이다. 냉전시절에는 산 위에 야외 수영장까지 만들어 체제의 우월성을 선전했다. 평화행진에 나섰던 일행이 마지막으로 대열을 정비한 곳이 수영장 앞이었다. 땅 위로 조금 튀어나온 콘크리트 구조물이 바로 수영장이었다.

로마에 흡수됐던 에트루리아인들이 방어를 목적으로 언덕과 산꼭대기에 성과 거주지를 만들었을 때도 물을 끌어오는 시설이 관건이었다. 이탈리아 북부의 고지는 가칠봉처럼 높지 않았으니 수압을 이용하는 것이 가능했으리라. 가칠봉 수영장에 투입되는 물은 제4땅굴에서 나왔다. 정부 당국은 1990년 3월 가칠봉 아래 비무장지대에서 북한의 네 번째 땅굴이 발견됐다고 발표했다. 그 땅굴을 추적하기 위해 암반을 뚫고 내려가는 과정에서 지하수가 발견됐으며, 이를 산 정상으로 끌어올려 수영장을 만들었다.

가칠봉 수영장의 정면에는 북한의 스탈린 고지와 모택동 고지, 김일성 고지가 마주하고 있다. 6·25전쟁 당시 유명했던 전투가 이곳에서 전개됐다. 몇 백 미터 바로 앞에 자리 잡은 세 고지는 남한과 가장 가까운 북한의 최전선이었다. 수영장은 저 고지에 있는 북한 군인들의 귀순을 유도하기 위해 지뢰밭 사이에 만들었다. 최전선에서도 수영을 즐길 수 있는 여유가 있다는 것을 선전하기 위해 1990년대 초 이진삼 육군참모총장의 지시로 만들었다. 물 사정이 좋지 않아 가칠봉 수영장은 아주 더운 여름철에만 체제 선전용으로 활용했다. 미스코리아 수영복 경연도 한때 이곳에서 열렸다고 한다.

그날 가칠봉 앞에는 섬이 떠 있었다. 섬의 모양은 잠수함 모양이었다. 잠수함은 구름바다 위에 정박하고 있었다. 비무장지대가 휴전선으로 포위된 육지 속의 섬이라는 사실을 말해 주는 듯했다.

2) 스톤볼

길은 느릿느릿 펼쳐졌다. 커브길마다 파노라마 풍경이 펼쳐졌고 구름이 낮게 깔린 하늘은 평화 그 자체였다. 사파리 차량이 포장하지 않은 가파른 길을 오르기 시작했다. 왼쪽으로 핸들을 꺾는가 하면 어느 새 오른쪽으로 방향을 틀어야 하는 산길이었다. 길은 가끔 빗물에 패여 있는 듯했지만 차량의 이동을 방해하는 수준은 아니었다. 길을 만들기 위해 깎아내린 산허리로는 이름을 알 수 없는 풀들이 바람에 흔들거렸다.

처음 가는 길이었지만 꿈속에서 거닐던 길처럼 낯설지 않았다. 앞서 가는 4륜 사파리 차량들이 이리저리 밀리며 오르는 모습을 보다 보니 아주 익숙한 도로가 스치고 지나갔다. 가칠봉 가는 길이었다. 아프리카 탄자니아의 킬리만자로 공항에서 응고롱고로(Ngorongoro) 분화구로 가는 길에 두고 온 한반도 비무장지대의 가칠봉이 떠올랐다.

가칠봉으로 가는 길에는 거센 바람 때문인지 키가 큰 나무가 없지만 이곳에는 원숭이들이 살 법한 나무들이 숲을 이루었다. 엔진 소리를 높이며 오르던 사파리 차량은 어느 순간 멈췄다. 앞서 가던 차량이 방향을 잘못 잡았던 것이다. 그때 사파리 차량의 운전자 반대편 아래로 움푹 팬 분지가 살짝 보였다. 차는 땅거미가 내리기 시작하는 산길을 30분 이상 더 가서야 소파 롯지(Sopa Lodge)에 도착했다. 차를 주차시키자 탄자니아 포터들이 짐을 안으로 옮겼다. 숙소로 내려가는 길바닥에는 납작한 돌이 깔려 있었고 계단에는 낮은 가로등이 켜져 있었다.

"잠보!"

포터들은 내려가는 길에 마주치는 외국인들에게 이렇게 인사를 건넸다. "헬로우(Hello)"나 "하이(Hi)" 정도에 해당하는 탄자니아 인사말이다. 포터의 안내를 받아 들어간 집은 단층짜리 건물이었는데 문을 열자 마사이족의 집을 연상시키는 현관이 나왔다. 그리고 실내는 안정감 있는 조명이 설치돼 있었다. 이미 날이 어두웠지만 창 너머로는 넓은 대지가 광활한 분위기를 전해 준다. 저곳은 대체 어떻게 생겼을까.

다음 날 새벽 5시 40분, 눈을 뜨고 아침식사를 하러 올라가는 길에 응고롱고로 분화구가 모습을 드러냈다. 분지는 낮은 구름이 완전히 걷히지 않았지만 테두리를 따라 형태를 그려 보는 것은 어렵지 않았다. 산 정상 부위(해발 2천5백m)에는 커다란 풀장이 등장했다. 물속에는 동이 터 오는 하늘이 담겨 있었다.

펀치볼 지도.

응고롱고로 지도.

탄자니아 응고롱고로 분지의 수영장 위로 여명이 밝아 오고 있다.

이 풀장은 가칠봉 정상에 만들어져 있던 야외 수영장을 떠올리게 했다. 가칠봉 야외 수영장은 이제 거의 사용하지 않지만 이곳의 풀장은 관광객들을 끌어들이는 원천이다. 풀장에는 편하게 누워 분화구를 바라볼 수 있는 수영장 의자가 배치돼 있었다.

소파 롯지는 한반도 비무장지대로 치면 가칠봉 OP에 해당됐다. 롯지의 식당은 세계 각국의 관광객들이 저녁에 전통춤과 음악, 캠프파이어를 구경하는 곳이었다. 우리도 통일되면 가칠봉 OP를 이렇게 활용할 수 있을까. 내 안에서 부푼 꿈이 꿈틀거렸다. 그리고 내가 오른 길을 가칠봉의 순찰로와 비교해 봤다. 자연에 순응해 지은 롯지는 우리의 군부대 숙소와 비슷했다. 돌로 쌓은 낮은 담은 철책선이 쳐져 있는 우리의 휴전선과 겹쳐졌다.

응고롱고로 분화구는 한국의 펀치볼을 그대로 빼닮은 듯했다. 공교롭게도 응고롱고로의 별칭은 스톤볼(Stone Bowl)이고 한국의 해안분지는 펀치볼(Punch Bowl)이 아닌가. 극동 아시아와 동아프리카로 각각 떨어져 있지만 무엇인가 비숫한 점이 있다는 느낌이 들었다.

응고롱고로 분화구를 스톤볼이라고 불렀던 사람들은 식민지시대 독일인과 영국인이었다. 한국의 펀치볼은 일제강점기 이후 6·25전쟁을 거치면서 미군들이 이름을 지었다. 스톤볼과 펀치볼은 식민지 경쟁을 벌이던 20세기에 독일과 일본의 지배를 거치고 이를 각각 이어받은 영국과 미군의 통치를 받았다.

안개가 사라진 뒤 응고롱고로 분지로 내려가는 사파리 여행이 시작됐다. 사파리 차량은 출입문 앞에 잠시 멈췄다가 분지로 뻗어 있는 길을 따라 내려갔다. 그곳은 '우산나무'가 터널을 이뤘다. 우산나무 숲을 통과하면서 초원이 펼쳐졌다. 누 떼와 얼룩말들은 구릉에 모여 풀을 뜯고 있었다. 졸졸졸 흐르는 샘물에 목을 축이기 위해 모여드는 무리도 있었다. 누 떼는 인간의 출현에 관심을 두지 않고 한가롭게 계속 풀을 뜯었다. 어떤 야생동물의 무리는 사파리 차량 앞으로 가로질러 갔다. 차량은 동물이 지나갈 때까지 기다리는 수밖에 없다.

사파리 차량이 지나가는 길은 포장하지 않은 자연 그대로였다. 사파리 차량은 빗물이 고인 곳에서는 속도를 잠시 줄였다. 그리고 사자·얼룩말과 같은 야생동물이 모여 있는 초원으로 관광객을 안내했다.

분화구 가운데 자리 잡은 마가디 호수에는 수많은 새들이 모여 있었다. 주변에 수원이 많지 않아 새들에게는 이곳이 매우 중요했다. 사파리 차량들이 잠시 쉬는 아카시아 숲에는 이런 안내문이 있었다. '야생동물에게 먹이를 주지 마세요!(Don't feed animals!)' 야생동물의 천국에서 먹이를 주지 않은 것이 순간 궁금해졌다. 한국의 비무장지대에서 군인들이 먹고 남은 음식물을 멧돼지들에게 주는 풍경에 너무 길들여진 탓이었다.

다시 언덕길을 올라와 내려다본 분지에는 새들이 모여 있던 호수가 빛나고 있었다. 한반도의 펀치볼로 치면 을지전망대 정도 되는 지점이었다. 응고롱고로 분지에서는 세렝게티 국립공원으로 계속 갈 수 있었지만 을지전망대 앞은 왕래할 수 없는 비무장지대이다.

5. 응고롱고로 분화구는 어떤 곳

6백만 년 전 아프리카의 탄자니아 북부지방을 포함해 전세계적으로 지진과 화산폭발이 일어났다. 이때 응고롱고로 분화구가 형성됐으며 4백만 년 이후에는 지각 변동으로 분화구가 내려앉으면서 칼데라 호수를 만들었다. 응고롱고로는 현재 분화구로 불리고 있지만 사실 세계에서 가장 큰 칼데라다.

탄자니아 아루샤 지역에 위치한 응고롱고로 분화구는 직경이 16-19킬로미터, 테두리의 높이는 해발 2,280미터에서 2,440미터 사이다. 분화구는 테두리 안으로 6백 미터 정도 내려앉았으며 면적은 264평방킬로미터다.

이곳에 사람이 살기 시작한 것은 3백만 년 전이지만 2백만 년에서 2백5십만 년 사이로 추정되는 선사시대 유물이 응고롱고로 분화구에서 48킬로미터 떨어진 올두바이 계곡에서 발견됐다. 인근의 레이톨리에서는 3백만 년에서 3백5십만 년까지 거슬러올라가는 유물이 발견됐다.

응고롱고로 분화구를 처음 본 백인 탐험가는 19세기의 독일인 오스카 바우만 박사였다. 바우만 박사는 1892년 3월 18일 광활한 이 평원에 도착, 마치 돌그릇처럼 생긴 분화구 가운데로 들어왔다. 응고롱고로 분화구는 각종 야생동물들이 살고 있었으며, 서쪽으로는 작은 호수가 있었디. 밤에 마사이족 전사들이 가축을 훔칠 의도였는지 그의 캠프 주변을 어슬렁거렸으나 하마나 누 떼는 사람을 두려워하지 않았다. 마사이족의 환대를 받은 바우만 박사 일행은 3월 21일 응고롱고로 분화구를 가로질러 갔다. 그들은 호수 근처의 상쾌한 아카시아 숲에서 잠시 멈췄다. 이곳은 오늘날에도 사파리 관광객들의 단골 쉼터다.

바우만 박사가 응고롱고로 분화구를 탐험한 지 얼마 안 돼 독일은 이곳을 동

탄자니아 응고롱고로 분지는 야생동물을 위해 자동차가 다니는 도로를 포장하지 않았다.

아프리카 식민지로 선언했다. 그리고 제1차 세계대전 뒤에는 영국의 신탁통치를 받게 됐다. 영국은 1961년 이곳을 탕가니카(Tanganyika)라는 명칭으로 통치했으며, 1964년 잔지바르가 병합돼 오늘의 탄자니아가 탄생한다.

응고롱고로 분화구는 19세기 말부터 몇 명의 개척자들에 의해 점령되는 운명을 맞았다. 그 가운데 탐험가이자 농부 그리고 사냥꾼인 독일인 아돌프 지덴토프(Adolf Siedentopf)는 193센티미터의 키에 우람한 체격의 소유자였다.

그는 1872년 독일 농부의 장남으로 태어났다. 조용하고 과묵했던 그의 어릴 적 꿈은 아프리카 땅을 개척하는 것이었다. 그는 학교를 그만두자마자 베를린 동양어연구소에서 동아프리카 공식어인 스와힐리어를 배우기 시작했다. 1898년 아버지가 죽고 농장을 이어받았지만 그는 자유로운 삶을 갈망했고, 독일의 농장은 그의 꿈을 이루기에는 너무 좁았다.

아돌프는 그의 꿈을 실현하기 위해 농장을 형제에게 넘기고 1898년 배를 타고 독일의 새로운 식민지인 탄가항에 내렸다. 그는 생물연구소에서 잠깐 근무했지만 미지의 땅을 밟고 싶은 꿈에 일이 손에 잡히지 않았다. 마침내 1904년 아돌프와 동생 프레드릭은 응고롱고로 분화구에서 농장을 시작했다.

응고롱고로 분화구에서 아돌프가 농장을 시작한 까닭은 무엇일까. 아돌프는 땅과 밀접한 농부의 후손이었다. 대자연의 파노라마에서 그는 농부의 눈으로 분화구의 쓰임을 생각했던 모양이다. 광활한 목초지와 마르지 않는 물, 분화구 중앙의 마가디 염호는 가축을 기르기에 좋았다. 그리고 분화구 바닥(해발 1,740m)과 이를 둘러싸고 있는 테두리(해발 2,280m)는 선선해 사람이 생활하는 데도 적합했다. 동쪽의 산들은 계절마다 풍부한 비를 내려 주었고, 다른 지역보다 선선해 가축들이 질병에 걸리지 않았다. 그리고 분화구 바닥은 가축에게 전염병을 옮기는 체체파리가 없었다. 문제는 이곳에 사는 마사이족과 사자였다.

형제는 분화구 끝자락에 천막으로 베이스캠프를 쳤다. 나중에 형제는 이곳에 독일식 농장을 지었다. 지붕은 풀로 덮었고 입구는 아라비아 스타일이었다. 집 둘레에는 마사이족과 사자로부터 가축을 보호하기 위해 말뚝을 박고 울타리를 둘러쳤다. 마사이족은 형제가 그들의 영역을 침범했다며 가축을 훔쳐가기 위해 공격해 왔다. 가축을 키우기에는 괜찮은 기후였지만 이곳의 가축과 교배시키기 위해 독일에서 수입한 양이나 염소는 면역력이 약해 숨지곤 했다.

1907년까지 아돌프는 토지에 대한 권리가 없는 상태에서 농사를 짓고 있었다. 아돌프는 그가 어디에서 무엇을 하고 있는지 당국에 통보하고 부동산에 대한 권리증서를 요청했다. 동생 프레드릭도 3만 헥타르에 해당하는 토지에 대한 점유권을 요구했다. 형제의 요구는 거절당했다. 하지만 그해 8월 아루샤 당국에서 토지 권리를 줘야 하는지 판단하기 위해 응고롱고로 분화구를 방문했고, 독일 토지위원회는 형제가 개발해 놓은 땅을 보고 임대차 기간을 25년으로 설정했다. 임대차 권리를 획득하자 아돌프는 토종 가축을 개량하기 위해 황소를 수입하고 가축의 먹이로 밀과 옥수수·보리·클로버를 심었다. 그는 물소나 누의 혀를 독일에 수출하기 위해 통조림 공장을 만들었다.

독일 정부는 뒤늦게 응고롱고로 분화구가 야생동물 보호구역과 관광지로서의 가능성이 있다는 사실을 깨닫기 시작했다. 독일 정부는 아돌프에게 점유권을 인정해 준 것이 실수라는 것을 알게 됐다. 아프리카에서 이곳처럼 야생동물들이 밀집해 사는 곳은 없었고, 분화구 테두리는 천혜의 경계 역할을 하고 있었다. 무엇보다 야생동물을 보전하는 문제와 농장을 개발하는 행위는 병행하기 어려웠다.

제1차 세계대전이 터지자 프레드릭은 가축을 형에게 맡기고 독일군에 입대했고, 영국군과 독일군이 싸우는 전쟁터에서 멀리 떨어져 있던 아돌프는 계속 농장을 운영하면서 가축과 통조림 고기를 독일군에 납품했다. 그러다 그는 영국군에 체포돼 1920년까지 인도에서 억류 생활을 했다. 독일로 돌아온 아돌프는 응고롱고로 분화구에서 결혼했다 헤어진 부인 폴라와 함부르크에서 재결합해 생활했다. 하지만 자유를 갈망했던 그는 도시의 빌딩 숲에서 숨이 막혔다. 아돌프는 함부르크에서 농사를 시도했으나 실패했고 자신이 개척한 응고롱고로 분화구에 대한 보상금으로 1백만 마르크를 독일 정부에 요구했으나 받아 내는 데 실패했다.

아돌프는 결국 농장을 팔고 1925년 미국으로 이민을 갔다. 몬태나 주에 있는 사촌의 농장에 들어갔으나 추운 기후에 적응하기 힘들었다. 아돌프는 따뜻한

응고롱고로 분지는 새들의 천국이기도 하다.

앨라배마 주의 농장을 구입했지만 60살이 되던 1932년 사망했다. 사망 원인은 뇌출혈이었지만 절망감이 한몫을 했을 것이다.

동생 프레드릭은 제1차 세계대전 중에 포로가 돼 독일로 송환됐다. 1921년 아내와 탕가니카로 돌아와 응고롱고로 분화구에 있던 옛 농장의 점유권을 얻어내려 했으나 거절당했다. 그는 응고롱고로 분화구와 가까이 있는 토지를 얻을 수 있었으나 1931년 비행기 추락사고로 인한 후유증으로 숨졌다. 그의 죽음으로 응고롱고로 분화구에서 가장 화려했던 형제의 이야기는 막을 내린다.

제1차 세계대전 이후 국제연맹은 탕가니카를 영국 정부의 신탁통치 지역으로 선포했다. 독일 정부가 소유했던 모든 자산은 새 정부의 적산 관리인에게 넘어갔다. 이들은 적산을 경매로 처분하거나 퇴역군인들에게 나눠 주었다. 영국 정부는 과거 독일 정부가 응고롱고로 분화구를 사냥 금지구역으로 만들기 위해 형제를 쫓아내려고 시도했던 노력들을 자료에서 확인할 수 있었다. 영국 정부는 응고롱고로 분화구를 국립공원으로 만들 수 있는 절호의 기회를 맞았지만 즉각 실천하지는 못했다. 이에 따라 응고롱고로 분화구의 운명을 둘러싸고 다시 긴 논란이 이어졌다. 당시 사파리 여행을 온 영국인들은 암사자까지 사살하는 학살 수준의 사냥을 즐겼다. 영국의 부자(富者)인 찰스 로스 경은 응고롱고로 분화구의 광대함과 야생동물의 다양성을 보고 관광지로서의 가능성을 알아봤다. 그는 1922년 아돌프가 소유했던 농장 6천5백 헥타르를 고작 4천7백 파운드에 임대받았다. 로스 경은 응고롱고로 분화구 전체를 구입하고 싶었다. 당시 영국 정부가 분화구의 토지를 임대하겠다고 공고했으니 그가 원했다면 전부 차지할 수도 있었다. 그는 작물이 자랄 수 있는지 시험해 보겠다고 목적을 밝혔지만 작물을 심은 적은 한 번도 없었다. 사파리 여행을 하며 많은 동물들을 사살한 것으로 미뤄 개인 사냥터로 운영하고 싶었던 것 같다.

영국 정부도 아돌프의 옛 농장을 로스 경에게 넘긴 것에 대해 후회하면서 더 이상 토지를 분배하지는 않았다. 영국 정부는 응고롱고로 분화구를 야생동물을 사냥할 수 없는 국립공원으로 만드는 것이 이상적이라는 것을 알게 됐다. 로스 경은 응고롱고로 분화구 전체에 대한 종신 소유권을 얻기 위해 케냐에 있는 대리인을 통해 탕가니카 주지사에게 항의했다. 독일 정부가 아돌프와 맺은 계약 기간이 25년이었던 점에 비해 이 계약서에는 계약 만료기간이 명시돼 있지 않아 당사자가 3개월 이전에 통보하면 해지가 가능했다.

1927년 아름다운 응고롱고로 분화구를 미국의 옐로스톤처럼 야생동물 보호 구역으로 설정, 아프리카의 옛 모습을 간직하자는 보고서가 나왔다. 영국 정부의 움직임은 빨라졌다. 수렵구 관리관의 제안은 다음 해 법률로 제정됐다. 1963년 탕가니카 정부는 자유 보유권(freehold title)을 모두 철회하는 법률을 통과시켰다. 전세계의 야생동물 보호단체들은 응고롱고로 분화구를 국립공원으로 선포해 야생동물들을 보호하라고 압력을 넣기 시작했다. 영국 정부는 1940년이 되어서야 임대계약을 해지하고 농장을 왕실 소유로 만들었다. 1907년 독일 정부의 실수를 이어받은 영국 정부가 야생동물 보호구역으로 기초를 만드는 데 33년이 걸린 셈이다.

영국 정부는 마사이족과 야생동물 모두에게 공평한 협상을 이끌어 내려고 노력했다. 그러기 위해서는 응고롱고로 분화구의 기후와 식생·토양에 대한 정확한 연구가 필요했다. 이때까지 응고롱고로 분화구를 방문한 사람들이 추정하는 야생동물의 숫자는 한국의 DMZ처럼 과장돼 있어 조사한 사람마다 천차만별이었다. 야생동물 보호론자인 프랑크푸르크 동물원의 베른하르트 그르지멕 박사와 아들 마이클이 자비로 프로젝트를 수행하기에는 더없이 좋은 기회였다.

그르지멕 부자(父子)는 독일에서 경비행기 한 대를 구입해 1958년 탕가니카로 날아갔다. 그들이 항공기를 이용해 조사한 결과 응고롱고로 분화구에 서식하는 야생동물의 숫자는 누 5,360마리, 얼룩말 1,767마리, 가젤 1,130마리, 큰 영양 112마리, 코뿔소 19마리, 코끼리 46마리 등 8천5백여 마리로 나타났다. 조사가 끝나 갈 무렵인 1959년 1월 10일 그의 아들 마이클이 비행기 사고로 숨졌다. 그르지멕 박사와 마이클은 그들이 사랑했던 응고롱고로 분화구를 바라보는 언덕에 묻혔다. 최근의 조사결과 응고롱고로 분화구에는 2만–2만 5천 마리의 야생동물들이 서식하는 것으로 나타났다.

점차 응고롱고로 분화구는 아프리카 어떤 곳보다 다양한 동물과 새들이 사

응고롱고로 분지에서 목가적으로 풀을 뜯는 얼룩말의 모습은 그 자체가 평화다.

는 야생동물의 천국으로 변해 갔다. 1960년 이전까지 발견되지 않았던 들소가 급격히 늘어나 숫자를 조절해야 하는 처지에 이르렀다. 1980년대까지는 밀렵으로 숫자가 많이 줄었지만 코끼리가 계속 증가해 주변의 농가를 침입하는 일이 발생했다.

야생동물과 인근 농부들 사이의 전쟁은 아직도 계속되고 있다. 코끼리와 들소는 눈 깜짝할 사이에 옥수수와 밀·콩을 황폐시키고 있다. 이런 경우에는 관계 당국이 농부와 농작물을 보호하기 위해 사살을 하기도 한다. 반면 코뿔소의 숫자는 크게 줄어들었다. 밀렵꾼뿐만 아니라 마사이족이 용맹을 과시하기 위해 가끔 코뿔소를 죽였기 때문이다. 밀렵이 적발될 경우 정당방위 차원이라고 항변하곤 했다. 남아 있는 코뿔소는 20마리 미만으로 추정된다.

응고롱고로 분화구는 마사이족과 야생동물의 공존을 선택했다. 진정한 야생동물들의 보호 지역으로 만들기 위해서는 사람을 배제하자는 전문가들의 의견도 있었지만 최우선 관심사는 먼저 주민인 마사이족이었고, 야생동물은 그 다음이었다. 그 결과 대자연을 이동하는 야생동물과 마사이족의 가축들이 분화구를 서로 공유할 수 있었다.

갈등을 빚기 마련인 인간과 야생동물 사이의 이해관계에서 균형점을 찾기는 좀처럼 쉽지 않다. 하지만 응고롱고로 보호구역은 아프리카에서 처음으로 인간과 자연의 공존을 이루었다. 이제는 야생동물과 원주민 사이의 조화, 천연자원을 보호하면서도 관광산업을 발전시키는 모델이 돼 탄자니아에서 가장 관광객들이 많이 찾는 곳의 하나가 됐다. 이곳은 유네스코가 인정하는 세계문화유산(world heritage site)으로도 지정됐다. 흔히 야생동물의 천국으로 탄자니아의 세렝게티 국립공원을 꼽지만 그곳은 너무 광활해서 짧은 시간에 다양한 동물을 만날 수 없다.

응고롱고로 분화구에서는 밀렵으로 코뿔소가 멸종되는 것을 막기 위해 감시초소와 장비를 확대했으며, 다른 지역의 코뿔소를 도입하거나 인공 수정시키는 방안이 추진되고 있다. 응고롱고로 분화구에 사는 사자들의 유전적인 다양성이 부족해지는 문제점도 발견됐다. 그렇지만 가장 중요한 관심사는 마사이족의 가축 숫자를 유지하는 정책이다. 마사이족은 가축으로부터 우유와 피·고기를 얻기 때문에 가축과 뗄 수 없는 관계다.

당국은 마사이족이 인근의 주민들처럼 농사를 짓는 것보다 초원 생활을 하도록 하는 것이 이익이라는 것을 알고 있다. 만일 마사이족이 농사를 짓기 위해 불법으로 농토를 개간하게 되면 야생동물과 충돌할 것이 뻔하기 때문이다. 따라서 1975년부터 응고롱고로 보호구역 내에서 경작 행위를 금지했다. 환경보호론자도 경작 행위가 보호구역 안으로 번질 경우 생태계를 위협할 것으로 보고 있다. 응고롱고로 보호구역에서 작물을 심을 경우 코뿔소나 코끼리의 공격 대상이 되거나 동물과 경작자 사이의 충돌이 불가피해진다. 모든 조치를 취해도 동물을 쫓아내기 어려울 경우 야생동물을 사살할 수밖에 없다.

응고롱고로 보호구역과 인접한 세렝게티 국립공원이 당면한 문제는 야생동물 프로젝트를 추진하는 지구촌 각국의 사정과 비슷하다. 야생동물은 인간과 경쟁할 수밖에 없지만 이곳에서는 마사이족이 생활하는 데 필요한 식량과 물 등을 얻을 수 있도록 하는 것이 우선이다. 총을 든 백인들이 침입하기 이전까지 마사이족은 활과 창으로 필요한 고기를 얻었고 이를 대체할 야생동물들은 주변에 많았다. 하지만 백인들이 밀려오면서 모든 게 변했다. 새로 닦은 길과 자동차는 현대 무기로 무장한 밀렵꾼을 불러들여 특정 야생동물의 멸종을 가져왔다. 당국은 밀렵을 효과적으로 막기 위해 보호구역 밖에서는 숫자가 많은 야생동물들을 솎아 내는 방안을 찾고 있다.

비무장지대 부근에서 멧돼지 피해가 급증하고 있다. 무엇보다 현지 주민들을 무시하거나 배제하고 오로지 야생동물만 숭배하는 환경보호정책은 인간과 야생동물이 공존하는 방안을 제시한 응고롱고로 분화구의 지혜를 배울 때가 됐다. 그곳은 3백만 년 전부터 동물과 인간이 공존해 온 땅이었다.

6. 펀치볼은 어떤 곳

1.

신의 손길이 닿았을까. 중동부전선 비무장지대 인근에는 초대형 원형 경기장 같은 분지가 숨어 있다. 양구군 해안면 해안분지는 펀치볼로 더 잘 알려져 있다. 신이 주먹으로 내리쳐 탄생했을 것 같은 해안분지의 이름이 펀치볼이 된 것은 6·25전쟁 때였다. 당시 전투기는 해안분지 주변의 고지에 포탄을 퍼부어 초토화시켰다. 전투에 참가했던 미군의 눈에 이 땅이 화채 그릇처럼 보여 펀치볼이라는 별칭이 탄생했다.

지질학자들에 따르면 해안분지는 화강암의 풍화작용과 침식작용으로 만들어졌다. 펀치볼의 규모는 남북 11.95킬로미터, 동서 6.6킬로미터이다. 펀치볼의 바닥은 해발 4백~5백 미터이지만 분지를 돌아가는 테두리는 해발 1천 미터 내외이다. 가칠봉(1,242m)과 대우산(1,179m)·도솔산(1,148m)·대암산(1,304m)의 고지에서는 전쟁 중 치열한 전투가 벌어져 많은 생명이 사라졌다.

펀치볼에는 선사시대부터 사람이 살았다. 21세기에도 오지의 하나인 해안면 분지에 사람들이 오래전부터 살았다고 하면 의아할지도 모르지만 선사인들은 북한강 최상류의 내륙인 이곳에 유적을 남겼다. 해안분지에 떨어진 빗물은 분지의 동쪽 끝의 틈새인 당물골을 지나 소양강으로 흘러 들어갔고, 소양강은 북한강과 합류했다. 거대한 댐과 군사시설물이 들어서 물이 흐름을 방해하는 요즘에는 상상하기 힘들지만 강 주변에 모여 살던 선사인들은 북한강을 따라 이곳까지 올라왔다. 그들은 해안분지에 토기와 석기·철기시대 유적을 남겼다. 현대에 들어 인간은 이 아름다운 땅에 지뢰라는 잔인한 전쟁유물을 남겼다.

펀치볼 분지의 야경. 흰 눈이 쌓인 바닥은 6·25전쟁 이후 정착민들이 개간한 지역이다.

펀치볼은 한반도 근현대사를 온몸으로 겪었다. 제2차 세계대전의 전범 가운데 하나인 일본이 1945년 8월 15일 항복하고 물러가자 북한의 통치를 받게 됐다. 6·25전쟁이 멈춘 뒤에는 다시 남한의 통치하에 들어갔고, 국군 6사단의 트럭을 타고 온 피난민들이 이 땅에 도착했다. 북한 통치 시절에 땅을 갖고 있던 사람들은 대개 이북으로 가거나 생사를 알 수 없었다. 정착민들은 폭발물 사고를 감수하면서 야전삽과 곡괭이로 땅을 개간하기 시작했다.

그런데 최근 펀치볼에서는 토지 분쟁이 일어났다. 주민들이 개척한 지 30여 년이 지나자 원소유자들이 등장해 땅을 되돌려줄 것을 요구하는 사태가 벌어졌다. 정부도 1997년 '귀농선 북방지역에 관한 임시조치법'이라는 특별법을 제정해 주민들이 개간한 농지를 정부 소유로 귀속시켜 재산권 행사를 할 수 없게 만들었다.

여기에다 홍수 때마다 산비탈을 개간해 만든 농경지가 빗물에 씻겨 내려가 객토와 수질오염 문제도 발생했다. 펀치볼 주민들은 농사철을 앞둔 이른 봄부터 시름에 잠긴다. 농사를 짓기 위해 밭고랑을 훑고 지나간 물길부터 메워야 하는데 어디서부터 손을 대야 할지, 객토 비용은 어떻게 마련해야 할지 난감하기 때문이다.

개간이 황무지뿐만 아니라 나무가 들어서 있던 숲에까지 확대되면서 산기슭의 농경지는 장마철에 흙탕물이 지나갈 때마다 곳곳에 무릎 이상 빠지는 고랑이 만들어지는 악순환이 반복되고 있다. 애써 가꾼 농작물을 장마철에는 토양의 유실 때문에 망치고 다시 봄철에는 빗물에 패인다. 밭에 수백 대 분량의 흙을 실어다 메우는 객토 작업을 실시해야 그나마 농사를 지을 수 있다.

마을의 농경지에는 수백 개의 흙무덤이 봄철마다 탄생한다. 그러나 갈수록 농산물 가격이 폭락하는 현실에 이마저도 점점 큰 부담이 되고 있다. 특히 최근에는 밭고랑을 파헤치며 지나간 흙탕물이 하류의 인북천을 통해 소양강댐으로 유입돼 수질 오염을 가져온다는 눈총까지 받고 있다. 주민들도 산기슭까지 개간하면서 '녹색 댐'인 산림이 사라진 데다 중장비를 도입해 큰 나무들까지 제거한 것이 걷잡을 수 없는 토양 유실의 원인이라는 심각성을 느끼기 시작했다. 펀치볼의 산기슭은 높은 지대에서 내려다보면 대부분 붉은 바닥을 드러내고 있다. 이른 봄부터 깊게 패인 물길을 메우기 위해 객토사업이 벌어지면서 또 하나의 작은 야산이 사라진다.

주민들은 펀치볼 산기슭에서 발생하는 토양 유실을 근본적으로 막을 수 있는 대책을 바라고 있다. 한 주민은 "작년 봄에 한 트럭에 3만 원씩 주고 3백 대 분량의 흙을 객토했지만 다시 장마철에 모두 패여 나갔다"면서 "올해도 트럭으로 흙을 실어다 부어야 하지만 또 장마철에 사라질 것이 뻔하다"라고 하소연했다.

2.

"처음에는 열불이 났어. 그런데 이제는 눈물이 나."

얼음 밑 물속으로 들어갔다 나온 신광섭 인제다이빙동호회 대표는 가슴이 아팠다. 그는 중동부전선 최전방 지역에서 취미로 다이빙을 하는 사람이다.

"물속을 훑어보니 바위틈마다 물고기들이 다 죽어 있어!"

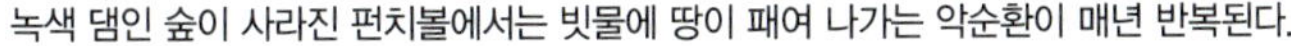

녹색 댐인 숲이 사라진 펀치볼에서는 빗물에 땅이 패여 나가는 악순환이 매년 반복된다.

신씨는 인북천 물고기들이 떼죽음을 당한 사실을 처음으로 발견했다. 그는 날이 밝자마자 다이빙 동호회원들과 물속에서 죽어 있는 물고기들을 직접 확인하러 들어갔다.

"죽은 물고기들이 무덤을 이뤘어. 아니 산을 이뤘다는 편이 더 적절해. 죽은 다슬기도 구석에 쌓여 있어. 물속에 살아 있는 게 아무것도 없어. 대체 누가 이런 짓을 했는지, 책임질 수 있을지 모르겠어."

얼음 속에는 1급수에 사는 어름치와 쏘가리·퉁가리 수백 마리가 죽어 있었다. 물고기 떼죽음 사태는 2006년 3월 인제군 서화면 인북천에서 일어났다. 인북천은 해안면 펀치볼에서 내려오는 해안천이 합류하는 하천이었다. 최전방 오지여서 주변에는 공장 같은 시설이 하나도 없었다.

산골 주민들은 얼음장 아래서 물고기들이 집단 폐사한 것이 확인되자 걱정스러운 표정으로 강가로 모여들었다. 물이 고인 여울은 모두 물고기들의 무덤이었다. 30-40킬로미터에 이르는 인북천에서는 살아 있는 생명을 하나도 발견할 수 없었다.

"이곳이 어느 정도로 깨끗했는지 주민들은 다 알아요. 물이 먹고 싶으면 강물을 그냥 떠서 먹어도 됐으니까요. 맑은 물에 사는 물고기는 다 모여 있었다고 보면 돼요."

"일차로 죽은 물고기들을 그물이라도 쳐서 수거해야겠어요. 죽은 물고기에서 곰팡이가 피어나고 있어요. 머지않아 해빙기가 되면

청정지역 DMZ 인근에서 의문의 떼죽음을 당한 1급수 어종들.

얼음이 녹으면서 모두 떠내려갈 텐데."

다이빙 동호회원들이 걷어 낸 물고기들 본 주민들은 행정당국을 질타하기 시작했다.

"탁상행정, 이게 문제예요. 앉아서 보고를 받고 파악할 게 아니라 직접 나와서 현장을 확인해야 하지 않겠어요."

"그럼요. 떼죽음 당한 물고기들이 썩으면 소양강댐으로 들어가 결국 서울 시민들이 먹는 줄도 모르고…."

"쏘가리가 저 정도 크기 위해서는 앞으로 몇 년이 걸릴지 몰라요."

그 다음 날 인제읍 합강정 부근에서도 죽은 물고기들이 계속 발견됐다. 우리나라 고유어종들이 50퍼센트 이상 차지하는 인북천에서 물고기들이 죽은 것은 미스터리였다.

군당국은 인북천 상류인 비무장지대 주변에서는 죽은 물고기가 발견되지 않았다고 밝혔다. 행정당국은 뒤늦게 물고기 박사들을 대거 투입해 원인조사에 들어간다고 말했으나 누구 하나 시원하게 원인을 밝혀내지 못했다.

"독극물과 연관이 있나요?"

"죽은 물고기를 수거해 조사를 해봤지만 독극물을 찾지는 못했어요. 독극물이 피해를 줬다고 해도 시간이 오래 지나면 찾아내기 힘들지 않겠어요."

물고기나 생태계의 어려운 용어들을 꿰고 있는 이들이 토해 내는 답변은 뻔한 것이었다. 주민들은 물고기가 죽게 된 원인을 기대한 것이지, 시간이 오래돼 찾기 어렵다는 변명을 듣기 원했던 것이 아니었다.

물고기 박사들은 '윈터킬(winter-kill)'이라는 조금 더 어려운 용어를 끄집어냈다. 독극물이 아니라면 일음이 얼면서 물속에 순간적으로 산소가 결핍되는 현상이 일어나서 물고기가 죽을 수 있다는 학자다운 견해였다.

"그럼 다른 청정지역에서도 윈터킬로 물고기들이 죽은 사례가 있나요?"

"…."

다른 연구팀은 산소과다로 물고기들이 집단으로 죽었을 가능성이 있다는 상반된 의견을 내놓았다. 펀치볼 아래의 인북천에서 어름치와 같은 고유어종들이 떼죽음을 당한 미스터리는 끝내 밝혀지지 않았다.

응고롱고로 분화구와 지형이 비슷한 한반도 펀치볼 분지는 다시 살아날 길을 찾고 있다. 사냥터와 농경지로 전락할 뻔한 응고롱고로 분화구를 살려 내는 데 40년이 걸렸듯이 지뢰밭을 개간한 지 40년이 지난 펀치볼은 환경오염원이라는 오명을 벗고 사람과 자연이 공존하는 시대를 기다리고 있다.

6·25전쟁으로 황폐됐던 펀치볼 분지의 미래는 이제 이 땅을 개척해 이용해 왔던 농민들과 정부 당국, 지방자치단체의 지혜와 안목에 달려 있다. 스톤볼(탄자니아 응고롱고로 분화구)이 세계적인 야생동물의 천국으로 되살아났듯이 펀치볼(대한민국 해안면 분지)도 비무장지대의 매력적인 보석으로 회복될 수 있는 길이 분명 어딘가에 숨어 있을 것이다.

7. DMZ는 가장 평화를 원하는 곳

"이러한 일이 없는 세상이 하루빨리 왔으면….''

중동부전선의 평화의 댐에서 노교수는 말끝을 흐렸다. 그는 일본 도쿄에 있는 조선대 정종렬 교수였다. 남북 분단으로 탄생한 비무장지대 앞에서 그는 한 발자국도 더 들어갈 수 없었다. 세계 각국에서 온 학자들과 관광객들은 당국의 사전허가를 받고 비무장지대에 들어갈 수 있었지만 그 혼자만 비무장지대 행렬에서 쓸쓸하 게 발걸음을 돌려야 했다. 모든 사람이 다 갈 수 있는 길을 혼자만 가지 못하는 것은 슬픔이다. 그는 쓸쓸한 웃음을 지으면서 작별을 고했다.

정 교수는 북한 국적이었다. 승자도, 패자도 없는 3년간의 전쟁이 130만 명이 넘는 희생자를 남기고 남과 북으로 갈라서 산 지 반세기가 넘었지만, 북한 국적을 가진 사람이 비무장지대 남측 지역에 발을 들여놓은 적은 한 번도 없었다.

"조금만 더 올라가면 북한강 비무장지대인데 오늘은 가기 힘들 것 같네요."

"역시 긴장이 아직 남아 있다는 겁니다. 그러니까 쌍방이 완전히 통일될 때까지 우리가 끈질기게 일을 해 나가야 하지요. 저도 사실 군사분계선에 들어가고 싶지만 이것이 어렵다는데 어쩌겠습니까. 앞으로 이러한 일이 없는 세상이 하루빨리 왔으면 좋겠어요."

그만 제외시키는 것 같아 미안했다. 노 교수는 아내와 함께 참으로 오기 힘든 먼 길을 왔으나 보이지 않는 높은 벽 앞에서 분단 조국의 현실을 뼈저리게 느꼈다.

이날 아침 정 교수는 파로호 구만리 선착장에서 비무장지대로 향하는 배에 몸을 실었다. 국제수달총회에 참석한 전세계의 학자들이 비무장지대 답사에 나선 자리였다. 엄격히 말해 파로호는 비무장지대는 아니지만 전쟁과 밀접한 관련이 있다. 일제강점기부터 화천댐은 수력 발전을 해 왔다. 6·25전쟁 때 이 화천 발전소를 차지하기 위한 치열한 전투가 벌어졌다. 전투에서 승리하자 이승만 대통령은 중공군을 수장시켰다는 의미로 이 호수를 파로호라고 명명했다.

배는 산골 호숫가를 따라 띄엄띄엄 떨어져 마을이 형성된 몇 곳을 지났다. 화전민의 후예들이 사는 마을에는 미루나무 한 그루가 외롭게 마을을 지키고 있었다. 그리고 물길이 갑자기 끊어졌다. 평화의 댐이 마치 산처럼 앞길을 가로막고 있었다. 공무원들이 카페리 근처 산속에서 장마 때 떠밀려 와 나뒹구는 나무 토막을 부지런히 걷어 내고 있었다.

카페리에서 내린 승객들은 점심식사를 한 뒤 비무장지대로 들어갈 예정이었다. 안내자는 민간인 출입통제선 앞에서 이렇게 비무장지대를 소개했다.

"이곳이 민통선 지역입니다. 여기를 거쳐 DMZ로 들어가야 합니다. 비무장

파로호를 거슬러오르는 카페리.

지대는 아무나 들어갈 수 없는 아주 제한된 지역입니다. 그리고 비무장지대는 남북이 전쟁을 했던 완충지대입니다."

정 교수의 화천 방문은 관심사였다. 그가 비무장지대 답사에 참가할 수 있는지 여부 때문이다. 남북한 화해교류를 추진하고 있는 정부가 북한 국적의 재일교포가 비무장지대에 접근하는 것을 허락할 수 있을까. 그를 붙잡고 최전방 지역까지 온 소감을 묻지 않을 수 없었다.

"이북에서 개성의 군사분계선까지 왔던 적이 있는데 이번에는 남쪽에서 들어오게 됐습니다. 도로 옆으로 지나가는 땅크(탱크)와 군대를 보면서 정세가 많이 좋아졌지만 '아직 긴장하고 있구나!' 하는 점을 느꼈습니다. 여기가 특별한 장소라는 느낌이었죠."

"특별하다니요?"

"역시 군사분계선이 가깝다는 것, 그러나 그런 장소인 만큼 가장 평화를 원하고 있는 장소라는 것도 느꼈습니다. 무엇보다 기쁜 것은 수뇌자(정상) 분들이 만나신 직후에 오게 됐다는 것 때문에 여기 들어오면서 눈물이 나올 것 같은 심정이었습니다."

"이번 행사 중에 비무장지대 답사가 예정돼 있던데요?"

"잘 모르겠습니다. 아직 허가가 안 나온 것 같아요. 여기까지 오는 데도 아주 힘들었습니다. 한국에 들어오기 위해서는 여러 군데서 보낸 초대장이 있어야 합니다. 조선(북한) 국적으로 오는 게 힘들거든요. 이번에는 초청으로 오게 돼 어떻게 영사관을 통과했습니다. 들어오기 전에 여권번호를 보내라고 했는데 우리는 여권이 없기 때문에 영사관에 신청해서 임시 여권을 받아야 했지요. 임시 여권이 10월 4일 나왔어요. 한국으로부터 초대장을 받는 데 시간이 걸리고 그 다음에 신청해 2주일 걸려 임시 여권이 나왔으니 어려운 길이었습니다."

북한 국적인 그로서는 한국에 입국하는 것 자체가 힘든 일이다. 비행기로 두 시간이면 도착할 수 있는 거리지만 남북 분단 상황 때문에 머나먼 길이다.

정 교수가 중동부전선 최전방 지역에 온 것은 국제수달총회에 참석하기 위해서였다. 그는 북한의 수달을 연구해 온 전문가였다. 그가 북한의 수달과 처음

만난 것은 1992년이었다. NHK에서 45분짜리 프로그램으로 만들어 보자는 제안이 들어왔다. 그는 NHK 팀과 청천강을 거슬러올라가 묘향산에 도착했는데 거기에 수달이 있었다. 그때부터 수달 연구에 뛰어든 것은 일본 내 수달이 멸종 위기에 처했기 때문에 한반도에서도 언젠가는 사라질지 모른다는 위기감에서였다.

"지구는 사람들만의 것이 아니고 모든 생물들이 같이 살아야 하는 환경입니다. 수달도 같이 살아야지요. 야생 동식물이 멸종되는 것은 서식지 파괴라든가, 길을 만든다고 해서 서식지를 쪼개 버렸기 때문입니다. 사람들은 야생동물이 많을 때는 귀한 줄 모르고 있다가 줄어들면 그때 가서 복원하는데, 어려운 일입니다."

"북한강 상류인 이곳은 아직 수달이 많은데요."

"일본의 수달 연구자는 자기 나라에서 수달을 볼 수 없다고 한탄해요. 멸종했기 때문에…. 일본은 20년 전에 수달을 마지막으로 봤는데 아직 멸종했다는 선언은 하지 않았지만 선언해야 하지 않겠느냐는 말이 나올 정도예요. 역시 사라진 이후에 복원하자면 힘이 듭니다. 크낙새도 우리나라밖에 없는데 생존하기 힘듭니다. 남쪽에서 본 것이 조선전쟁(6·25전쟁) 때 이북으로 넘어가고, 보호하자고 해도 개체수가 적어서 애를 먹고 있거든요."

"북한에 수달이 얼마나 살고 있는지 궁금합니다."

"아직 북쪽에서는 수달에 대해 전면 조사까지는 실시하지 못했어요. 수달이 사는 하천이 이북에 12개 있어요. 압록강과 청천강·대동강·임진강·북한강 상류 같은 곳이죠. 1992년 수달을 조사했을 때 대동강과 청천강·임진강 상류에서 40마리가 나왔어요. 그 다음에 강원도 지역을 조사한 것까지 합치면 70-80마리 아니겠어요. 전면 조사를 해보면 훨씬 더 많아지는 것은 명백하죠. 제각기 다른 생물들이 DMZ를 거점으로 하고 있습니다. 그런데 수달이 비무장지대를 사이에 두고 남북을 오고 간다는 사실이 중요해요. 비무장지대가 두루미 같은 겨울 철새가 겨울을 지내는 데라는 점도 중요하긴 하지만 번식지는 아니거든요. 해마다 오기는 하지만 어느 한 시기에만 오기 때문이죠."

"분단과 대결의 상징인 DMZ가 앞으로 어떤 의미가 있을까요?"

"인공위성으로 두루미의 이동로를 추적 조사한 결과 두루미가 비무장지대 군사분계선에서 월동한다는 것을 알게 됐습니다. 그때 개성과 철원 다음의 중계지가 이북의 함경남도 금야군과 평안남도 문덕 등 네 개로 나왔어요. 네 곳을 보호구역으로 설정해 달라고 논문에 썼는데 문덕과 금야는 보호구역으로 설정돼 보람을 느꼈습니다. 그러나 군사분계선은 남북한 양쪽의 합의하에 설정돼야 한다고 남겨 놓았죠. 통일 이전이라도 남북 정세가 좋아지면 정전협정 중이라도 할 수도 있을 것입니다. 하지만 통일되면 비무장지대 전체를 남기기는 아마 힘들 것입니다. 이 장소는 무엇을 위해 남겨야 할지 지금부터 연구할 필요가 있어요."

조선 국적으로 남한 최전방에 온 그로서는 긴장한 표정이었으나 쏟아지는 질문에 성의껏 대답을 했다.

"비무장지대가 두루미와 수달의 생태계도 이어 주고, 사람의 마음까지 이어 주면 기쁘겠어요. 두루미처럼 이 땅의 사람들도 자유롭게 오가는 날이 언젠가는 오겠죠."

"기쁜 일이 하나 있네요. 이번에 두루미가 오는 철원군에 처음 가요. 벌써 두루미가 왔다는군요. 군사분계선에는 들어갈 수 있을지는 모르지만."

며칠 뒤 철원에서 만난 그는 중부전선 최전방 지역을 방문한 첫 느낌을 이렇게 털어놨다.

"오늘 이렇게 와 보니까 감개무량합니다. 여기서 두루미가 쉬는구나, 하는 점에서. 두루미 연구를 시작한 지 20년 정도 됐어요. 새도 모르던 시절에 일본 사람들로부터 '조선의 두루미 자료를 입수해 주지 않겠느냐'는 부탁을 받았어요. 그것을 계기로 두루미 보호에 대한 연구를 시작했어요. 두루미가 DMZ에서 잠을 자도 행동 범위가 굉장히 넓습니다. 아침에 북쪽에서 조사해도 다음 날은 남쪽으로 날아가 정확한 마릿수를 알 수 없어요. 그래서 남북한 양쪽으로부터 자료를 얻었습니다. 양쪽에 계신 분들이 남북한에서 두루미 연구를 잘하고 있다는 사실을 세계에 알려 달라고 당부했어요. 나도 군사분계선을 사이에 두고 하나로 잇지 못하는 고통을 함께 나누기로 했어요."

"남북한 학자들 사이에 어떤 계기가 있었는데요?"

"1991년에서 1993년까지 인공위성을 이용해 획기적인 두루미 추적조사를 실시했어요. 남북이 처음으로 하나의 프로젝트에서 같은 새를 연구하기 시작한 것입니다. 그 결과 두루미가 3천 킬로미터를 날아가는데 도중에 DMZ를 중계지로 이용한다는 사실이 밝혀졌어요. 중요한 장소가 판문점과 철원, 북한의 문덕과 함남 금야군이었는데 판문점과 철원은 종전협정이 맺어질 때까지 힘들 것 같아요. 종전협정이 맺어지면 맨 먼저 보호구역으로 설정했으면 하는 염원입니다. 무엇보다 이북의 연구자와 이남의 학자들이 직접 들어가고 오가는 날이 빨리 왔으면 좋겠지요."

그는 철원 비무장지대에서만 현재 월동하는 두루미들의 서식지를 남북으로 나누는 방안이 필요하다고 이야기한다. 통일이 사람들에게는 의미 있지만 두루미에게는 서식지가 남북으로 나누어 공존하는 것이 더 안전하다는 말이다. 남쪽 철원의 두루미를 북쪽 안변으로 분산시키는 이른바 '안변 프로젝트'를 말하는 모양이었다.

"만일 두루미 서식지에 전염병이 발생하면 개체수를 보존하는 것이 힘들어요. 사실 북한 안변 지역에 두루미 서식지가 있었는데 홍수 같은 것으로 인해 모두 철원으로 몰린 것이에요. 철원의 두루미가 안변에서도 머무르도록 해야 합니다."

"그 꿈을 이루셔야죠!"

"두루미는 천년만년도 산다는데 나이는 환갑을 넘겼어도 건강하게 생각하고 일을 해야지요. 하하하"

그가 바라보는 비무장지대 상공으로는 부푼 뭉게구름이 흘러가고 있었다.

8. DMZ 귀향

그날은 화창했다. 1952년 음력 단옷날 아침에 주막거리 앞 벌판으로 비행기가
폭격을 하고 지나갔다. 비행기가 보이기 전에 소리가 커서 사람들은 그 비행기
들을 쌕쌔기라고 불렀다. 계절은 바야흐로 논에 모를 내야 할 때였다. 마을 사
람들은 쌕쌔기가 나타날 때마다 낮은 곳으로 몸을 던졌다. 논 주변으로 개천이
있었는데 어머니는 쌕쌔기가 날아올 때마다 아들의 머리를 논두렁 옆으로 밀
었다.

전쟁터에서 삶은 고단했다. 마을의 집은 모두 쌕쌔기의 폭격으로 폐허가 됐
다. 그나마 남아 있던 쌀은 중공군들이 퍼 가 버렸다. 마을 사람들은 뒷산에 방
공호를 파서 그곳에서 생활하며 농사 준비를 했다. 그날 아침에도 논바닥에는
모춤들이 널려 있었다. 폭격이 계속되자 마을을 떠나는 사람들이 늘었다. 아버
지와 어머니, 6남매는 마침내 이남으로 피난을 떠났다.

실향민 이상원(61) 씨의 기억에 반세기 동안 남아 있는 고향의 마지막 모습
이다. 그는 4살 때 강원도 김화군 근북면 백덕리를 떠나 피난을 왔다 영영 고향
에 가지 못하는 운명이 됐다. 정전협정이 체결되면서 악몽 같던 3년간의 전쟁
은 잠시 멈췄지만 그가 살던 마을은 금단의 땅이 됐다. 이씨의 마을은 슬프게도
군사분계선이 지나가는 비무장지대 한가운데 들어가 버렸다. 그는 먼발치에서
갈 수 없는 고향을 평생 바라만 봐야 했다.

같은 마을에 살던 박선명(71) 씨도 1951년 5월 피난을 내려온 뒤 고향에 갈 수
없는 처지가 됐다. 고등학교 1학년 때였다. 그의 고향에 대한 기억은 여기서 정
지됐다. 그가 그리던 고향은 어린 시절에 뛰어놀던 농터와 집터에서 맴돌았을

뿐 그 이후의 모습은 상상하기 어려웠다.

"할아버지의 묘와 살던 초가집이 남아 있을까 궁금해. 70살이 넘었으니 생전에 못 들어갈 것만 같았어."

그는 평생 꿈을 꾸었다. 고향에 돌아가는 꿈을. 뛰어놀던 고향산천의 모습이 떠오를 때마다 잠을 이루지 못했다.

"강원도 김화군 근북면 율목리 2구 255번지!"

실향민 신재협 씨는 50년 전 고향의 주소를 지금 살고 있는 주소처럼 또렷하게 외우고 있다. 그는 현재 경기도 광주시 실촌읍 곤지암리에 산다. 철원군 근북중학교에 다니던 17살 때 피난을 나왔다. 지금으로 따지면 고등학교 1학년에 해당된다.

신씨에게 고향은 잃어버린 낙원이다. 철원역에서 내금강으로 가던 전철이 그의 마을 앞으로 지나갔다. 금강산으로 수학여행을 가는 사람들이 전철을 타고 지나갔다. 마을 뒤에 있는 오성산으로 중학교 때 소풍을 갔다. 멀리서 보면 다섯 개의 별처럼 생겼다고 하는 오성산은 다섯 명의 신이 산다고 해서 오신산이라고도 불렀다.

"이라크전쟁처럼 폭격기들이 마을을 쑥대밭으로 만들었어. 해가 뜨면 쌕쌔기 4대가 나타나 포탄을 퍼부었고, 프로펠러가 달린 비행기 4대가 등장해 마을을 모두 불태웠으니 살아갈 수 없었지."

그의 고향 집은 근북면 율목리 사동이었다. 뱀의 굴처럼 생긴 지형 때문에 사동이라고 불렀던 지역에 기와집이 있었다. 폭격에 집은 그대로 부서져 주저앉았다.

"휴전선에서 군인들의 포대경으로 봤을 때 집터가 둥그렇게 보였지. 기와집이었으니까 완전히 사라지지는 않았을 텐데."

이들 실향민은 모두 걸어서 다닐 수 있는 거리였던 김화읍 근북면 율목리와 백덕리·두촌리에서 살았다. 지금은 모두 비무장지대이다.

백덕리 출신 가운데 한 명의 장군이 탄생했다. 대한민국 육군 5군단장인 한기호 군단장의 부모가 백덕리에 고향을 두고 있었다. 실향민의 자손인 그가 이

지역을 지키는 군단장으로 부임했다. 한 군단장의 아버지도 죽기 전까지 고향에 가고 싶어 했다.

"옷을 입어라! 집으로 가야지!"

"무슨 말씀이세요. 우리가 사는 곳이 이곳인데요."

"여기는 우리 집이 아니다. 백덕리가 우리 집이야!"

"그곳은 비무장지대라서 들어가지 못해요!"

잠결에서 깨어날 때마다 그의 아버지는 고향에 가자고 자식들을 졸랐다. 아버지의 고향은 비무장지대 안에 갇힌 지 50년이 지났으나 도저히 갈 수 없는 땅이었다. 한 군단장의 아버지는 결국 고향에 가지 못하고 눈을 감았다. 한 군단장은 고향 땅을 가장 가까이서 바라볼 수 있는 김화읍 유곡리에 아버지를 모셨다. 유곡리는 비무장지대에 들어가 있는 백덕리와 대척점에 있는 남측 최북단 마을이다. 실향민들은 이곳에서 두고 온 고향 땅을 그려만 봐야 했다.

2007년 여름, 백덕리 등 비무장지대에 고향을 둔 실향민들이 전선휴게소로 모여들었다. 한탄강 최상류에 위치한 전선휴게소는 휴전선 바로 옆에 있다. 근북면민회 모임을 그곳에서 마련했던 실향민들은 죽기 전에 고향 땅을 밟아 보고 싶다는 꿈을 현실화시키고 싶었다. 그들은 고향에 가 볼 수 있도록 해 달라고 군단장에게 하소연했고, 그들의 바람은 마침내 이루어졌다.

"지금부터 그리운 고향 휴전선으로 이동하겠습니다."

반세기 전 세 곳의 마을에서 피난을 왔다가 아직까지 고향에 돌아가지 못한 실향민들이 고향을 방문하기 위해 차에 탑승했다. 철원군 서면 와수리에서 90여 명의 실향민들은 파란색과 녹색·노란색의 버스에 나눠 탔다. 세 대의 버스는 각각 고향 마을과 가장 가까운 GP로 향했다.

"휴전선은 아직도 전운이 감도는 곳입니다. 우리의 젊은이들이 실탄을 가지고 근무하는 곳입니다. 주변은 지뢰가 매설돼 있어 길이 아닌 곳에는 들어갈 수 없습니다."

실향민들의 고향 방문은 유엔군사령부의 승인을 받는 절차 때문에 오랜 시간이 걸렸다. 비무장지대는 유엔군과 북측이 체결한 정전협정으로 탄생해 아

실향민들이 비무장지대 내에 있는 고향을 둘러보기 위해 군인들의 호위를 받으며 DMZ로 들어가고 있다.

직도 유엔군에게 모든 권한이 있다. 국군이 휴전선을 지키고 있으면서도 유엔군의 승인을 얻어야 한다는 것은 제2차 세계대전 이후 가장 큰 국제전으로 고통 받았던 이 땅의 전쟁이 끝나지 않았다는 증거다.

실향민들은 휴전 이후 처음으로 유엔군사령부의 허락을 얻어 비무장지대 안에 갇힌 고향 땅에 가기 위해 마침내 비무장지대로 들어가는 통문 앞에 섰다. 하지만 고령의 실향민들은 무거운 방탄복을 입어야 했다. 몸을 가누기조차 힘들어진 노인들은 거기에 철모까지 썼다. 그들은 쭈글쭈글해진 얼굴을 드러낸 노병이 됐다. 죽기 전에 마지막으로 가 보는 고향 땅은 지구촌에서 가장 긴장감이 감도는 비무장지대였기 때문이다.

"철커덩!"

꿈에 그리던 고향으로 들어가던 날은 비가 내렸다. 자물쇠로 굳게 잠가 놓은 휴전선 통문을 초병이 열자 쇠사슬 소리와 함께 고향으로 가는 길이 비로소 열렸다.

DMZ 민정경찰 차량의 맨 뒤에는 초병들이 완전무장하고 탑승했다. 갑자기

비가 억수같이 쏟아졌다. 노구의 몸을 이끌고 전투차량에 올라탄 실향민들은 노랗고 빨간 우산을 꺼내 썼다. 몇은 판초 우의 속으로 몸을 숨겼다.

더 이상은 이들의 귀향에 동행할 수 없었다. 비무장지대는 유엔 사령부에 인가를 받지 않고는 출입이 금지된다. 뒤늦게 고향 방문 소식을 접한 실향민들은 귀향 대열에 참가할 수 없어 먼발치에서 쳐다만 보아야 했다.

50년 만에 처음으로 이뤄지는 귀향은 은밀하게 추진됐다. 실향민과 군당국은 세상이 이 소식이 알려지는 것을 극도로 꺼렸다. 혹자는 대통령 선거에 영향을 미칠 수 있다는 납득할 수 없는 핑계를 댔고, 비무장지대 안은 취재 불가 지역이라는 이유로 귀향 하루 전까지 입을 닫았다. 군당국은 정전협정 이후 처음으로 추진되는 실향민들의 귀향 작전에서 혹시라도 사고가 발생할까 극도로 긴장하고 있었다.

실향민들이 비무장지대로 사라지자 다시 통문이 닫혔다. 가장 가까운 백덕리는 통문에서 2.5킬로미터 거리에 있었다. 걸어서 20분이면 도달할 수 있는 거리를 50년 이상 가지 못하는 비극이 지구촌에 또 어디 있을까.

실향민이 떠났던 마을에는 군부대 GP가 들어섰다. 친구들과 뛰놀던 집 주변

실향민들이 반세기 만에 귀향하는 길을 견공도 기쁘게 안내했다. 귀향길 내내 비가 내렸다.

은 온통 지뢰밭으로 변했다. 실향민들은 꿈에 그리던 고향에 들어가고서도 마음껏 소리치고 뛰어다닐 수 없었다. 이들이 어렵게 들어온 비무장지대에서 머문 시간은 2시간 남짓했다. 사실상 집터만 바라보고 나왔다.

"그래도 분단 이후 처음으로 내 고향 땅을 밟았으니 집에 갔다 온 것과 진배없어!"

그날따라 비무장지대 북측에 자리 잡은 오성산은 구름에 갇혀 모습을 드러내지 않았다. 실향민들의 귀향길에는 하루 종일 비가 내렸다.

에필로그

창밖으로 뻐꾸기 소리가 들렸습니다. 농부가 쟁기로 땅을 가는 소리도 섞여 왔습니다. 농부는 묵묵히 옥수수밭에 밑거름을 뿌렸습니다. 무엇인가에 헌신하는 것은 원래 소리가 없습니다.

DMZ에 관한 그 동안의 기록을 정리하기 시작하던 1년 전 봄날의 풍경이었습니다. 뻐꾸기 소리를 들으며 제 자신을 벼랑 끝으로 모는 1년간의 여행을 시작했습니다. 이 글을 마칠 수 있을까. 회의감이 들 때마다 아무도 모르게 포기하고 싶었습니다. 하지만 값진 삶을 살아야 할 것 같다는 생각이 들었습니다. 살아 있는 순간에 하지 않으면 영원히 불가능한 일로 여겨졌습니다. 그래서 포기하지 못하고 여기까지 왔습니다.

20세기 초까지 팔자걸음에 여유를 부리넌 우리 민족이 어느 순긴 '빨리빨리' 조급증에 걸린 것은 6·25전쟁 때문이었습니다. 살아남기 위해서는 동작이 빨라야 했습니다. 빨리 도망치고, 빨리 숨는 길밖에 없었습니다. 전쟁이 휴전 상태에 들어가면서 수단과 방법을 가리지 않고 폐허를 빨리 복원하는 것이 급선무였습니다. 폐허에서 이룬 한강의 기적에는 전쟁을 거치면서 체득한 '빨리빨리' 정신이 한몫을 했습니다. '빨리빨리'는 글로벌 시대에 외국인들이 제일 먼저 배우는 대표적인 한국어가 됐습니다.

'빨리빨리'는 전쟁이 스쳐 간 DMZ에도 적용됐습니다. 어느 날 DMZ를 '생태계의 보고'로 둔갑시킨 것입니다. 과정을 생략하고 결과만을 숭배하는 이 땅에서 DMZ가 어떤 곳인지는 묻지 않았습니다. 더러는 알고도 모른 체 눈을 감아 줬습니다. 그리고 어느 날 당황해 합니다. 그 현장은 '생태계의 보고'와는 딴판이기 때문입니다. DMZ에 무엇이 있는지 근본적인 물음과 이에 대답하는 과정 없이, 미리 정답을 정해 놓고 입에 맞는 것들만 꿰맞추었던 결과입니다.

마침내 혹한의 겨울을 무사히 넘기고 다시 농부가 밭을 가는 봄을 맞았습니다. 비무장 상태로 유지하자던 정전협정 당시의 DMZ(Demilitarized Zone)는 이미 중무장지대로 변했지만 글을 일단락짓는 이 순간 간절하게 바라는 한 가지는 이 땅이 한반도 통일의 꿈을 실현하는 DMZ(Dream Making Zone)로 환생하는 것입니다.

DMZ는 사람들에게 영감과 꿈을 안겨 줄 수 있는 희망의 땅이었습니다. 다만 그 꿈은 끝나지 않은 전쟁에 갇혀 아직까지 피어나지 못하고 있을 뿐입니다. 저는 이 땅이 가진 아름다움과 가능성을 기록해 영원히 담아 둘 곳은 독자의 마음속이라고 판단해 최선을 다했습니다. 제가 뿌리는 작은 씨앗들이 독자의 가슴에서 싹을 틔울 수 있다면 세상에 태어나 진 빚을 조금은 갚는 셈입니다.

이제부터 전쟁이 남긴 DMZ의 상처를 따뜻한 가슴으로 껴안아 준다면 지구촌의 끝자락 DMZ는 보석처럼 반짝이는 소중한 존재가 될 것입니다. DMZ는 희망입니다.